R. Bierhals · K. Cuhls · V. Hüntrup
M. Schünemann · U. Thies · H. Weule

Mikrosystemtechnik – Wann kommt der Marktdurchbruch?

Miniaturisierungsstrategien im Technologiewettbewerb zwischen USA, Japan und Deutschland

Mit 24 Abbildungen
und 6 Tabellen

Physica-Verlag
Ein Unternehmen des Springer-Verlags

Dipl.-Wirtsch.-Ing. Rainer Bierhals
Dr. Kerstin Cuhls

Fraunhofer-Institut für Systemtechnik und
Innovationsforschung (ISI)
Breslauer Straße 48
D-76139 Karlsruhe

Dipl.-Ing. Volker Hüntrup
Dipl.-Ing. Ulrich Thies
Prof. Dr.-Ing. Hartmut Weule

Institut für Werkzeugmaschinen und
Betriebstechnik (wbk)
Universität Karlsruhe
Kaiserstraße 12
D-76131 Karlsruhe

Dipl.-Ing. Matthias Schünemann
Fraunhofer-Institut für Produktionstechnik
und Automatisierung (IPA)
Nobelstraße 12
D-70569 Stuttgart

ISBN 3-7908-1250-1 Physica-Verlag Heidelberg

Die Deutsche Bibliothek – CIP-Einheitsaufnahme
Mikrosystemtechnik – wann kommt der Marktdurchbruch?: Miniaturisierungsstrategien im Technologiewettbewerb zwischen USA, Japan und Deutschland / von Rainer Bierhals ... – Heidelberg: Physica-Verl., 2000
(Technik, Wirtschaft und Politik; Bd. 39)
ISBN 3-7908-1250-1

Umschlaggestaltung: Erich Kirchner, Heidelberg
SPIN 10745432 88/2202-5 4 3 2 1 0 – Gedruckt auf säurefreiem Papier

Vorwort

Deutschland ist ein Land der Feinwerktechnik. Herausragende Produkte in der Büro- und Kommunikationstechnik fanden lange Zeit weltweiten Absatz und führten zu einer starken Wettbewerbsposition deutscher Unternehmen. Durch unzureichendes Marketing, nicht ausreichende Nutzung internationaler Produktionsverbünde und das Verkennen der Einsatzpotentiale der Mikroelektronik sowie der fehlenden Risikobereitschaft, diese neue Technologie in bestehende Produkte zu integrieren, gingen Märkte verloren, und die Besetzung neuer Märkte wurde versäumt.

Durch das Aufkommen der Mikrosystemtechnik, die die konsequente Weiterentwicklung feinwerktechnischer Ansätze darstellt, bietet sich deutschen Unternehmen eine neue Chance. Diese Chance wurde von Politik, Wirtschaft und Wissenschaft frühzeitig erkannt. Seit nunmehr ca. 10 Jahren wird die Mikrosystemtechnik öffentlich gefördert und aufgrund der großen Potentiale wurde eine weitere Fortsetzung der Förderprogramme mit Namen „Mikrosystemtechnik 2000+“ im Juni bekannt gegeben. Die öffentliche Förderung hat schon jetzt dazu beigetragen, daß viele Technologien zur Miniaturisierung einen Reifegrad erreicht haben, der eine Überführung in die industrielle Anwendung geradezu fordert. Dennoch ist das Spektrum der auf dem Markt eingeführten Produkte der Mikrosystemtechnik bislang sehr begrenzt. Deutschland gilt in dieser Technologie im Forschungsbereich derzeit als weltweit führend. Nachdem die technologischen Voraussetzungen also geschaffen wurden, stellt sich daher die Frage, wie die Industrie die wirtschaftlichen Potentiale dieser Technologie einschätzt und ob diese Einschätzung mit den exponentiellen Zuwachsraten, die der Mikrosystemtechnik von verschiedenen Marktstudien prophezeit werden, korrespondiert.

Aus dieser Fragestellung heraus wurde die vorliegende Studie angeregt. Die Zielsetzung bestand darin, eine realistische Einschätzung über die Marktpotentiale und die technologischen Alternativen der Miniaturisierung aus der Sicht der „Major Player“ zu erhalten, Anwendungsgebiete der Miniaturisierung zu identifizieren und die Wettbewerbsposition Deutschlands innerhalb der Triade festzustellen, um aus diesen Erkenntnissen Handlungsempfehlungen für die weitere Vorgehensweise abzuleiten.

Es gibt schon verschiedene Marktprognosen zur Mikrosystemtechnik. Der dabei vorherrschende quantitative Ansatz hat jedoch zu erheblichen Fehleinschätzungen geführt. Deshalb hat sich diese Studie einen qualitativen Forschungsansatz vorgenommen. Um Markt- und Wettbewerbsperspektiven der Miniaturisierung nüchtern abzuschätzen, sollen technologische Alternativen im Spannungsfeld von Feinwerktechnik und Mikrostrukturtechnik aus dem Blickwinkel industrieller Innovationsstrategien gegeneinander abgewogen werden. Drei Institute mit diesbezüglich sich gut ergänzenden Kompetenzen im Maschinenbau, der Mikrostrukturierung und der

Innovationsforschung haben die Herausforderung dieses strategischen Studienansatzes angenommen.

Die Ergebnisse ermutigen sowohl die Industrie wie auch die fördernde Technologiepolitik im Land Baden-Württemberg und in der Bundesrepublik, Rückholpotentiale in der Miniaturisierung strategisch zu erschließen und damit den Technologiestandort Deutschland zu stärken.

Für eine erfolgreiche, marktbezogene Produktfindung und -entwicklung ist eine enge Kooperation zwischen den Know-how-Trägern unseres Landes, zwischen Wirtschaft, Wissenschaft und Politik notwendig. Die Forschung sollte dabei an marktbezogenen Visionen arbeiten, die Industrie hingegen muß Themenfelder definieren und Forschungsergebnisse mit vollem Engagement in die Anwendung überführen. Nur durch ein derartiges, optimales Zusammenspiel zwischen den Institutionen wird es möglich sein, neue Märkte zu besetzen. Die Voraussetzungen sind gut, jetzt gilt es, die Chancen zu nutzen.

Prof. Dr.-Ing. Hartmut Weule
Karlsruhe, im Juli 1999

Inhaltsverzeichnis

Abbildungsverzeichnis

Tabellenverzeichnis

Kurzfassung der Ergebnisse

Untersuchungskonzeption

Die Mikrosystemtechnik wird als künftige Schlüsseltechnologie angesehen. In der Annahme, daß über Vorsprünge in der Mikrosystemtechnik auch der verlorene Anschluß in der Mikroelektronik aufgeholt und sogar Technologieführung erreicht werden könnte, wurde die Mikrosystemtechnik in Deutschland bereits früh gefördert. Nach inzwischen mehr als zehnjähriger Förderung stellt sich die Frage, ob die Mikrosystemtechnik die Erwartungen als Träger erneuerter technologischer Wettbewerbsfähigkeit für die deutsche Industrie erfüllt. Für diese Untersuchung resultieren daraus drei *Leitfragen*:

(1) Wie entwickelt sich der Markt und die Technologie der Miniaturisierung allgemein und der Mikrosystemtechnik speziell? Welche Schrittmacherpotentiale lassen sich identifizieren?

(2) Wo steht die Industrie in Baden-Württemberg bzw. Deutschland im internationalen Technologiewettbewerb?

(3) Gibt es Handlungsbedarf aus Sicht von Industrie und Technologiepolitik?

Zur Bewertung des Potentials der Miniaturisierung sind bereits diverse Marktstudien erstellt worden. Die vorliegende Studie unterscheidet sich von ihnen durch ihren qualitativen Multimethoden-Ansatz, um quantitative Entwicklungen auf dem Hintergrund von Strategien und Wettbewerbspositionen wichtiger Akteure verstehen zu können. Bei der Abschätzung der Miniaturisierungspotentiale werden Innovations- und Diffusionshemmnisse sowie konkurrierende Technologiepotentiale berücksichtigt.

Die Untersuchung wird im wesentlichen auf die Wirtschaftsbereiche der Automobilindustrie einschließlich des Zuliefersektors sowie des Maschinenbaus, der Medizintechnik, der Informations- und Kommunikationstechnik, der Unterhaltungselektronik und der mikrotechnologischen Ausrüsterindustrie begrenzt.

Die Ergebnisse beruhen auf 38 Interviews bei sogenannten „major actors" aus der Industrie in Deutschland, Japan und den USA, aus zwei Interviews bei führenden deutschen Forschungsinstituten, jeweils einem Interview bei deutschen und japanischen Projektträgern, auf Besuchen mehrerer Fachkonferenzen in Deutschland und den USA sowie auf ergänzenden Analysen (Patente, Delphi-Studie 98, Stand der Technik, Marktforschung).

Miniaturisierungsstrategien im Ländervergleich

In allen drei Ländern ist keine euphorische Haltung von großen Unternehmen gegenüber der Mikrosystemtechnik zu spüren. Miniaturisierungspotentiale werden zwar auf breiter Front erkannt. Die Unternehmen wollen sich jedoch noch nicht mit einer Technik profilieren,

- wenn deren Miniaturisierungsmöglichkeiten weit über den Bedarf hinaus weisen,
- wenn sie technisch und kostenmäßig noch erhebliche Risiken enthält und
- wenn sie gegenüber bewährten technischen Lösungen noch keine durchschlagenden Vorteile bietet.

Folgende Unterschiede sind bei den nationalen Miniaturisierungsschwerpunkten erkennbar:

- Die USA profilieren sich als führend in der Herstellung von MEMS-Massenteilen, d.h. strategischen Vorprodukt-Bauelementen als den Rohstoffen der High-Tech-Industrie. Damit haben die USA derzeit die Führungsposition in dem Schrittmacheranwendungsgebiet der Mikrosystemtechnik.
- Japan profiliert sich mit langfristigen Vorlaufentwicklungen für die Mikro-Fabrikationstechnik der Zukunft. Dies steht im Zusammenhang mit der Mikrominiaturisierung der Feinwerktechnik auch unabhängig von der Siliziumtechnik.
- Deutschland profiliert sich mit vielfältigen Applikationsentwicklungen, die produktmäßig ausreifen werden, wenn sich die Mikrosystemtechnik zur Querschnittstechnologie entwickelt haben wird und die entsprechenden Vorprodukte und Fabrikausrüstungen kostengünstig beschafft werden können.

Technologiepolitik im Ländervergleich

In allen untersuchten Ländern existieren indirekte Förderungen und versteckte Subventionierungen. Trotzdem ergibt sich der Eindruck, daß Deutschland im Verhältnis zu seiner Größe das höchste Fördervolumen hat.

Charakteristisch für Deutschland ist die *Dualität von Bundes- und Länderförderung*. In ihrem Ergebnis existiert de facto eine Länderkonkurrenz um die Ansiedlung von Instituten in Schlüsseltechnologien, die die Gefahr unkoordinierter Förderung von Doppel- und Nachentwicklungen in sich birgt und insgesamt das Budget aufbläht.

Die *technologischen Schwerpunkte* scheinen sich deutlich zu unterscheiden. Liegt in den USA der Akzent auf der Entwicklung von Basistechnologie für halbleiterbasierte Mikrostrukturierungstechniken, so wurden und werden in Deutschland gerade in den letzten Jahren Verbundprojekte auf unterschiedlichster technologischer Basis gefördert. In Japan hingegen konzentriert sich die Förderung auf nicht halbleiterbasierte Miniaturisierungstechniken mit vorrangig präzisionsmechanischem Hintergrund. Siliziumbasierte Verfahren und Produkte werden in industrieller Eigenregie entwickelt.

Deutliche Unterschiede weisen auch die *Zielgruppen* der geförderten Akteure auf. Während in Japan vorwiegend die Großindustrie gefördert wird, werden die Fördergelder in den USA zu einem wesentlichen Teil zur Subventionierung neugegründeter Technologieunternehmen eingesetzt. Aber auch Großunternehmen und nationale Forschungseinrichtungen profitieren erheblich. In Deutschland fließt ein großer Teil der Förderung an die mittelständische Industrie. Die Institute erhalten neben den Geldern aus Verbundprojekten zusätzliche Drittmittel aus den Töpfen der Grundlagenforschungsförderer, wie z.B. der Deutschen Forschungsgemeinschaft. Unter Beachtung der weiteren Feststellung, daß die Initiative für Verbundforschungsprojekte häufiger von den Instituten als von der Industrie ausgeht, ist es erklärbar, daß die deutsche Technologiekompetenz in der Mikrosystemtechnik vorwiegend im Institutesektor und nicht in der Industrie liegt.

In Japan und den USA gibt es Ansätze für eine *strategische Moderation* der Mikrosystemtechnik-Förderung. In Japan wird strategische Vorlaufforschung industrieübergreifend durch das MITI koordiniert. Für die USA hingegen ist die Unabhängigkeit der eigenen Industrie bei der Herstellung von Hochtechnologieprodukten ein ganz wesentlicher Schwerpunkt der nationalen Sicherheitspolitik.

Der amerikanische Projektträger DARPA und mit ihm das Verteidigungsministerium verfügen über eine eigens zur internationalen Technologiebeobachtung dienende Einrichtung (Asian Technology Information Program/ European Technology Information Program), u.a. mit der explizit formulierten und eigens finanzierten Aufgabe eines ständigen Monitorings europäischer und japanischer Entwicklungen auf dem Gebiet der Mikrosystemtechnik. Mitarbeiter des Micromachine Centers in Japan erfüllen eine ähnliche Funktion.

Entwicklungsschwellen der Miniaturisierung, Schrittmacher und Überraschungspotentiale

Die identifizierten Miniaturisierungspotentiale illustrieren, daß die Miniaturisierung derzeit noch auf vielen Einzelpfaden verläuft. Es gab wenig Hinweise auf einen plötzlichen, breiten Marktdurchbruch der Mikrosystemtechnik als Querschnittstechnologie. Dementsprechend gab es auch *keine Hinweise auf Überraschungspotentiale*, die den Technologiewettbewerb zwischen den untersuchten Ländern sprunghaft auf breiter Front radikal verändern würden.

Schrittmacher der künftigen Miniaturisierung lassen sich demgegenüber durchaus identifizieren. Es sind dies:

- die *Automobil-Sensorik* (auf der Basis halbleiterbasierter Mikrostrukturierungstechniken) mit absehbarer Ausstrahlung auf den Maschinenbau im engeren bis hin zur Konsumgüterindustrie im weiteren Sinne,
- *Schreib-, Leseköpfe* zur Abtastung von Speichermedien, die für neue Speicherprinzipien mit hohen Speicherdichten entwickelt werden und fast ausschließlich auf mikrosystemtechnischen Ansätzen basieren,
- die *biochemische Analytik*, die nicht nur in der Genanalyse oder für die Bestimmung von Krankheitsbildern Einsatz finden wird, sondern auch zur Überwachung des gesunden Menschen in Form des Wellness-Monitoring (Massenmarkt),
- der Einsatz der *Mikrooptik* in breitbandigen Telekommunikationsnetzen (dieser Anwendungsbereich konnte jedoch in der Studie nicht hinreichend abgedeckt werden).

Die Vielfalt der sich über die Schrittmacher eröffnenden Anwendungsperspektiven steht im Kontrast zu der eher nüchternen Einschätzung künftiger Miniaturisierungspotentiale in heutigen Expertengesprächen. Darin zeigt sich, daß die Mikrosystemtechnik langfristig durchaus das Potential zur Querschnittstechnologie hat. Das gilt aber nicht kurzfristig. Im Kern zeigt sich ein durchaus typisches Entwicklungsmuster, wonach eine neue, komplexe Schlüsseltechnologie dann am Markt durchbricht, wenn verschiedene neue Technologielinien ausreifen und zusammenwirken (Mikromechanik, -optik, -fluidik). Solche Entwicklungen brauchen *technologische Vorlaufzeiten von mehr als 10 bis 15 Jahren.* Der *Marktdurchbruch* der Mikrosystemtechnik als Schlüsseltechnologie mit querschnittshaften Anwendungspotentialen wird deswegen erst in fünf bis sieben Jahren erwartet.

Gesamtbewertung der Miniaturisierungspotentiale aus deutscher Sicht

Deutschland verfügt über eine gute Ausgangsposition im Technologiewettbewerb. Verzögerungen beim Marktdurchbruch der Mikrosystemtechnik indizieren keine generellen Wettbewerbsschwächen.

In allen drei Vergleichsländern hat sich trotz ca. zehnjähriger Förderung für die Mikrosystemtechnik noch keine industriell relevante Querschnittstechnologie mit ausreichenden Stückzahlen außerhalb der halbleiterbasierten Mikrostrukturierung durchgesetzt.

In den USA, Japan und Deutschland werden zwar unterschiedliche Miniaturisierungsschwerpunkte gesetzt, was sich auch in unterschiedlichen Miniaturisierungsstrategien der major player und der unterschiedlichen Ausrichtung der staatlichen Technologiepolitik zur Förderung der Miniaturisierung zeigt. Aber diese Unterschiede entsprechen überwiegend der traditionellen Spezialisierung dieser Länder am Weltmarkt.

Diese Kernaussagen können weiter konkretisiert werden:

- Die inzwischen eigendynamische Entwicklung der Mikrosensorik insbesondere in der Kfz-Industrie zeigt an, daß schnelle Fortschritte nur aufbauend auf der derzeitigen Basistechnologie der Mikroelektronik (IC-Technologie) zu erwarten sind. In dieser wichtigen Schrittmacheranwendung sind deutsche Großunternehmen derzeit führend.
- Die Informationstechnik-Peripherik sowie die Biomedizin und Gentechnik stehen kurz vor dem Marktdurchbruch und dürften bald die Kfz-Industrie als Hauptschrittmacherbranche ablösen.
- Die derzeitige Führung in der Informationstechnik-Peripherik sowie bei den Gebrauchsgütern wird eher im Ausland gesehen. Diese Branchen gehören aber auch nicht zu den traditionellen Stärken Deutschlands. Diese liegen in anderen Gebieten. Z.B. belegt die deutsche Industrie die Spitzenplätze in der Kfz-Sensorik sowie in der Medizintechnik. In traditionell starken Branchen wird also keine Gefahr gesehen, zurückzufallen.
- Die Überlassung der technologischen Führung bei der Entwicklung von Basistechnologie für Massenvorprodukte bzw. Bauelemente der Mikrosystemtechnik, insbesondere auf dem Gebiet der halbleiterbasierten Mikrostrukturierung, steht mit der deutschen Differenzierung im internationalen Technologiewettbewerb im Einklang. Deutschlands Profilierung bei der Entwicklung komplexer Anwendungssysteme setzt ausgereifte Einzeltechnologien voraus – quasi als Vorprodukt-Rohstoffe. Schnittstellenkompetenz als früher Folger der Vorprodukt-Technologieentwicklung ist ausreichend.
- Die breite Kompetenz in Deutschland in bezug auf sehr viele Miniaturisierungsschwerpunkte bietet die Voraussetzung zur wirtschaftlichen Nutzung der Miniaturisierungspotentiale im künftigen Wettbewerb.

Ob sich diese breite Kompetenz auch in eine wirtschaftlich gute Ausgangsposition transferieren läßt, wird innerhalb der nächsten Jahre von den deutschen Unternehmen und deren Innovationsbereitschaft entschieden.

Kritische Miniaturisierungspotentiale, bei denen Handlungsbedarf im Sinne des Technologiewettbewerbs gesehen wird, markieren gleichzeitig Schwächen des deutschen Innovationssystems. Hier läuft man in Deutschland Gefahr zurückzufallen, obwohl es sich um Anwendungs- und Technologiebereiche handelt, in denen die deutsche Industrie zumindest früher eine starke Weltmarktstellung hatte:

- Die Gefahr, insbesondere gegenüber Japan weiter in Rückstand zu geraten, besteht in der *Präzisions- und Feinwerktechnik.* In Deutschland wird weniger häufig als in Japan erkannt, daß die Feinwerktechnik durchaus weiterführende Antworten auf die Herausforderungen der Miniaturisierung bietet. Die Stärke der hier vorwiegenden mittelständischen Industriestruktur bei der Anpassung an Kundenwünsche ist gleichzeitig verbunden mit der Schwäche bei der vorausschauenden Anpassung an technologische Umbrüche (vgl. das Schicksal der Uhrenindustrie bei der Durchsetzung der Mikroelektronik).

- Die Rückstandsgefahr für die Feinwerktechnik läßt sich auf den *Werkzeugmaschinenbau* ausweiten. Die Feinwerktechnik benötigt weltweit Produktionsmaschinen, die den Größenordnungssprung miniaturisierter Bauteile erst ermöglichen. Die Japaner zeigen deutliche Zukunftsperspektiven für die konventionellen Fertigungstechniken spanender und formgebender Werkstückbearbeitung, der Montage und der Prozeßautomation auf.

- Gefahren, in Rückstand zu geraten, werden ansonsten vor allem im dynamischen Innovationsfeld der *Biomedizin und Gentechnik* gesehen: Hier steht weniger der Technologierückstand, sondern vielmehr mangelnde Unternehmer- und Gründungsdynamik im Vordergrund. In den USA finden die strategischen Anwendungsentwicklungen in technologieorientierten Start-up-Unternehmen statt, hinter denen „major players" aus der Großindustrie stehen. Corporate Venture Capital (CVC) charakterisiert die günstigen Rahmenbedingungen dort. Dagegen besteht in Deutschland die für das deutsche Innovationssystem typische Gefahr, daß anwendungsbezogene Technologieentwicklungen zu lange im Institutesektor verharren. Diese Beharrungstendenz wird durch großzügige Bundesfördermittel und durch die Länderkonkurrenz um die Ansiedlung von Instituten der Mikrosystemtechnik eher noch stabilisiert.

Zusammenfassend wird Handlungsbedarf für die wettbewerbsgerechte Nutzung der industriellen Miniaturisierungspotentiale dort diagnostiziert, wo auch die klassischen Schwächen des deutschen Innovationssystems liegen:

- bei der *Anpassungsschwäche mittelständischer Industriezweige* an die Anforderungen sprunghaften (revolutionären) Technologiewandels als Kehrseite der Stärke bei inkrementellen Innovationen. Das betrifft den Maschinen- und Anlagenbau, die Feinwerktechnik und die Werkzeugmaschinenbranche,

- beim Übergang technologischer F&E-Verantwortung vom wissenschaftlichen Institutesektor („enabling technologies") zur Industrie (Anwendungstechnologie). Das betrifft auch die Biotechnologie.

Handlungsempfehlungen für das Innovationsmanagement und die Technologiepolitik

Empfehlungen zu halbleiterbasierten Techniken: Für deutsche und europäische Unternehmen mittlerer Größe ist die fablose Fertigung der meistversprechende Weg zu halbleiterbasierten Mikrosystemen. Bei einer fablosen Fertigung erfolgen Entwurf, Marketing und Vertrieb im eigenen Unternehmen, die Strukturierung hingegen bei externen Dienstleistern (Foundries). Voraussetzung für eine fablose Fertigung ist eine gute Infrastruktur, insbesondere der ungehinderte Zugang zu Foundries sowie der Wettbewerb der Foundries untereinander. Eine solche Infrastruktur existiert in den USA, nicht aber in ausreichendem Maße in Deutschland und Europa.

Derzeitiges Haupthemmnis für siliziumbasierte Mikrosysteme ist das Fehlen zuverlässiger Packagingkonzepte und -technologien. Insbesondere die mechanische, optische, fluidtechnische Kopplung des Mikrosystems an die Makrowelt erfordert erheblichen zusätzlichen Forschungs- und Entwicklungsaufwand. Geförderte industrielle Verbundprojekte, die eine Entwicklung halbleiterbasierter Mikrosysteme zur Aufgabe haben, sollten zwingend ein produkttaugliches Packaging beinhalten.

Modularisierung von Mikrosystemen und Standardisierung von Schnittstellen sind ein Lösungsansatz zur Überwindung des Stückzahl-Kosten-Problems. Insbesondere für mittelständische Systemanwender mit kleinen und mittleren Seriengrößen (Maschinen- und Anlagenbau, Industrieapplikationen) könnte sich so die Verfügbarkeit von miniaturisierten intelligenten Systemen zu marktakzeptablen Preisen deutlich verbessern.

Empfehlungen zu konventionellen Mikrotechniken: Die konventionellen Fertigungsverfahren Ur-/ Umformen, Abtragen und Trennen sind gegenüber den halbleiterbasierten Mikrostrukturierungsverfahren deutlich unterentwickelt. Zur Sicherung dieser traditionell deutschen Stärke ist eine Verlagerung der Initiative aus dem Institutssektor in die industrielle Verantwortung dringend notwendig, um gegenüber Japan nicht zurückzufallen. Während in Japan mit großer Sicherheit von einer kontinuierlichen Entwicklung der Feinwerk- zur Mikrotechnik ausgegangen wird, sehen deutsche Unternehmen nur sehr begrenzt mikrotechnische Produkte auf Basis konventioneller Technologie. Die Industrie ist aufgerufen, bei der Identifikation potentieller Produkte aktiver tätig zu werden. Dabei sollte frühzeitig darauf geachtet werden, daß insbesondere die Werkstoffwissenschaften eingebunden sind, die von Beginn an das Einsatzverhalten eines Bauteils mitbetrachten und Erkenntnisse über mikrotaugliche Materialien bereitstellen. Insbesondere im Bereich der Industrieapplikationen sowie des Maschinen- und Anlagenbaus hat sich gezeigt, daß mit sehr wenigen Ausnahmen, halbleiter- bzw. festkörperbasierte Aktoren nicht die geforderten Kraft-Weg-Verläufe zur Verfügung stellen können. Hier besteht erheblicher industrieller Bedarf nach miniaturisierten, feinwerktechnischen (mikromechatronischen) Lösungen. Eine Dezentralisierung von Funktionen durch die Applikation von Mikrosystemen kann dem Maschinen- und Anlagenbau weitere Wettbewerbsvorteile verschaffen.

Empfehlungen zur LIGA-Technik: Japanische Unternehmen beobachten mit Interesse die LIGA-Technik. Das Untersuchungsteam hat den Eindruck, daß die LIGA-Technik für ganz bestimmte Anwendungen benötigt wird- insbesondere im Aktorbereich - und daher den Sprung in die industrielle Anwendung schaffen wird. Allerdings ist hierzu noch ein Zeithorizont von mindestens 5-10 Jahren zu veranschlagen. Dabei ist es wichtig, daß die Kosten für das Verfahren deutlich reduziert werden. Hier bieten sowohl UV-Lithographie-basierte Ansätze (Poor Man's LIGA) als auch die Belichtung mehrerer hintereinanderliegender Substrate (Stacked Exposures) Potentiale zur Kostenreduzierung.

Innovationspolitische Empfehlungen lassen sich in drei Leitmotiven zusammenfassen:

- Stärkung der industriellen Verantwortung für anwendungsnahe, strategische Technologieentwicklungen,
- Akzentverlagerung von der Technologieförderung zur Innovationsförderung im anwendungsnahen Bereich,
- Moderation strategischer Technologie- und Innovationsförderung.

Stärkung der industriellen Verantwortung: Dies ist die wichtigste Empfehlung. Sie beinhaltet auch, daß anwendungsnahe Förderung stärker vom finanziellen Engagement der Industrie abhängig gemacht wird. Bei mangelnder Resonanz der Industrie sollte der Mut aufgebracht werden, die Förderung einzustellen bzw. auf die Bereiche mit substantieller industrieller Eigenbeteiligung zu begrenzen.

Als institutionelles Modell für eine entsprechende Mikrosystemtechnik-Initiative in Baden-Württemberg wird das AIF-Modell vorgeschlagen, allerdings nicht in der dort geläufigen Branchenorientierung. Statt dessen sollte ein thematisch an Leitprojekten bzw. an den Engpässen der Mikrosystemtechnik-Anwendung in Baden-Württemberg orientiertes Programm gefördert werden. Dieses Programm sollte entsprechend dem AIF-Modell industriell definiert und verwaltet werden. Das Land sollte das Programm befristet auf 5 Jahre fördern. Das Fördervolumen sollte 50 % des Programmvolumens umfassen. Der staatliche Förderanteil von 50 % sollte auf das Programm, und nicht auf das Einzelprojekt, bezogen werden. Das gewährleistet sowohl eine einfache administrative Handhabung als auch eine Projektstruktur, die im einzelnen auch grundlagennahe, eher öffentlich geförderte Projekte sowie sehr anwendungsnahe Projekte ohne staatliche Finanzierungsanteile umfaßt.

Es ist nicht hinreichend, die Technologieförderung der technologischen Miniaturisierung an verstärkte Anwendungsorientierung zu binden. Vielmehr ist eine konzeptionelle *Ausdehnung auf Innovationsförderung* notwendig. Es wird empfohlen, das amerikanische Beispiel technologieorientierter Unternehmensgründungen und deren Finanzierung und Einbindung in strategische Kooperationen mit größeren Unternehmen (Corporate Venturing CVC) zu imitieren. In Deutschland gibt es inzwischen in Verbindung mit Bemühungen zur Entwicklung eines Venture-Kapitalmarktes vielseitige Initiativen auf diesem Gebiet. Die institutionellen Voraussetzungen für die Imitation des amerikanischen Beispieles sind also gegeben. Empfohlen wird deswegen die Nutzung dieser günstigen Voraussetzungen für strategische Projektinitiativen in den kritischen Miniaturisierungsfeldern (Anknüpfungspunkte für solche *Gründungsinitiativen* können im Bereich der Institute der Großforschungseinrichtungen, der Fraunhofer-Gesellschaft und der Universitäten gesucht werden).

Darüber hinaus sind auch rein unternehmerische Initiativen zu fördern. Das gilt insbesondere für die Etablierung *von Foundries*. Zu jeder nachgefragten Technologie sollten wenigstens zwei Foundries bereitstehen, um potentielle Interessenskonflikte zu vermeiden und eine Second Source zu sichern. Foundries sollten zwingend unabhängige, professionelle Unternehmen sein. Forschungsinstitute sind hierfür nicht geeignet. Ganz wesentlich ist ein durchgängiges, rechtlich für die Nutzer der Foundry akzeptables Qualitätssicherungskonzept.

Moderation strategischer Technologie- und Innovationsförderung: Die Untersuchung hat erkennbar gemacht, daß sowohl in Japan als auch in den USA ein indirekter Rahmen für eine strategische Moderation des Miniaturisierungsprozesses mit langem Atem besteht, den es in Deutschland nicht gibt. Eine am AIF-Modell orientierte Mikrosystemtechnik-Initiative unter industrieller Führung könnte diese Moderationsrolle mit übernehmen.

1. Motivation und Zielsetzung der Studie

1.1 Motivation

Technologische Miniaturisierung wird seit den achtziger Jahren in einen engen Zusammenhang mit der Mikrosystemtechnik gebracht. Dies gilt insbesondere für das Land Baden-Württemberg, das z.B. in der Mikromechanik eine konsequente Fortentwicklung seiner traditionellen Stärke in elektromechanischen Industrietechnologien erwartet. Die Mikrosystemtechnik wird als kommende Basistechnologie mit einem der Mikroelektronik vergleichbaren Potential als Schlüsseltechnologie angesehen. In der Annahme, daß über Vorsprünge in der Mikrosystemtechnik auch der verlorene Anschluß in der Mikroelektronik aufgeholt und sogar Technologieführung erreicht werden könnte, wurde die Mikrosystemtechnik in Deutschland bereits früh gefördert (zunächst als Mikroperipherik, dann als Mikrosystemtechnik).

Nach inzwischen mehr als zehnjähriger Förderung stellt sich die Frage, ob die Mikrosystemtechnik die Erwartungen als Träger erneuerter technologischer Wettbewerbsfähigkeit erfüllt. Die in Marktstudien genannten großen Wachstumsraten können kaum den geförderten Technologieprojekten zugerechnet werden, sondern sind unabhängig von öffentlicher Förderung als Mikroelektronik-Derivate zu erklären. Daher stellt sich die Frage, ob die Mikrosystemtechnik neben der Mikroelektronik tatsächlich das Potential als eine zentrale Basistechnologie der Miniaturisierung hat. Wenn ja, dann ist zu klären, ob Deutschland wie bei der Mikroelektronik in Gefahr ist, in Rückstand zu geraten, und welche Konsequenzen zu ziehen sind.

1.2 Zielsetzung

Die Untersuchung richtet sich an die Industrie in Baden-Württemberg und Deutschland, an die Institute sowie an technologiepolitische Akteure. Über empirische Erhebungen in den USA, Japan und Deutschland sollen vergleichende Aussagen über künftige Miniaturisierungspotentiale, die damit verbundenen Technologieentwicklungen sowie über die Technologie- und Innovationsstrategien führender Akteure am Weltmarkt erarbeitet werden. Die Untersuchungsergebnisse sollen der Industrie in geeigneter Form nahegebracht werden.

Identifikation der Miniaturisierungspotentiale im Ländervergleich

Derzeitige und absehbare Miniaturisierungspotentiale werden am Weltmarkt nach Branchen- und Produktsegmenten identifiziert. Für die erkennbaren Schwerpunkte der Miniaturisierung soll die jeweilige Anwendungs- und Fertigungstechnologie ermittelt werden. Es wird eine Übersicht erarbeitet, welche technologischen Alternativen der Miniaturisierung künftig eine besondere Rolle spielen werden. Die Potentiale aus der „Miniaturisierung konventioneller Fertigungstechnologien" sind mit den Potentialen der Mikroelektronik-Herstelltechniken zur Produktion von integrierten Schaltkreisen und speziell für die Mikrosystemtechnik entwickelten Massenproduktionstechniken zu vergleichen. Das Technologieverständnis wird, den Anforderungen der Miniaturisierung gemäß, nicht nur auf Techniken zur Herstellung von Massenkomponenten begrenzt. Vielmehr werden Entwurf, Systemarchitektur sowie Aufbau- und Verbindungstechniken mitbetrachtet.

Besondere Aufmerksamkeit ist der Frage zu widmen, ob sich Ansätze zur Entwicklung einer neuen Basistechnologie auf dem Gebiet der Mikrosystemtechnik zeigen, die Überraschungen für den Technologiewettbewerb im großen Stil bedeuten könnten. Die Frage bezieht Schrittmacherprodukte der Miniaturisierung und deren Herkunft ein; aber auch Rückholpotentiale, bei denen die deutsche Wettbewerbsfähigkeit in der Vergangenheit verloren gegangen ist, sind Gegenstand der Untersuchung. Eine Analyse der Innovations- und Diffusionshemmnisse rundet das Bild ab.

Bewertung aus Sicht der deutschen Industrie - Empfehlungen

Die festgestellten Miniaturisierungspotentiale werden im Hinblick auf die technologische Wettbewerbsfähigkeit der deutschen Industrie bewertet. Aus der Erhebung und Auswertung unterschiedlicher Schwerpunktsetzungen, Führungspositionen und den Innovationsstrategien sogenannter „major players" sowie der Technologiepolitik in den Vergleichsländern können Empfehlungen an Wissenschaft, Wirtschaft und Politik abgeleitet werden.

Ergebnistransfer - Symposium

Um den Transfer der Ergebnisse an die Betroffenen zu ermöglichen, wird ein Symposium durchgeführt, das sich an Verantwortungsträger in Industrie und Politik wendet. Neben der Präsentation der Ergebnisse soll dabei ein Anstoß für den direkten Dialog der betroffenen Akteure gegeben werden. Das umfaßt Impulse für firmenübergreifende Kooperationen in der Industrie, die sich auf Geschäftsfelder bzw. Wertschöpfungsketten mit besonderen Herausforderungen durch Miniaturisierungspotentiale beziehen. Der Technologiepolitik sollen die Ergebnisse als Anregung für die weitere Technologieförderung und gegebenenfalls für die Moderation firmenübergreifender Kooperationsinitiativen zur Verfügung gestellt werden.

Beim Transfer der Untersuchungsergebnisse wird eine enge Kooperation mit Akteuren gesucht, die Verantwortung für den Technologietransfer tragen. Das sind insbesondere das Forschungszentrum Karlsruhe und das VDI/ VDE-Technologiezentrum Informationstechnik in Teltow, Brandenburg.

2. Untersuchungskonzeption

Zur Bewertung des Potentials der Miniaturisierung sind bereits diverse Marktstudien von unterschiedlichen Institutionen erstellt worden. Die vorliegende Studie unterscheidet sich von ihnen durch ihren qualitativen Ansatz, denn sie soll die Entwicklungsdynamik der industriellen Miniaturisierungspotentiale aus möglichst realitätsbezogener Sicht aufzeigen, um Strategien und Wettbewerbspositionen wichtiger Akteure und deren Bewertung zu verstehen. Dabei wird nach Branchen, Geschäftsfeldern und technologischen Alternativen differenziert. Bei der Abschätzung der Miniaturisierungspotentiale werden Innovations- und Diffusionshemmnisse sowie konkurrierende Technologiepotentiale berücksichtigt. Die Motivation der Untersuchung ist marktbezogen und stellt sich die Frage, welche Lösungen sich durchsetzen werden. Sie dient nicht der Förderung einer bestimmten Technologie (Technologie-Push) wie die meisten quantitativen Marktstudien. Deshalb bezieht sie sich nicht nur auf eine spezielle Technologierichtung, sondern widmet sich der Miniaturisierung im allgemeinen.

Die Zusammensetzung des Untersuchungsteams aus drei Institutspartnern schafft die komplementäre Beurteilungskompetenz zum Design und zur Auswertung der Interviews und anderen Untersuchungsschritten. Das Fraunhofer IPA bringt seine Kompetenz im Bereich der Mikroproduktion ein, das wbk seine Kompetenz in der Miniaturisierung traditioneller Fertigungstechnik und das Fraunhofer ISI seine Kompetenz auf dem Gebiet der Innovationsforschung und Technologievorausschau. Die drei Institute waren bis auf wenige Ausnahmen an allen Interviews beteiligt, so daß die Kompetenzen in allen Analyse- und Auswertephasen genutzt werden können.

Im folgenden wird die Konzeption der Studie kurz umrissen. Zunächst wird der Untersuchungsgegenstand abgegrenzt, dann werden die Methoden, das empirische Feld und die Aussagekraft der Ergebnisse beschrieben.

2.1 Eingrenzung des Untersuchungsfeldes und Definitionen

2.1.1 Untersuchungsfeld und Untersuchungsgegenstand

Um vertiefende Hintergrundanalysen durchführen zu können, bedarf es der Begrenzung des Untersuchungsfeldes. Hauptkriterium für diese Begrenzung ist die Relevanz der Fragestellung für die Industrie in Baden-Württemberg bzw. für Deutschland. Insofern wird das empirische Feld auf die Wirtschaftsbereiche der Automobilindustrie einschließlich des Zuliefersektors sowie des Maschinenbaus, der Medizintechnik, der Informations- und Kommunikationstechnik, der Unterhaltungselektronik und der mikrotechnologischen Ausrüsterindustrie begrenzt. Im Verlauf der Untersuchung ergaben sich darüber hinaus erweiterte Perspektiven, wenn die Geschäfts- und Technologiehorizonte der befragten Unternehmen über die Eingrenzungen hinaus reichten.

Neben der Abgrenzung des Untersuchungsfeldes gilt es, den Untersuchungsgegenstand zu benennen. Im Bereich der Miniaturisierung trifft man auf unterschiedliche Definitionen. So werden die Begriffe microelectromechanical Systems (MEMS, USA), Mikrosystemtechnik (Deutschland) und Micromachines (Japan) verwendet. Dabei orientieren sich die Definitionen oftmals am technologischen Hintergrund des jeweiligen Landes. Die dargestellten Definitionen erfolgen in Anlehnung an Wechsung [WECHSUNG 1998]:

Microelectromechanical Systems (MEMS): MEMS sind integrierte Mikroteile oder Systeme, bei denen elektrische und mechanische Elemente kombiniert werden und deren Herstellung auf IC-kompatiblen Batch-Prozeßtechniken basiert.

Mikrosystemtechnik (Europa): Die Mikrosystemtechnik ist eine „funktionale Integration mechanischer, elektronischer, optischer und sonstiger Funktionselemente unter Anwendung von speziellen Mikrostrukturtechniken".

Micromachines (Japan): Micromachines sind eine Zusammensetzung von funktionalen Elementen in der Größenordnung weniger Millimeter. Sie ermöglichen die Durchführung komplexer mikroskopischer Aufgaben.

In dieser Studie werden die Begriffe synonym verwendet, wobei der Begriff MEMS in der Regel für Bauteile benutzt wird, deren Mikrostrukturierung mit halbleiterbasierten Fertigungsprozessen vorgenommen wird. Der Fokus der Studie liegt auf Mikrokomponenten, deren Geometrie - im weitesten Sinne - funktionsbestimmend ist. Dadurch soll gewährleistet werden, daß der Untersuchungsgegenstand nicht zu eng definiert wird, rein mikroelektronische Bauteile ausgeschlossen werden und somit die Breite der Miniaturisierung analysiert werden kann.

2.1.2 Begriffe aus der Innovationsforschung

Für die Betrachtung der zukünftigen Potentiale werden Begriffe der Innovationsforschung verwendet, die in unterschiedlichen Fachgebieten mit zum Teil anderen Bedeutungen belegt sind. Da sich diese Studie an Adressaten aus unterschiedlichsten Disziplinen wendet, sollen im folgenden die wichtigsten Begriffe geklärt werden:

Technologie: Technologie ist die praktische Anwendung von naturwissenschaftlichen oder technischen Möglichkeiten zur Realisierung von Leistungsmerkmalen von Produkten und Prozessen. Eine Technologie kann eine Menge potentieller Techniken umfassen [SIEMENS].

Technik: Technik ist ein tatsächlich realisiertes, angewandtes Element einer Technologie [BROCKHOFF 1992].

Evolutionäre Technologie/ Technik: Unter evolutionärer Technologie/ Technik wird die konsequente Weiterentwicklung einer bekannten Technologie verstanden. Dabei ist entscheidend, daß das Umfeld über Wissen und Erfahrung verfügt, so daß die Hemmschwelle zum Einsatz dieser Technologie als gering eingestuft werden kann.

Revolutionäre Technologie/ Technik: Als revolutionär wird eine Technologie/ Technik beschrieben, die sich auf der Basis eines Technologiesprungs entwickelt. Erst die Verwendung völlig neuer Prinzipien ermöglicht den Einsatz der revolutionären Technologie. Entsprechend muß das Umfeld für Applikationen erst geschaffen werden.

2.1.3 Technologiebegriffe

Halbleiterbasierte Mikrostrukturierungstechniken: Unter halbleiterbasierten Mikrostrukturierungstechniken versteht man die Herstellung von Mikrostrukturen, Mikrokomponenten und Mikrosystemen mit Herstellungsverfahren der Halbleitertechnologie. Halbleitermaterialien, insbesondere Silizium, kombinieren hervorragende elektrische und mechanische Eigenschaften miteinander, so daß monolithisch aufgebaute Mikrosysteme mit integrierter Sensorik und Signalverarbeitung ermöglicht werden.

Halbleiterbasierte Mikrostrukturierungstechniken lassen sich nach unterschiedlichen Kriterien unterteilen. Eine der im industriellen Umfeld gebräuchlichsten Unterteilungen erhebt die Kompatibilität des Strukturierungsprozesses mit einer Standard-Halbleiterfertigung, zumeist einer CMOS-Fertigungslinie, zum Maßstab:

IC-kompatible Strukturierungstechniken erfordern ausschließlich solche Fertigungsschritte, die in einer CMOS/ IC-Halbleiterfertigungslinie zur Verfügung stehen. Silizium-Oberflächenmikrostrukturierung kann IC-kompatibel gestaltet werden. **Potentiell IC-kompatible Strukturierungstechniken (PIC)** erfordern darüber hinaus zusätzliche Fertigungsprozesse, die aber auf die Ausbeute der CMOS/ IC-Halbleiterfertigungslinie nur geringen Einfluß haben und deren Integration in die Fertigungslinie daher ein finanzielles, aber kein technisches Risiko bedeutet. Ein Beispiel dafür sind Silizium-Tiefenstrukturierungstechniken mit Trockenätzverfahren.

Nicht IC-kompatible Strukturierungstechniken (NIC) erfordern Fertigungsprozesse, die sich nur sehr schwer in eine CMOS/ IC-Halbleiterfertigungslinie integrieren lassen. Zu ihnen zählen Silizium-Tiefenstrukturierungstechniken mit naßchemischen anisotropen Ätzverfahren auf der Basis von Kaliumhydroxid oder Techniken, die Gold als Material verwenden.

Die Strukturierung von Halbleitermaterialien durch naßchemische Tiefenätzverfahren, das sogenannte **Bulk Micromachining**, ist eine der ältesten Technologieansätze zur Mikrostrukturierung. Dabei erfolgt die dreidimensionale Strukturierung des Halbleitermaterials (Silizium) vorwiegend durch anisotrope Ätzverfahren, die sich die Tatsache zunutze machen, daß verschiedene Ätzmittel Silizium in bestimmten Richtungen erheblich stärker abtragen als in anderen Richtungen. Bei der Strukturierung von Halbleitermaterialien durch Silizium-Oberflächenstrukturierungsverfahren (**Surface Micromachining**) erfolgt die dreidimensionale Strukturierung des Halbleitermaterials (Silizium) vorwiegend durch Schichttechniken, bei denen sehr dünne Polysiliziumschichten und sogenannte Opferschichten nacheinander auf der Siliziumoberfläche abgeschieden und strukturiert werden. Für die genaue Prozeßbeschreibung wird auf die einschlägige Literatur verwiesen [HEUBERGER 1989, BÜTTGENBACH 1991, MENZ 1993, GERLACH 1997].

Neuartige nicht halbleiterbasierte Fertigungstechniken: Zunehmend werden zur Realisierung von Mikrokomponenten neuartige Mikrostrukturierungstechniken eingesetzt. Diese Mikrostrukturierungsverfahren gestatten häufig die Herstellung dreidimensionaler Strukturen, die mit anderen Mikrostrukturierungstechniken nicht oder nur mit hohem Aufwand realisierbar wären.

Zu den im Mikrostrukturierungsbereich eingesetzten neuartigen Technologien zählen Drahterodieren, Lasererodieren, Laserablationsverfahren, stereolithographische Verfahren und Wasserstrahlschneideverfahren. Einige dieser Verfahren haben bereits einen produktionsrelevanten Reifegrad erreicht, andere stehen kurz davor. Für einige Verfahren besteht noch eine gewisse Prozeßunsicherheit, für Mikrostereolithographie und für das Wasserstrahlpräzisionsschneiden sind adäquate Fertigungsgeräte nur schwer auf dem Markt erhältlich.

Miniaturisierte konventionelle Fertigungstechniken: Zu den im Mikrostrukturierungsbereich eingesetzten konventionellen Präzisionsbearbeitungsverfahren zählen derzeit spanende Verfahren wie Mikrodrehen, -fräsen, -schleifen, -räumen und -läppen, abtragende Verfahren wie Mikroerodieren oder Laserbearbeitung sowie abformende Verfahren wie Mikrospritzgießen, Mikroprägen und Mikroformpressen. Spanende und abtragende Präzisionsbearbeitungsverfahren dienen häufig auch zur Herstellung von Werkzeugen für abformende Mikrostrukturierungsverfahren.

LIGA-Verfahren: Ein flexibles Verfahren zur dreidimensionalen Mikrostrukturierung unterschiedlichster Materialien ist das LIGA-Verfahren. Das LIGA-Verfahren beruht auf einer Kombination von Lithographie, Galvanoformung und Abformung und nimmt daher eine Sonderstellung innerhalb der Mikrostrukturierungstechniken ein.

Dabei erfolgt die eigentliche dreidimensionale Gestaltgebung durch die Strukturierung eines strahlungsempfindlichen Polymermaterials, entweder durch Röntgenstrahlung in einem Synchrotron oder, bei alternativen Verfahren, durch ultraviolettes Licht bzw. Laserstrahlung. Im weiteren Prozeß wird die belichtete und entwikkelte Kunststofform galvanisch mit Metall aufgefüllt. Die entformte Metallstruktur wird dann entweder als Prägewerkzeug oder als Formeinsatz für das Spritzgußverfahren angewendet. Für die genaue Prozeßbeschreibung wird auf die einschlägige Literatur verwiesen [MENZ 1993, HEUBERGER 1989].

Halbleiterbasierte Mikrostrukturierungstechniken, neuartige nicht halbleiterbasierte Fertigungstechniken, miniaturisierte konventionelle Fertigungstechniken und das LIGA-Verfahren gehören zu den Mikrotechniken.

Aufbau-, Verbindungs- und Gehäusetechniken (AVT): In der klassischen Halbleitertechnik bezeichnet der Begriff Aufbau- und Verbindungstechnik die Gesamtheit aller technologischen Teilprozesse zur Herstellung von Systemuntergruppen. Hierunter sind in erster Linie Die- und Drahtbondprozesse, Gehäuse-, Schichtschaltungs- und Leiterplattentechniken zu verstehen. Für die genaue Beschreibung der einzelnen Aufbau- und Verbindungstechniken wird auf die einschlägige Literatur verwiesen [REICHL 1988, REICHL 1998].

In der Mikrosystemtechnik umfaßt die Aufbau- und Verbindungstechnik die Gesamtheit der Techniken und Entwurfswerkzeuge, die zur Integration auf engstem Raum benötigt werden. Die Aufbau- und Verbindungstechniken ermöglichen die Verknüpfung von mikroelektronischen und nichtelektronischen Mikrokomponenten zum vollständigen Mikrosystem. Mikromontage und Mikrojustage werden dann eingesetzt, wenn auf Grund inkompatibler Herstellungsverfahren, unterschiedlicher miteinander zu kombinierender Materialien, komplexer Geometrien oder geringer bis mittlerer zu fertigender Stückzahlen Mikrosysteme hybrid aufgebaut werden. Dabei können die verwendeten Mikrokomponenten sowohl auf der Basis von Halbleiterstrukturierungstechniken als auch auf der Basis konventioneller oder alternativer Fertigungsverfahren realisiert werden.

Gehäuse in der Mikrosystemtechnik haben die Aufgabe, Komponenten und Systeme, insbesondere monolithische und hybride Mikrosysteme auf Halbleiterbasis, vor schädigenden Umwelteinflüssen zu schützen und gleichzeitig eine definierte Verbindung zur Systemumgebung herzustellen. Aufbau-, Verbindungs- und Gehäusetechniken gehören zu den Systemtechniken.

2.2 Auswahl der befragten Unternehmen

Die Exploration der Miniaturisierungspotentiale konzentriert sich auf Interviews in Industrieunternehmen. Im Vordergrund des Berichtes stehen geschäfts- und risikoverantwortliche Einschätzungen der Wirtschaft zur Durchsetzung technologischer

Alternativen im Gegensatz zu Einschätzungen von Technologieentwicklern, die an der Durchsetzung möglichst fortschrittlicher Technologien der Mikrosystemtechnik interessiert sind.

Mit Hilfe von etwa 40 Unternehmensinterviews in Deutschland (20), den USA (10) und Japan (8) sowie drei ergänzenden Expertengesprächen wurde eine eigenständige Bewertungsbasis zu Miniaturisierungspotentialen aufgebaut. Neben dieser Kernuntersuchung wurde in Deutschland eine schriftliche Befragung zur Erweiterung der Datenbasis durchgeführt.

Die Unternehmen wurden zum einen für Interviews ausgewählt, wenn sie als „major player" eine besonders gute Übersicht über die Miniaturisierungsarena (Trends, Akteure, Strategien, Hemmnisse) und entsprechende Erfahrungen hatten. Zur Identifizierung solcher Unternehmen wurden insbesondere Patentrecherchen genutzt. Zum anderen wurden Unternehmen befragt, die sich aufgrund ihrer Branchenzugehörigkeit eigentlich mit der Mikrosystemtechnik beschäftigen müßten. Hierzu wurden Hinweise aus Sekundärquellen ausgewertet.

Neben den Unternehmensinterviews dienten einige Gespräche mit ausgewiesenen Experten insbesondere der Mikrosystemtechnik sowie der Besuch mehrerer Fachkonferenzen zur Mikrosystemtechnik der Fundierung der Beurteilungsbasis für diese Studie. Hervorzuheben sind die Konferenz „Eleventh IEEE International Workshop on Micro Electro Mechanical Systems" im Januar 1998 in Heidelberg, Deutschland, und die SEMI-Konferenz „The Commercialization of Microsystems 98" im September 1998 in San Diego, USA.

Qualitativer Fallstudien- und Multi-Methodenansatz

Die hier praktizierte Untersuchungskonzeption verbindet einen Fallstudienansatz mit einem Multimethodenansatz. *Fallstudien* beziehen sich auf Anwendungs- und Branchencluster, wie z.B. die Miniaturisierung der Sensorik im Automobil oder die Gendiagnostik in der Medizintechnik. Sie basieren jeweils auf der Auswertung der dazu geführten Interviews in mehreren Unternehmen und Vergleichsländern.

Die Interviews wurden in halbstandardisierter Form geführt. Es gab einen Gesprächsleitfaden. Die realen Interviews paßten sich jedoch den jeweiligen Gesprächssituationen bzw. den Gesprächspartnern an. Durchschnittlich dauerten die Interviews eineinhalb Stunden mit erheblichen Abweichungen im einzelnen. Die Aufbereitung von unternehmens- und fallspezifischen Untersuchungsergebnissen ist nötig, um zu Verallgemeinerungen zu gelangen und um die Anonymität der aussagebereiten Unternehmen zu schützen. Das wird in Form von Typenbildungen erreicht, bei denen Fallbeispiele mit konvergierenden Untersuchungsergebnissen zusammengefaßt und aus dem konkreten Unternehmenskontext gelöst werden.

Der *Multimethodenansatz* besteht darin, daß neben der Kernmethode der empirischen Interviews der Stand der Technik aufbereitet wurde (Fraunhofer IPA), patentstatistische und Delphi-Analysen zur Entwicklung der Mikrosystemtechnik durchgeführt (Fraunhofer ISI) und verfügbare Marktstudien ausgewertet wurden (wbk).

Die patentstatistischen Analysen wurden zu einer Vorstudie ausgebaut, in der über Patentinformationen hinaus Thesen zu Miniaturisierungsschwerpunkten und -strategien für die Interviewführung entwickelt wurden. Hier kooperierte das Untersuchungsteam zusätzlich mit dem Übersichtsexperten aus der Projektleitung für Mikrosystemtechnik vom VDI/ VDE-Technologiezentrum.

Die deutsche Delphi '98-Studie wurde seitens des VDI/ VDE-Technologiezentrums Informationstechnik einer Sonderauswertung zur Mikrosystemtechnik unterzogen. Deren Ergebnisse wurden in die vom ISI vorgenommene Auswertung dieser Studie einbezogen (vgl. Anhang 2).

Die Bewertung der Miniaturisierungspotentiale und -strategien stützt sich neben der Institute-Expertise auf einschlägige Auszüge zum Stand der Innovations- und Diffusionsforschung und zur technologischen Leistungsfähigkeit des nationalen Innovationssystems Deutschlands (Fraunhofer ISI) (vgl. Kapitel 6 und den dazugehörigen Anhang 4).

Ergebnischarakter und Aussagekraft

Als Ergebnis der Studie werden qualitative Bestimmungen industrieller Miniaturisierungspotentiale, der entsprechenden Aktivitätsschwerpunkte in den Vergleichsländern und Bewertungsmaßstäbe zur Einordnung der deutschen Position im Technologiewettbewerb erarbeitet, die den Schluß auf Handlungsbedarf und -empfehlungen erlauben. Die Miniaturisierungsschwerpunkte werden nach Branchen und Anwendungen ausgewiesen. An typisierten Einzelbeispielen werden Entwicklungsperspektiven im Technologie-Lebenszyklus, Marktpotentiale und Hemmnisse sowie die technologischen Wettbewerbssituationen erläutert.

Die Aussagekraft der Ergebnisse ist nicht im Sinne von quantitativ-repräsentativen Ergebnissen mißzuverstehen. Es handelt sich vielmehr um Ergebnisse von Explorationen, die sich zu *entscheidungsrelevanten Aussagen* verdichten lassen, wenn sich im Verlauf der Interviews und im Vergleich der ergänzenden Untersuchungen eine Konvergenz der Ergebnisse herausbildet.

3. Voruntersuchungen

3.1 Stand der Technik

Im Rahmen der vorliegenden Studie wurden umfangreiche Arbeiten zur Ermittlung und Auswertung des Standes der Technik durchgeführt. Nachfolgend wird auf eine umfassende Darstellung, die den zur Verfügung stehenden Rahmen weit sprengen würde, zugunsten einer prononcierten Darstellung wesentlicher Randbedingungen, herausragender Entwicklungen und aus dem Stand der Technik resultierender Hemmnisse verzichtet.

Schwerpunkt wurde auf eine marktgetriebene, anwendungsbezogene Betrachtungsweise gelegt. Auf zusätzliche Darstellungen zum Stand der funktionellen Mikrotechniken (Mikromechanik, Mikrofluidtechnik, Mikrooptik, Mikroelektronik) sowie der fertigungsorientierten Mikrotechniken (Halbleiterstrukturierung, Abformtechnik, LIGA-Technik etc.) wurde daher verzichtet.[1]

Mikrosystemtechnische Massenprodukte

Die Strukturierung von Halbleitermaterialien durch Silizium-Oberflächenmikromechanik (Surface Micromachining) ist die in jüngster Zeit dominierende Technologie zur Fertigung mikrosystemtechnischer Massenprodukte. Diese Mikrostrukturierungstechnologie ermöglicht einerseits sehr viel einfacher die Integration mikroelektronischer Komponenten und damit einer Signalverarbeitung, zum anderen ist sie leichter in bestehende mikroelektronische Fertigungen integrierbar als Silizium-Tiefenätzverfahren (Bulk Micromachining).

Die Mehrheit der Unternehmen, die mikrosystemtechnische Produkte auf dem Massenmarkt anbieten bzw. die Einführung derartiger Produkte vorbereiten, konzentriert sich auf die Massenfertigung im wesentlichen baugleicher Mikrosysteme mit Fertigungstechnologien und Fertigungsgeräten der Halbleiterfertigungstechnik. Dabei werden bevorzugt bestehende Fertigungslinien bzw. bereits erprobte und bewährte Technologiesequenzen genutzt.

Fertigungstechnische Aspekte werden bereits bei der Entwicklung neuer mikrosystemtechnischer Prototypen und Produkte in den Entwurfsprozeß einbezogen. Priorität bei Halbleiterfertigungslinien hat, neben hohem Durchsatz, das Erreichen

---

[1] Umfangreiche Darstellungen zum Stand der Mikrotechniken finden sich in GERLACH 1997, HUIJSING 1996, MADOU 1997, NRC 1997, PICRAUX 1998, WISE 1998 u.v.a.m.

einer hohen Ausbeute. Das Hinzufügen zusätzlicher Fertigungsschritte für die monolithische Integration von Mikrostrukturen beinhaltet das Risiko eines Ausbeuteverlustes für die gesamte Fertigung. Weiterhin vertragen sich einige Technologieschritte bzw. Materialien, die, isoliert betrachtet, für die Mikrosystemfertigung sehr gut geeignet sind, nicht mit konventionellen Halbleiterprozessen. Sowohl die Wahrung der Kompatibilität der zu fertigenden Mikrostrukturen zu bestehenden Halbleitertechnologien als auch die weitestmögliche Reduzierung zusätzlicher Fertigungsschritte und zusätzlich notwendiger Maskenebenen bilden daher einen Schwerpunkt. Konflikte zwischen Produktdesign und Fertigungsprozeßgestaltung werden nahezu ausschließlich zugunsten des Fertigungsprozesses entschieden.

Fertigungsschritt	**Haupthemmnisse**
Lithographie	• Halbleiterfertigungsgeräte für die IC-Fertigung sind auf kleinstmögliche Strukturbreiten (0,35 µm, 0,25 µm, 0,18 µm ...) optimiert. Diese Optimierung führt zu sehr kostenaufwendigem Equipment (Stepper). In der Mikrosystemtechnik werden solch geringe Strukturbreiten normalerweise nicht benötigt. Folge: überdimensionierte Geräte • Weitere Probleme liegen in der von Mikrosystemen geforderten Resistdicke, der Rückseitenbelichtung einschließlich Maskenausrichtung und der 2½-Dimensionalität.
Ätzprozesse	• Halbleiterfertigungsgeräte sind für Dünnfilm-Ätzprozesse entwickelt. Mikrostrukturierung erfordert häufig große Ätztiefen. Folge: lange Ätzzeiten, mangelnde Selektivität
Metallisierung	• Standard in IC-Industrie ist Al (mit Cu, Ti, Si). Das übliche Freiätzen von Oxidflächen mit HF greift Aluminium an. • Goldmetallisierungen sind auf Grund ihrer Eigenschaften (induzierte Spannung, Inertheit) exzellent. Gold ist mit konventioneller Halbleiterfertigung unverträglich.
Abscheideprozesse	• LPCVD bzw. PECVD von erheblich dickeren Schichten als in Halbleiterindustrie. Folge: niedrigere Abscheideraten
Naßchemische Prozesse	• Einige naßchemische Prozesse sind mikrosystemspezifisch: - Anisotropes Tiefenätzen mit KOH, TMAH und EDP – Freiätzen von Oxidschichten mit 1:1 HF-Lösung – überkritisches CO_2-Trocknen freistehender Strukturen
Prozeßmonitoring, Meßtechnik und Test	• Monitoring der Qualität, Zuverlässigkeit und Ausbeute bestimmenden Prozeßparameter ist kritisch. • Es existiert kein grundlegendes Set parametrischer Teststrukturen für halbleiterbasierte Mikrostrukturierung. • Wafer-Level-Test mechanischer Mikrostrukturen fehlt.
Mikromontage und Packaging	• Packaging beinhaltet 50 ... 80 % der Systemkosten • Automatische Chip-/ Wafer-Handhabungs- und Montagesysteme sind nicht für Oberflächen mit mechanisch beweglichen Strukturen ausgelegt. Folge: Beschädigungen

Tabelle 1: Technische Herausforderungen der Halbleitermikrostrukturierung

Auch Unternehmen, die ihre mikrotechnischen Komponenten und Systeme in ausschließlich für die Mikrostrukturierung reservierten Fertigungslinien produzieren, versuchen, ihre Fertigungsgeräte aus Kostengründen möglichst unmodifiziert von Halbleiterfertigungsgeräteherstellern zu beziehen. Die Marktsituation bei Fertigungsgeräten ist auch heute noch dadurch gekennzeichnet, daß die am Markt angebotenen Geräte sehr spezifisch auf die Erfordernisse der Massenfertigung von integrierten Schaltkreisen ausgerichtet sind: hohe Durchsätze, geringe Variationsmöglichkeiten des Prozesses, hoher Automatisierungsgrad und hohe Reinheitsanforderungen an die Umgebung. Vor diesem produktionstechnischen Hintergrund ist die Konzentration der Mikrosystemproduzenten auf den Massenmarkt nachvollziehbar.

Kraftfahrzeugindustrie

Die Automobil- und Fahrzeugindustrie ist das erste Marktsegment, in dem sich mikrosystemtechnische Komponenten bereits heute weit durchgesetzt haben. Vorreiterrolle für mikrosystemtechnische Lösungsansätze für kraftfahrzeugtechnische Herausforderungen besitzen dabei besonders Druck- und Beschleunigungssensoren. Entweder auf Quarzbasis oder in Silizium-Oberflächentechnik mikrostrukturierte Drehratensensoren werden zunehmend für die dynamische Fahrwerksstabilitätsregelung und als Komponenten in Navigationssystemen eingesetzt.

Halbleiterbasierte Drucksensoren existieren seit 1979 auf dem Markt und haben für automobile Anwendungen mechanische Sensoren nahezu abgelöst. Derzeit dominieren piezoresistive/ kapazitive Drucksensoren in Silizium-Tiefenätztechnik (Bulk Micromachining) die industrielle Anwendung. Sie stellen für viele Anwendungsfälle das optimale Preis-Leistungs-Verhältnis bereit. Oberflächenstrukturierte Polysilizium-Drucksensoren sind für geringere Genauigkeitsanforderungen aufgrund ihrer besseren Kompatibilität zu konventionellen Halbleiterfertigungsprozessen heute bereits die preisgünstigste Lösung, ihre Entwicklung wird vor allem in den USA forciert. Resonante Sensoren, Halleffekt-Sensoren und Sensoren auf fiberoptischer Basis befindet sich im Prototypenstadium bzw. in der Entwicklung. Es zeichnet sich heute jedoch ab, daß zur Ermittlung des Betriebszustandes des Motors Drucksensoren mittelfristig durch Massendurchflußsensoren verdrängt werden.

Halbleiterbasierte Beschleunigungssensoren werden im Kraftfahrzeug in signifikanter Anzahl mit der Verbreitung von Airbag-Rückhaltesystemen seit Anfang der neunziger Jahre eingesetzt. Nachdem zunächst in Bulk Micromachining gefertigte Sensoren kleinerer Hersteller mechanische Sensorlösungen abgelöst hatten, dominieren derzeit in Polysilizium-Oberflächenmikromechanik gefertigte Beschleunigungssensoren großer Hersteller den Markt. Stand der Technik sind ein- und zweidimensionale Beschleunigungssensoren mit integrierter analoger oder sogar digitaler Signalaufbereitung im Preisbereich von US$ 5.

Über Druck- und Beschleunigungssensoren hinaus existieren heute eine Vielzahl industrieller und/ oder universitärer Konzepte für Problemlösungen mit Mikrosensoren und Mikrosystemen. Typische Konzepte beinhalten:

- Motormanagement, Kraftübertragung und Abgasmonitoring
  - Kraftstoffeinspritzung (z.B. Mikrodosierung)
  - Motormanagement (z.B. Motortemperatursensorik, Kraftstoffdurchflußsensorik, Klopfsensorik)
  - elektronisches Kupplungssystem (z.B. Gangerkennung, Drehzahlermittlung, Geschwindigkeitsmessung, Schaltwunscherkennung)
  - Abgasüberwachungssystem (Lambda-Sonde, Stickoxidsensor)
- Sicherheit und Wartung
  - Fahrzeuginsassenschutzsystem (Beschleunigungssensoren für Front- und Seitenairbag, Gurtstraffer)
  - Fahrwerksregelung (Geschwindigkeits-, Kraft- und Beschleunigungssensoren für CDC - Continous Damping Control, ABS - Antiblockiersystem, Traktionsregelung, dynamische Fahrwerksstabilitätsregelung)
  - Automatische Abstandsregelung (z.B. Abstandswarnsensor, CCC-Continous Cruise Control)
  - Reifenüberwachung (Reifendruck, Reifenverschleiß)
  - Verschleißermittlung, Überwachung, Diagnose, Wartungsunterstützung
- Navigationssysteme zur Positionsermittlung und Routenwahlunterstützung
- Fahrkomfort
  - aktive Geräuschminderung im Fahrzeuginnenraum
  - feuchtigkeitsabhängige Scheibenwischerregelung
  - adaptive Rückspiegel zur Reduzierung von Blendwirkungen
  - adaptive Belüftung und Temperaturregelung des Fahrzeuginnenraums

Viele der oben aufgeführten Lösungsansätze befinden sich im Entwicklungs- oder Prototypenstadium. Nicht in allen werden mikrotechnisch realisierte Komponenten gegen die Konkurrenz etablierter oder alternativer Technologie bestehen können.

Mikrosystem	Fertigungstechnik	Material	Stadium	Quelle	Land	Jahr
Absolutdrucksensor	halbleiterbasiert	Silizium	Produkt	Industrie	US	1979
Absolutdrucksensor	halbleiterbasiert	Polysilizium	Produkt	Industrie	US	1995
Beschleunigungssensor	halbleiterbasiert	Polysilizium	Produkt	Industrie	US	1991
Drehratensensor	lithographiebasiert	Quarz	Produkt	Industrie	US	1994
Drehratensensor	lithographiebasiert	Silizium	Prototyp	Forschung	D,US	1997
Abstandswarnradar ACC	halbleiterbasiert	GaAs	Pilotserie	Industrie	D	1997
Straßenzustandssensor	lithographiebasiert	Kunststoff	Prototyp	Industrie	D	1998

Tabelle 2: Entwicklungsstadium einiger mikrotechnischer Kfz-Komponenten

Mikroaktoren zur Energieübertragung spielen auf Grund der in einem Kraftfahrzeug herrschenden Randbedingungen derzeit eine eher untergeordnete Rolle.

Detailliertere Informationen zu Mikrosystemen in Kraftfahrzeugen können u.a. aus BRYZEK 1998, EDDY 1998, ESASHI 1998, GRACE 1999, MADOU 1997, MAREK 1998 und YAZDI 1998 entnommen werden.

Informationstechnik-Peripherik und Gebrauchsgüter

Eines der meistzitierten Beispiele für siliziumbasierte Mikrosysteme ist die Laserprojektions-/ Laserdisplaytechnik. Laserprojezierte Fernseh-/ Computerbilder zeichnen sich durch eine höhere räumliche Ausdehnung, bessere Auflösung sowie ein entscheidend erweiterter Farbraum bei drastisch verringertem Bauraum aus. Es wird erwartet, daß derartige Projektionssysteme mittelfristig bildröhrenbasierte Fernsehgeräte ablösen und, zumindest für qualitativ höherwertige Produkte, ebenfalls den Flachbildschirm überflügeln werden.

Das erste Mikrosystem zur Laserprojektion, das Digital Micromirror Device (DMD©), wurde von Texas Instruments in langjährigen Entwicklungsarbeiten (ca. 12 ... 15 Jahre) und mit hohem Entwicklungsaufwand zur Marktreife geführt. Es ist bis heute das einzige markterhältliche System. Alle Konkurrenzentwicklungen befinden sich noch im fortgeschrittenen Prototypen- bzw. Pilotfertigungsstadium. Der DMD-Chip besteht je nach Auflösung aus bis zu 1.310.720 Mikrospiegeln, die monolithisch mittels einer zusätzlichen, sechs Maskenschritte erfordernden Fertigungssequenz auf einem in CMOS-Technologie gefertigten Silizium-Chip (ähnlich einem SRAM-Speicherchip) integriert sind. Jeder Mikrospiegel entspricht einem Bildpunkt und kann durch das Anlegen einer Spannung (ähnlich der Adressierung einer Speicheradresse) um ± 10 Grad abgelenkt werden. Durch die Kombination von Laserlichtquelle, DMD-Chip, Optik und Signalverarbeitung wird ein Projektionsgerät realisiert (HORNBECK 1995, KESSEL 1998).

Konkurrierende Unternehmen und Forschungseinrichtungen verfolgen unterschiedliche technologische Ansätze (vgl. KRÄNERT 1998). Insbesondere für bewegliche Teile in Massendatenspeichern (Festplatten-Schreib-Lese-Systeme, CD-Lesesysteme, Schreib-Lesesysteme für in der Entwicklung befindliche Massenspeicher mit hoher Datendichte) werden seit einigen Jahren Mikroaktorsysteme entwickelt (vgl. FAN 1995). Mit Mikrostrukturierungstechniken gefertigte Schreib-Lese-Köpfe sind für Massenspeichersysteme Stand der Technik. Ebenso sind Tintenstrahldruckköpfe mit integrierten mikrostrukturierten Komponenten und Subsystemen in Großserienstückzahlen auf dem Markt erfolgreich.

Kommunikationstechnik und Nachrichtenübertragung

Für die nächsten zehn Jahre wird in der Nachrichten- und Kommunikationstechnik ein technologischer Sprung erwartet, der es geschäftlichen und privaten Kunden gleichermaßen ermöglicht, Telekommunikationsangebote wie schnellen bidirektionalen Datenaustausch, Bild- und Videoübertragung und die Abwicklung einer Vielzahl finanzieller und informationstechnischer Dienstleistungen wahrzunehmen.

In der drahtlosen Kommunikationstechnik besteht für leistungsfähige miniaturisierte Produkte mit Kommunikationsfunktion (Mobiltelefone, persönliche digitale Assistenten) ein hoher Miniaturisierungsdruck seitens des Endkunden. Fortschritte in der Mikroelektronik und der Halbleiterstrukturierungstechnik sind für eine Miniaturisierung dieser Produkte nicht hinreichend, da Volumen und Gewicht nicht mehr durch aktive, sondern durch passive elektronische Komponenten (in erster Linie Kapazitäten und Induktivitäten) dominiert werden und gerade die passiven Komponenten nicht von geringeren Strukturbreiten profitieren. Besondere Anforderungen bestehen an Frequenzfilter höchster Selektivität und damit hoher Güte, so daß diese frequenzbestimmenden Komponenten bis heute diskret realisiert werden.

In den vergangenen Jahren sind daher spezifische mikromechanische Filterkomponenten entwickelt worden. Besonders intensiv wurden spannungsabstimmbare Kondensatoren und mikrotechnisch gefertigte Induktivitäten hoher Güte untersucht. Es wurden hochminiaturisierte Filter und Resonatoren höchster Güte in Silizium-Oberflächenmikromechanik prototypisch realisiert. Gesicherte Erkenntnisse über den maximal möglichen Frequenzbereich derartiger Bauelemente liegen noch nicht vor, nach Expertenschätzungen könnte er bis in den Gigahertzbereich reichen. Eine detaillierte Darstellung des Standes der Technik gibt NGUYEN 1998.

In der drahtgebundenen Nachrichten- und Datenübertragung wird auf Grund ihrer nachrichtentechnischen Eigenschaften der umfassende Einsatz von Lichtleitfaserverbindungen, die kurz- bis mittelfristig die derzeit noch vorhandenen Kupferkabelverbindungen weitgehend ersetzen werden, erwartet. Bei der Realisierung faseroptischer Datennetze wird eine sehr große Anzahl optischer Modulatoren, Koppler, Verbindungs- und Schaltelemente benötigt. Die Fertigung dieser Schaltelemente mit Mikrotechnologien ist seit Jahren Gegenstand intensiver universitärer und industrieller Forschung. Dabei werden drei wesentliche technologische Komponentengruppen unterschieden:

- Integriert-optische Komponenten werden mit Technologien der Halbleiterherstellung (Schichtabscheidung, Dotierung) direkt auf Halbleitermaterialien bzw. auf Lithiumniobat aufgebracht. Die optischen Eigenschaften der Komponenten werden durch gezielte Variation der Materialeigenschaften erreicht. Sowohl monolithische als auch hybride integriert-optische Systeme finden dabei Einsatz (Bsp.: Mach-Zehnder-Modulator).

- Mikrooptische Komponenten basieren im wesentlichen auf der proportionalen Verkleinerung konventioneller optischer Elemente. Mikrooptische Systeme sind nahezu ausschließlich hybrid, oft auf der Basis von Halbleitersubstraten bzw. -aktoren, aufgebaut (optische Shutter, optische Schalter, Add/ Drop-Multiplexer).
- Verbindungstechnische Komponenten werden in erster Linie für die Ankopplung von Lichtleitfasern benötigt (Bsp.: Lichtleitfasersteckverbinder).

Die Kombination integriert-optischer, mikrooptischer und verbindungstechnischer Komponenten in optische Mikrosysteme wurde ebenfalls bereits in industriellen Prototypen demonstriert.

Medizintechnik

Für Mikrosysteme in medizinischen Komponenten, Geräten und Systemen wurden insbesondere auf dem Forschungssektor erhebliche Entwicklungsanstrengungen unternommen:

- Minimal-invasive Diagnose / Minimal-invasive Therapie
  Minimal-invasive Diagnose- und Therapieverfahren finden in letzter Zeit insbesondere in der chirurgischen Behandlung starke Akzeptanz und Verbreitung. Minimal-invasive Methoden, bei denen mittels Endoskopen und speziell gefertigten Instrumenten durch minimale Hautöffnungen - unter Verzicht auf größere Schnitte - behandelt wird, erlauben eine Behandlung bei geringerer Belastung des Patienten und geringstmöglicher Schädigung gesunden Gewebes.
  - Prototypen hochintegrierter miniaturisierter Endoskope beinhalten neben der Funktion der Bildaufnahme zunehmend aktive Werkzeuge zur Mikromanipulation (Zangen, Scheren, Greifer, Pinzetten). Diese Werkzeuge werden mit Mitteln der Mikrostrukturierung, häufig mit Hilfe alternativer Fertigungsverfahren wie dem Drahterodieren hergestellt.
  - Mikroaktoren zum Antrieb von minimal-invasiven Werkzeugen und zur direkten Bearbeitung menschlichen Gewebes wurden entwickelt. Bislang verfügt allerdings keiner dieser Mikroaktoren über eine FDA-Zulassung.
  - Durch die Manipulation mit langen scherenartigen Zangen und Greifern geht dem operierenden Arzt der Tastsinn verloren. Taktile Feedbacksysteme zur Wiedergewinnung des Tastsinns für den operierenden Arzt wurden in den vergangenen Jahren untersucht. Bislang fehlt jedoch noch ein praktikables und zuverlässiges Konzept zur Realisierung taktiler Aktoren.
  - Als Prototyp existierende aktive Katheter gestatten die Beseitigung von Gefäßverengungen (z.B. bei Herzinfarktrisiko) ohne operativen Eingriff.
  - Passive Katheter mit integrierten mikrotechnischen Komponenten zur intravenösen Datengewinnung sind bereits seit Jahren auf dem Markt erhältlich.

- Medikamentendosierung, Organersatz, Prothetik, Rehabilitation
  - In den menschlichen Körper implantierte Mikrosysteme zur Mikrodosierung von Medikamenten können über einen längeren Zeitraum quasikontinuierlich Medikamente abgeben. Derartige Systeme werden u. a. als künstliche Bauchspeicheldrüsen entwickelt und erprobt.
  - Mittel- bis langfristig wird der Einsatz von Mikrosystemen erwartet, die verlorene Organ- bzw. Sinnesfunktionen (Tastsinn, Gehör) reproduzieren.

Bei der Herstellung dieser Komponenten wird bevorzugt auf konventionelle bzw. neuartige Präzisionsbearbeitungstechnologien (neben spanenden Fertigungsverfahren auch Drahterosion, Laserbearbeitung, LIGA etc.) von Nichthalbleitermaterialien zurückgegriffen. Biokompatibilität von Materialien muß häufig durch Beschichtungsprozesse gewährleistet werden.

Biotechnik und Genanalyse

Die Miniaturisierung sowohl fluidtechnischer als auch biosensorischer Komponenten bereitet den Weg zu integrierten miniaturisierten diagnostischen Systemen und Komponenten. Derartige Analysesysteme versprechen eine schnelle Analyse, deren Resultate in Echtzeit vorliegen. Die Verfügbarkeit von Resultaten unmittelbar nach der Probenentnahme am Patienten gestattet schnelle Therapieentscheidungen und kann unter Umständen Leben retten. Die Automatisierung derartiger Analysesysteme verlegt den Diagnoseort von zentralen Labors dezentral zur Arztpraxis und zum Patienten (Point of Care). Aufgrund ihres hohen medizinischen Nutzens besitzen derartige Analysesysteme ein großes Marktpotential.

Ein Miniaturisierungsbereich, auf dem in den vergangenen Jahren besonders intensive Forschungsaktivitäten zur Realisierung mikrosystemtechnischer Lösungsansätze unternommen wurden, ist die Genanalyse. Konventionelle Genanalyseverfahren nutzen fünf grundlegende Techniken zur DNA-Analyse. Zwei dieser Techniken, zu denen fortgeschrittene mikrotechnische Prototypen und erste Produkte existieren, sind die chemische Amplifikation und die Hybridisierung.

Eine Anzahl von mikrotechnischen Komponenten und Subsystemen zur Amplifikation (Verstärkung) der extrahierten DNA (Polymerase Chain Reaction PCR) wurde zunächst von Forschungsinstituten und nachfolgend von industriellen Herstellern vorgestellt. Dabei besteht ein typisches Mikrosystem aus einer miniaturisierten Reaktionskammer, deren Unterseite mit einer Membran abschließt, auf die eine Heizstruktur aufgebracht wurde. DNA-haltige Reagenzien können mit ebenfalls mikrogefertigten Dosiersystemen in die Reaktionskammer eingebracht und auf Grund der geringen thermischen Masse des Systems sehr schnellen ($15°C*s^{-1}$) Temperaturzyklen unterzogen werden. Systeme zur chemischen Amplifikation bestehen üblicherweise aus einem Array derartiger Reaktionskammern. Während die von Forschungseinrichtungen hergestellten Prototypen zumeist auf der Basis von Halbleiterstrukturierungstechniken aus Silizium gefertigt wurden, favorisieren industrielle Hersteller aus Kostengründen Kunststoffe wie z.B. Polypropylen.

Eine weitere Technik der Genanalyse ist die Hybridisierung. In Analysegeräten, denen diese Technik zugrunde liegt, ist der auf einer festen Oberfläche immobilisierte Teil der DNA bekannt, der sich an sie bindende frei bewegliche Teil stammt aus der zu untersuchenden Probe. Auf Grund der hohen Selektivität des Verfahrens kann nur ein zum immobilisierten DNA-Strang genau komplementärer DNA-Strang ein Doppelhelix-Fragment ausbilden. Wird die immobilisierte DNA in einer hinreichend großen Matrix ausgebildet, können auf diese Weise komplexe genetische Muster erkannt und nachgewiesen werden. DNA-Arrays zur Hybridisierung werden heute lithographisch industriell hergestellt und in Analysesysteme integriert.

Zum gegenwärtigen Zeitpunkt konzentrieren sich die Forschungsarbeiten für miniaturisierte Analysesysteme besonders auf Mikrostrukturen zur Zellmanipulation, zur Massenspektrometrie, zur Elektrophorese und auf die für Analysesysteme notwendige Fluidtechnik. Miniaturisierte Analysesysteme erfordern generell eine fluidtechnische Probenvorbereitung (Dosierung und Mischvorgänge). Die Überzahl der in den vergangenen Jahren entwickelten mikrofluidischen Komponenten verfügt jedoch über ein Preis-Leistungs-Verhältnis, das ihre Integration in einen Fluidprozessor für miniaturisierte Analysesysteme verbietet. Industrielle miniaturisierte Genanalysesysteme nutzen bislang entweder elektroosmotische Antriebsprinzipien oder aus Kunststoff (Polykarbonat) gefertigte mikrofluidische Subsysteme mit pneumatischem Antrieb. Integrierte Genanalysesysteme befinden sich ebenfalls erst im Forschungstadium. Für eine umfassende Darstellung mikrotechnischer Ansätze in der Genanalyse wird auf MASTRANGELO 1998 verwiesen.

Wellnessprodukte

Kleinen, leichten, unauffällig tragbaren, zuverlässigen und durch Massenproduktion preiswerten Systemen zur persönlichen Überwachung von Gesundheit und Sicherheit wird ein erhebliches Marktpotential prognostiziert. Beispielhafte derartige Systeme sind persönliche Detektoren zur Umweltüberwachung (Ozon, CO_2 etc.) oder Systeme zur Diebstahlsicherung. Zu integrierende mikrosystemtechnische Komponenten sind in erster Linie intelligente Sensoren. Chemische und biotechnische Sensoren bilden dabei einen Entwicklungsschwerpunkt, die Entwicklung generischer Multielement-Mikrosysteme mit telemetrischer Datenübertragung einen weiteren Schwerpunkt. Derzeit als Prototypen verfügbare Systeme weisen aber noch eine deutlich zu geringe Zuverlässigkeit und Lebensdauer sowie ein für den Endkundenmarkt nicht akzeptables Preis-Leistungs-Verhältnis auf. Da der Markt für derartige Komponenten mittel- bis langfristig ebenfalls ein Großserien- bis Massenmarkt sein wird, wird bei der Entwicklung dieser Komponenten wiederum auf batchfähige Halbleiterstrukturierungstechnologien zurückgegriffen.

Miniaturisierte Werkzeugmaschinen

Ein Beispiel für das Innovationspotential konventioneller Präzisionsbearbeitungstechnologien sind die in Japan und in Deutschland entwickelten Präzisionsbearbeitungsmaschinen [SAWADA 1998, WECK 1996]. Mit diesen Bearbeitungsmaschinen können dreidimensionale Strukturen höchster Präzision erzielt werden. Die Positioniersysteme der Antriebe erreichen Genauigkeiten im Nanometerbereich, weitaus exakter, als die Materialeigenschaften der zu bearbeitenden Werkstoffe an Bearbeitungsgenauigkeit zulassen. Als Hauptanwendungsgebiet derartiger Fertigungsgeräte wird der Formenbau für Präzisionsabformtechniken, z.B. zur Herstellung mikrooptischer Systeme, gesehen.

Industrieapplikationen (Maschinen- und Anlagenbau)

Mikrosysteme besitzen im Maschinen- und Anlagenbau besondere Relevanz bei Realisierung intelligenter autonomer Subsysteme (Integration von Intelligenz vor Ort), die den maschinenbauweiten Trend zur Dezentralisierung von Aufgaben und Funktionen unterstützen. Intelligente autonome Subsysteme beinhalten Sensorik, Signalverarbeitung, Aktorschnittstellen und Kommunikationseinrichtungen (z.B. Busschnittstellen) und führen Regelungs-, Überwachungs- und Diagnoseaufgaben weitgehend selbständig durch (Bsp.: autonome Servoventile, intelligente freipositionierbare Pneumatikzylinder).

Für den Einsatz von Mikrosystemen in Industrieapplikationen unter den Randbedingungen kleiner bis mittlerer Seriengrößen wurde ein modulares Baukastensystem entworfen und Prototypen realisiert [vgl. SCHÜNEMANN 1998].

3.2 Patentrecherche und Delphi-Analyse zur Mikrosystemtechnik

3.2.1 Die Entwicklung der Miniaturisierung im Spiegel von Patentanmeldungen

3.2.1.1 Zielsetzung, Methodik

Zur Vorbereitung von Interviews zu „Miniaturisierungspotentialen aus der Sicht der Industrie" wurden *„statistische Patentrecherchen"* durchgeführt. Damit wurden die folgenden Ziele verfolgt:

- Feststellung von Stand und *Entwicklungsdynamik* der Miniaturisierung (inklusive Mikromechanik, -optik, -fluidik usw.) getrennt nach Herstelltechnologie wie:
  - konventioneller Fertigungstechnik für die Miniaturisierung (Mikrozerspanen, Spritzgießen usw.),
  - Technologie der Mikroelektronik und
  - speziell für Mikromechanik, -optik usw. entwickelte Technologie außerhalb des für die Mikroelektronik üblichen Technologiestandards,
- Ermittlung erkennbarer Anwendungsschwerpunkte der Anmeldetätigkeit zur Früherkennung von potentiellen *Schrittmacherprodukten*,
- Ermittlung von wichtigen *Akteure*n für die Entwicklung der Miniaturisierung auch im Hinblick auf die Auswahl von Interviewpartnern,
- *Internationaler Vergleich* der Entwicklungen in Deutschland, den USA und Japan.

Der Miniaturisierung werden dabei im folgenden die Patentanmeldungen zugeordnet, deren mikrogeometrische Formung funktionsbestimmend ist. Dazu gehören neben der Mikromechanik auch die Mikrooptik und Mikrofluidik, sofern sich die Erfindung mikrogeometrischer Formung bzw. Strukturierung bedient. Zwischen konventioneller Miniaturisierung und Mikrosystemtechnik wird insofern nicht streng unterschieden, da Miniaturisierung als eine Entwicklung zur Mikrosystemtechnik verstanden werden kann.

3.2.1.2 Patentstatistische Analyse

Der beschleunigte Anstieg der Patentanmeldeaktivität in der Miniaturisierung ab Ende der achtziger Jahre (Abbildung 1) läßt, trotz der Trendbrüche in Verbindung mit den wirtschaftlichen Strukturwandlungen dieser Zeit (Zusammenbruch des Ostblocks), auf ein weltweit *zunehmendes Interesse der Industrie* an konventioneller Miniaturisierung- und Mikrosystemtechnik schließen. Damit ist Ende der neunziger

Jahre und Anfang des nächsten Jahrhunderts zunehmend mit Markteinführungen und –durchbrüchen von Schrittmacherprodukten der Miniaturisierung zu rechnen.

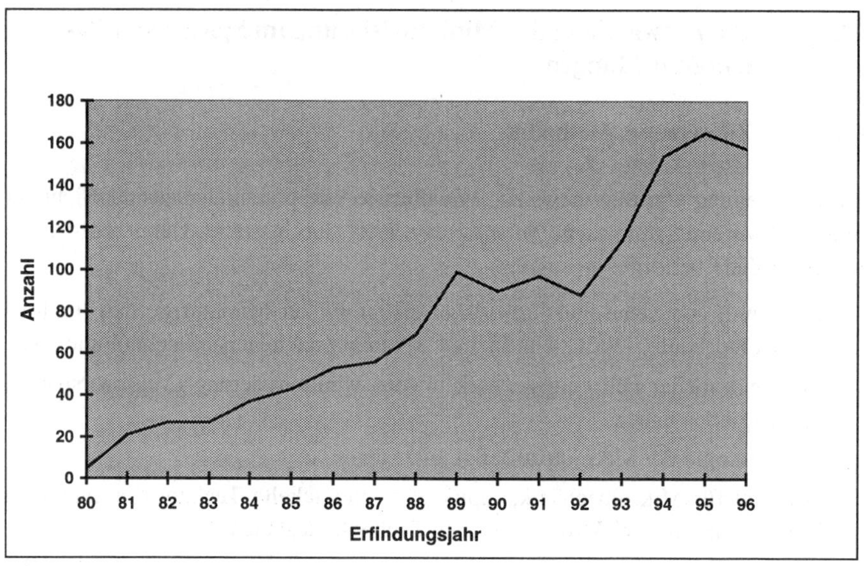

Abbildung 1: Patentanmeldungen zur „Miniaturisierung" am Europäischen Patentamt

Eine nach Abschluß der Untersuchungen ergänzend durchgeführte Patent- und Publikationsrecherche (vgl. Anhang 1) untermauert diese Annahme: Sie weist seit 1989 eine deutlich zunehmende Publikationsaktivität aus, die sich von dem bis dahin überwiegenden Gleichlauf mit der Patentaktivität löst. Für Deutschland ist dieser Trend besonders stark ausgeprägt. Es ist anzunehmen, daß der auffällige Publikationsanstieg durch weltweit zunehmende Förderaktivitäten ausgelöst wurde. Dabei setzte diese Entwicklung in den USA im Vergleich zu Deutschland schon einige Jahre früher ein. Es ist damit zu rechnen – bis jetzt aber noch nicht deutlich nachweisbar -, daß sich dieser dynamische Publikationsvorlauf einige Jahre später, d.h. um die Jahrhundertwende, mit einem Anstieg der Patentanmeldungen fortsetzt und daß wiederum drei bis fünf Jahre später (ca. 2003) mit einem breiteren Durchbruch mikrotechnischer Produktinnovationen am Markt zu rechnen ist.

Deutliche *Schrittmacherbereiche* der Erfindungstätigkeit sind die Patentklassen der elektronischen Bauelemente, optischen Bauelemente, Sensoren und der Medizintechnik mit den dahinter zu vermutenden Märkten der Informationstechnik, der Telekommunikation, der Fahrzeug- und der Medizintechnik (Abbildung 2).

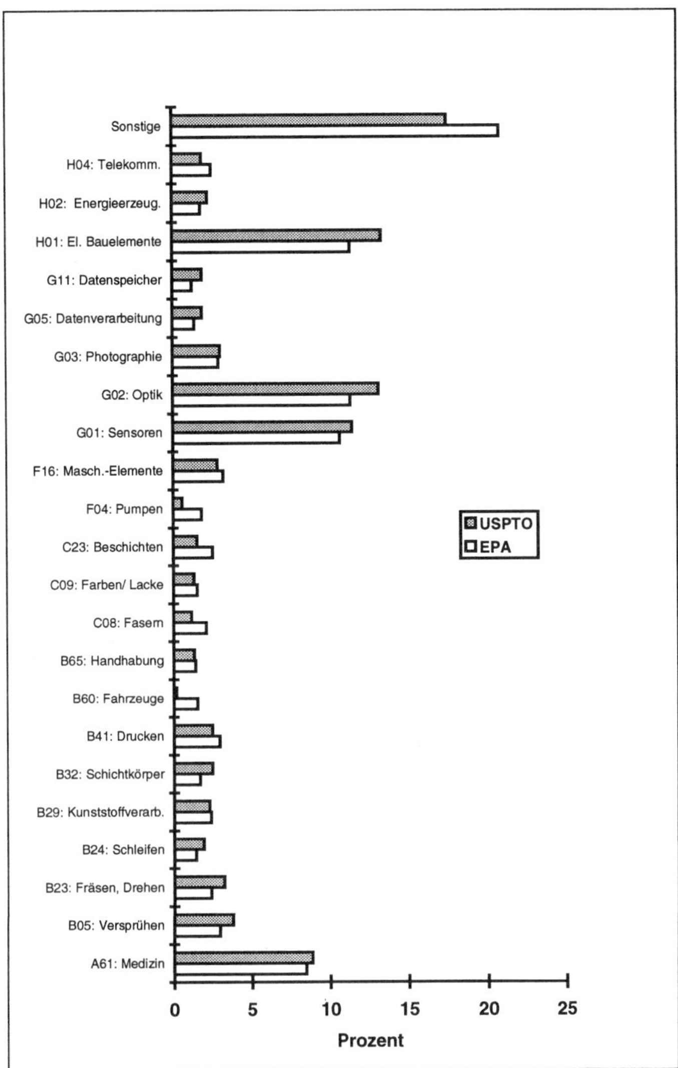

Abbildung 2: Anzahl der Patentanmeldungen am Europäischen Patentamt (EPA) und dem US-Amerikanischen Patentamt (USPTO) nach Patentklassen 1994/ 1995

Die Miniaturisierung wird kurz- und mittelfristig eine Technologie mit begrenzter, aber zunehmender Anwendungsbreite in einigen Schrittmacherlinien sein. Längerfristig wird sie sich zu einer Querschnittstechnologie entwickeln.

Die Anhang 1 mit je einer „Anmelder-Rangliste" für die USA, Japan und Deutschland weist die *wichtigsten Akteure* in der Entwicklung der Miniaturisierung aus. Die folgenden Anmelder wurden identifiziert:

- Unter den deutschen Anmeldern sind neben den Spitzenreitern aus Elektro- und Fahrzeugtechnik auch Institute maßgeblich vertreten. Vertreter der Nachrichten- bzw. Kommunikationstechnik sowie der Chemie- und Pharmabranche erscheinen ebenfalls in der Spitzengruppe mit mehr als einer Anmeldung. Ansonsten wurden knapp 100 Anmelder in Deutschland identifiziert.
- Bei den amerikanischen Anmeldern wurden 180 gefunden. Es dominierten industrielle Anmelder aus der Elektronik- und Informationstechnik, der optischen und der medizintechnischen Industrie, ebenfalls gefolgt von Akteuren aus einem breiten Querschnitt der Industrie. Auch hier spielen Institute eine sichtbare Rolle, wenn auch in geringerem Umfang als in Deutschland.
- Unter den japanischen Anmeldern dominieren Akteure aus der optischen, medizintechnischen und drucktechnischen Industrie. Institute spielen keine erkennbare Rolle. Insgesamt wurden 44 Anmelder identifiziert.

3.2.1.3 Anwendungs- und Technologieschwerpunkte der Miniaturisierung-Erfindungen – eine Experteneinschätzung

Patentstatistische Analysen eignen sich primär für Trend- und Verteilungsanalysen nach den Patentklassen. Da diese jedoch nach Technikkriterien und nicht nach wirtschaftlichen Kriterien gegliedert sind, sind wirtschaftliche Analysen nur indirekt und grob durchführbar. Deswegen wurde nach einem Weg gesucht, die Patentanalyse mit Hilfe von Fachexperten vertiefend zu interpretieren, um daraus Hinweise für die Führung von Interviews abzuleiten.

Im vorliegenden Zusammenhang ist die Frage nach Schrittmacherprodukten und Märkten sowie nach wettbewerbsentscheidender Technologie vordringlich zu stellen. Auf diese Frage hin werden nachfolgend die 194 hier zu Grunde liegenden EPA-Patentanmeldungen aus den Jahren 1994 und 1995 (Titel) einer vertiefenden Experteneinschätzung unterzogen.(vgl. Anhang 1) In den Abbildungen 3 bis 5 wird das Ergebnis dieser Titelanalyse wiedergegeben. Daraus sind die *Patentierungsschwerpunkte* erkennbar, verbunden mit der Experteneinschätzung, welche Anwendungsgebiete (=Produkttechnologien) mit welchen Herstellverfahren für welche Anwenderbranchen im Mittelpunkt der Erfindungstätigkeit stehen.

Gegenüber der patentstatistischen Erkennung von kürzerfristigen Schrittmachermärkten und längerfristigen Querschnitts-Marktpotentialen lassen sich hier vertiefende Technologie-Cluster in unterschiedlichen Branchen bzw. Märkten feststellen (Abbildung 3):

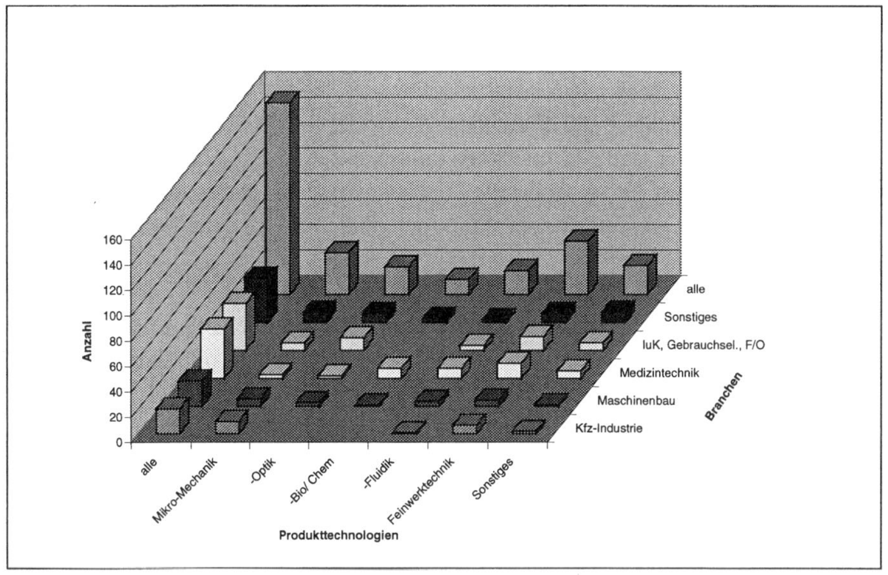

Abbildung 3: Zuordnung von 108 Produkterfindungen (1994/95) zu Anwendungsgebieten und Branchen (Mehrfach-/ Nichtzuordnungen möglich)

- *Kfz-Industrie:* Als Anwendungsgebiet überwiegt die Mikromechanik vor der konventionellen Feinwerktechnik. Die Siliziumtechnologie dominiert als Herstelltechnologie vor konventioneller Miniaturisierungstechnik.
- *Maschinenbau:* Die wichtigsten Anwendungstechnologien sind, wie bei der Kfz-Industrie, die Mikromechanik und die Feinwerktechnik. Im Unterschied zur Kfz-Industrie steht bei den Herstelltechnologien die Nicht-Siliziumtechnologie im Vordergrund.
- *Medizintechnik:* Als Anwendungsgebiet dominiert die Feinwerktechnik vor der Mikrofluidik und der Mikro-Biochemie. Als Herstelltechnologie dominieren konventionelle Miniaturisierung und Nicht-Siliziumtechnologie.
- *Informations- und Kommunikationstechnik (IuK), Gebrauchsgüterelektronik (Gebrauchsel.), Feinmechanik/ Optik (F/ O):* Hier haben Mikrooptik und Feinwerktechnik vor der Mikromechanik ungefähr gleiches Gewicht. Bei den Herstelltechnologien dominieren die Nicht-Silizium- und die konventionelle Miniaturisierungstechnologie klar vor der Siliziumtechnologie.
- *Sonstige Anwendungsmärkte*: Dies betrifft u.a. Märkte für Meßgeräte, für Miniaturisierungs-Produktionsgüter, für Dienstleistungsmaschinen (z.B. Identifikationsleser). Es ergibt sich eine ähnliche Gleichgewichtigkeit der Anwendungsgebiete Mikromechanik, -optik und Feinwerktechnik bei einer Dominanz von

Nicht-Silizium- und konventioneller Miniaturisierungstechnologie als Herstelltechnologie vor der Siliziumtechnologie.

Das breite Anwendungs- und Produktspektrum der Miniaturisierungserfindungen läßt darauf schließen, daß Mikrotechnik-Produkte durchaus nicht nur für Massenmärkte, sondern auch für spezialisierte Nischenmärkte mit dafür angepaßter Technologie entwickelt werden (starke Marktpotentiale in Spezialanwendungen und Marktnischen).

Abbildung 4 zeigt, daß bei der Herstelltechnologie für die 108 Mikro-Produkterfindungen entgegen den Erwartungen aus der Erfahrung mit den bisherigen Schrittmachern „Mikrosensoren" die streng an der Mikroelektronik orientierte Siliziumtechnik nicht dominiert. Wesentlich mehr Patentanmeldungen zu Mikroprodukten lassen auf Herstelltechnologie in der Tradition konventioneller Miniaturisierung oder unabhängig von der Mikroelektronik entwickelter Mikrostrukturierungstechnologie schließen.

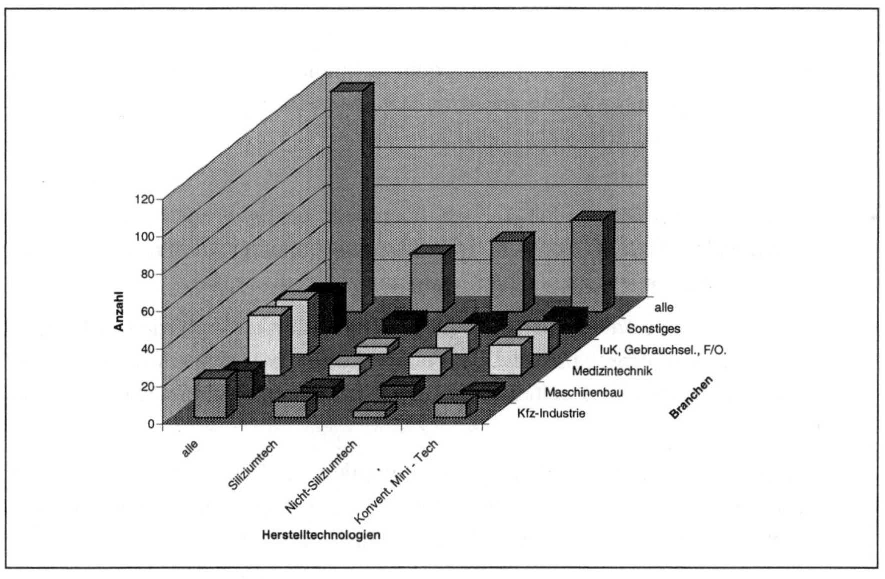

Abbildung 4: Zuordnung von 108 Produkterfindungen (1994/95) zu Herstelltechnologie und Branchen (Mehrfach-/ Nichtzuordnungen möglich)

Die Herkunft der Patentanmeldungen nach Firmen und Instituten in Abbildung 5 macht deutlich, daß

- in der Kfz- und der IuK-Industrie industrielle Erfindungen weit gegenüber wissenschaftlichen Erfindungen aus Instituten dominieren. Hier sind somit gute Voraussetzungen für „Schrittmacher-Innovationen“ gegeben.
- im Maschinenbau und der Medizintechnik Erfindungen aus Instituten einen relativ hohen Anteil haben. Hier ist somit mit größerem Zeitvorlauf bis zum Markteintritt zu rechnen.

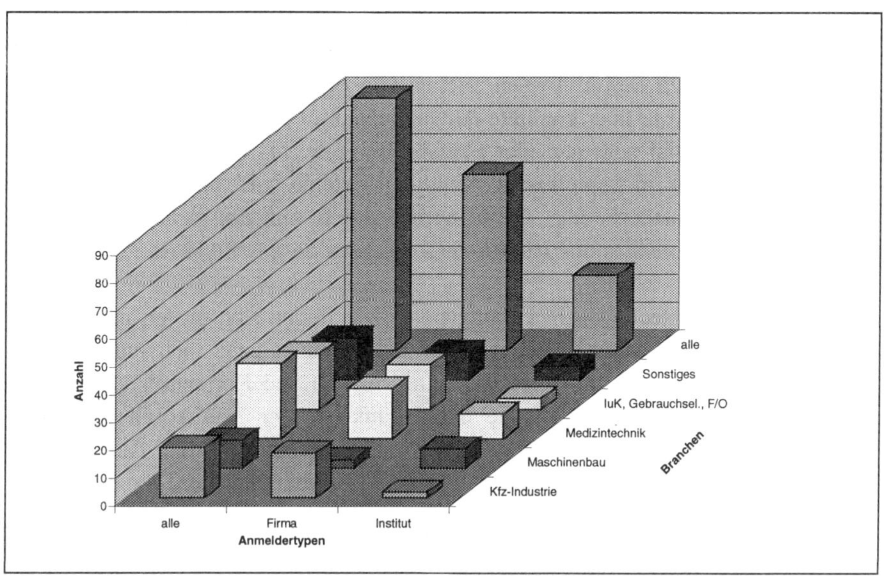

Abbildung 5: Zuordnung von 108 Produkterfindungen (1994/95) zu Anmeldertypen und Branchen (Mehrfach-/ Nichtzuordnungen möglich)

3.2.2 Sonderauswertung der Delphi-Studie 1998 zur Mikrosystemtechnik

Die im Auftrag des Bundesministeriums für Bildung, Wissenschaft, Forschung und Technologie (BMBF) durchgeführte Delphi '98-Studie des Fraunhofer-Instituts für Systemtechnik und Innovationsforschung (ISI) [CUHLS ET AL. 1998] wurde unter anderem seitens des BMBF-Projektträgers Mikrosystemtechnik beim VDI/ VDE Technologiezentrum Informationstechnik GmbH durch die Autoren H. Steg und A. Botthof speziell unter dem Gesichtspunkt der Mikrosystemtechnik ausgewertet.

In der Delphi-Studie wurden über 2000 Experten in zwei Befragungsrunden mit Thesen zu 1070 Einzelentwicklungen konfrontiert. Davon lassen sich 34 Thesen der Mikrosystemtechnik zuordnen. Die Auswertung der Experten-Stellungsnahmen zu diesen Thesen ist Basis für diese Sonderauswertung. Die Ergebnisse der Sonderauswertung standen dem ISI nach Abschluß der Untersuchungen im Rahmen dieser Studie zur Verfügung. Sie werden nur kurz referiert. Dabei werden hier nur die Ergebnisse wiedergegeben, die für die Fragestellungen dieser Studie relevant sind. Die Vollversion der Sonderauswertung ist in Anhang 2 enthalten.

Globale Zukunftsentwicklung der Mikrosystemtechnik

Die 34 ausgewählten Delphi-Thesen reichen von Entwicklungen von Basistechnologie und der Sensorik über konkrete Anwendungen in innovativen Produkten, wie z.B. Chipkarten, Dialysegeräte oder Flachbildschirme, bis hin zur Integration der Mikrosystemtechnik in komplexe Anwendungssysteme, z.B. intelligente Roboter, Häuser oder Telematiksysteme. Daran wird deutlich, daß das *technologische Potential der Mikrosystemtechnik bei weitem noch nicht ausgeschöpft* ist.

Breite Mikrosystemtechnik-Anwendungspotentiale finden sich in den unterschiedlichsten Innovationsfeldern. Ein deutlicher Schwerpunkt zeigt sich innerhalb der Delphi '98-Themenfelder im Bereich der Information und Kommunikation. Daneben spielen die Anwendungsgebiete der Produktion, der Automobiltechnik, des Bauens und Wohnens sowie der Ernährung eine substantielle Rolle. Aufgrund der spezifischen Bereichseinteilungen der Delphi '98-Studie sind die Themen der Mikrosystemtechnik nicht unbedingt der Medizintechnik zugeordnet, sondern die entsprechenden Thesen finden sich weitgehend im Bereich der Informations- und Kommunikationstechnik. Das gleiche gilt für umweltrelevante Themen, die in den Themengebieten Mobilität und Transport sowie Bauen und Wohnen integriert sind.

Die Experten erwarten bei erheblicher zeitlicher Streuung den Schwerpunkt der Mikrosystemtechnik-Anwendungsinnovationen für die Periode von 2006 bis 2010. Der Marktdurchbruch der praktischen Verwendung von „Bauelementen in der Maschinentechnik, die Sensoren, Controller und Aktuatoren integrieren,“ wird nach den Schätzungen der Experten um das Jahr 2003 gesehen. Eine in der Sonderauswertung sogenannte „MST-Roadmap“ enthält die Spezifizierung der zeitlichen Vorausschau für die einzelnen Thesen.

Die *Position Deutschlands im internationalen Technologie-Wettbewerb* wird von den Experten als hervorragend beurteilt. Die Position der USA wird von 67% der Experten als führend eingeschätzt. Dahinter folgen die Einschätzungen für Deutschland mit 56% und für Japan mit 52%.

Die *Wettbewerbsstärken Deutschlands* werden von den befragten Experten im untersuchten Thesenspektrum vor allem in solchen Anwendungsfeldern gesehen, in denen Deutschland auch traditionell Stärken aufweist: Verkehrs- und Automobiltechnik, Medizintechnik, Umwelttechnik, Chemie. Als *Maßnahmen* zur Unterstützung der weiteren Entwicklung werden insbesondere die marktnahe Förderung der schon als hochwertig eingestuften FuE-Infrastruktur und der internationalen Kooperation favorisiert.

3.3 Marktanalysen

Marktanalysen ermitteln Anwendungsfelder oder je nach Konkretisierungsgrad auch Beispielprodukte für ein abgegrenztes Themengebiet und prognostizieren über einen definierten Zeitraum das zu erwartende Marktvolumen. Dabei ist die schriftliche und telefonische Befragung von Unternehmen eine verbreitete Vorgehensweise.

Im Rahmen der vorliegenden Studie wurden existierende Marktanalysen zur Mikrosystemtechnik bzw. zu microelectromechanical Systems (MEMS) im Hinblick auf Produkte und deren zu erwartenden Marktdurchbruch analysiert. Die in den Marktstudien aufgeführten Beispiele unterstützten die Firmenselektion.

Von den Marktanalysen zur Mikrosystemtechnik werden zwei Studien in Europa am häufigsten zitiert und sollen daher ausführlicher vorgestellt werden. Dabei handelt es sich um die Studie „Microelectromechanical Systems" der System Planning Corporation (SPC) von 1994 [SPC 1994], sowie die Marktprognose „Market Analysis for Microsystems" der NEXUS task force, die z.B. in [WECHSUNG 1998] veröffentlicht wurde. Gegen Ende der durchgeführten Studie wurde eine Nachfolgeuntersuchung der System Planning Corporation mit dem Titel „MEMS 1998 Emerging Applications and Markets" veröffentlicht [SPC 1998], die aufgrund ihres Erscheinungsdatums zur Firmenselektion nicht mehr hinzugezogen werden konnte.

3.3.1 „Microelectromechanical Systems" der System Planning Corporation (1994)

Die Marktstudie der System Planning Corporation aus dem Jahre 1994 fokussiert ihre Aussage auf die fünf Anwendungsgebiete „Drucksensoren, Inertialsensoren, fluidische Steuerungs- und Regelungselemente, optische Schalter und Massenspeicher." Das Einsatzgebiet für Drucksensoren wird in der Automobil- und Medizintechnik gesehen. Inertialsensoren finden vor allem im Automobilbau Anwendung, werden zukünftig aber verstärkt im Maschinen- und Anlagenbau, in der Medizin- und Militärtechnik eingesetzt. Fluidische Steuerungselemente werden für Anwendungen im Maschinen- und Anlagenbau, in der Informationstechnik-Peripherik, in der Medizin- sowie der Meßtechnik benötigt, während optische Schalter vor allem in der Telekommunikation eine zunehmende Bedeutung erlangen werden. Für die Massenspeicher werden neue Speicher- und damit verbunden Schreib- und Leseprinzipien erwartet, die für eine gesteigerte Nachfrage an MEMS sorgen.

Die Daten der Studie wurden durch Interviews mit Vertretern von Unternehmen, Wissenschaftlern sowie Repräsentanten aus der Politik erhoben. Zusätzlich wurde auf Sekundärquellen zurückgegriffen. Die zu erwartenden Marktdaten basieren auf den Angaben der Industrievertreter. Die ermittelten Volumina werden in als konstant angenommenen US$ von 1993 angegeben.

Ergebnisse

Ausgehend von einem Gesamtvolumen von 0,6 Mrd. US$ der fünf untersuchten Anwendungsfelder im Jahr 1993 prognostiziert SPC für 1996 ein Marktvolumen von 2,1 Mrd. US$ und für das Jahr 2000 von 13,9 Mrd. US$. Die Verteilung des Marktvolumens auf die verschiedenen Anwendungsgebiete für das Jahr 2000 kann Tabelle 3 entnommen werden. Dabei ist in der zweiten Spalte die zu erwartende Stückzahl der mikrosystemtechnischen Komponente, in der dritten Spalte das sich ergebende „MEMS Marktvolumen" und in der letzten Spalte das prognostizierte Marktvolumen für die kleinste erwerbbare Systemeinheit eingetragen, in die die MEMS-Komponente integriert ist.

Application Area	**MEMS Units (Mio. Units)**	**MEMS Sales (Mio. US$)**	**System Sales (Mio. US$)**
Pressure Sensors	297,5	3 350	3 350
Inertial Sensors	262,3	2 706	75 325
Fluid Regulation and Control	136,1	2 605	6 553
Optical Switches	77,6	3 012,5	4 985
Mass Data Storage	34,5	1 035	2 070
Other Applications	205,6	1 192,5	5 375
Total	**1 013,6**	**13 901**	**97 658**

Tabelle 3: Marktvolumen für mikrosystemtechnische Produkte im Jahr 2000 [SPC 1994]

Eine breite Anwendung von MEMS-Produkten sieht die System Planning Corporation im Zeitfenster 1997-1999. Dabei weisen die Autoren explizit darauf hin, daß das tatsächliche Marktvolumen im Jahr 2000 insbesondere von diesem Durchbruchszeitpunkt abhängen wird.

In der Studie von 1998 werden die Technologie-Kategorien wie folgt unterteilt:

- Inertialmeßtechnik
- Mikrofluidik
- Optische MEMS
- Druckmeßtechnik
- Ultraschall MEMS
- Sonstige

Die Erhebung basiert auf 70 Telefoninterviews sowie 50 Fragebögen. Zusätzlich wurden wieder Sekundärquellen herangezogen. Die Studie beschränkt sich auf bereits eingeführte Produkte und Entwicklungen, die innerhalb der nächsten zwei Jahre zur Marktreife weiterentwickelt werden dürften. Insgesamt kommt die Studie zu folgenden, für den Industriestandort Deutschland interessanten Ergebnissen:

- Die meisten Industrievertreter sagen ein rasantes Marktwachstum für MEMS in den nächsten fünf Jahren voraus.
- Der Markt wird von wenigen Produkten aus der Informationstechnologie (Tintenstrahldrucker-Düsen, Schreib- und Leseköpfe für Festplattenlaufwerke) und der Kfz-Branche (Beschleunigungs- und Drucksensoren) dominiert. Die bereits im Markt etablierten Produkte sehen nur noch einem moderaten Wachstum entgegen.
- Chemische Analysesysteme (z.B. das LOC=lab on chip) haben ein großes Potential, zu einem der Schrittmacherprodukte für den Einsatz von MEMS zu werden.
- Anders als in der Halbleiterindustrie gibt es für die MEMS-Industrie weder eine systematisierte Informationsbereitstellung noch Informationsverteilung. Dadurch ist in der Industrie ein deutliches Informationsdefizit festzustellen, um Entscheidungen in bezug auf marktrelevante MEMS-Produkte zu treffen.

Für das Jahr 1996 wurde in der Studie ein Marktvolumen ermittelt, das zwischen 1,675 und 2,94 Mrd. US$ lag. Für das Jahr 2003 wird ein Absatz von MEMS im Wert von 6,5 bis 11,54 Mrd. US$ prognostiziert.

3.3.2 „Market Analysis for Microsystems“ der NEXUS task force (1997-1998)

Die „Market Analysis for Microsystems“ der NEXUS task force identifiziert als Schwachstelle der meisten Vorgängerstudien eine starke Begrenzung des untersuchten Marktsegments sowie eine Vermischung der Marktvolumina von bereits existierenden Mikrosystemen mit neuartigen Produkten, die auf dem Markt bislang noch nicht erhältlich sind, deren Einführung aber als höchst wahrscheinlich angesehen werden kann.

Die NEXUS task force versucht, diese Schwachstellen dadurch zu vermeiden, daß sie den Markt in einen für bereits existierende und einen für noch aufkommende mikrosystemtechnische Produkte unterteilt. Um Prognosen für beide „Markttypen“ erstellen zu können, wurde zunächst das Marktvolumen existierender mikrosystemtechnischer Produkte im Jahr 1996 ermittelt. Dazu wurden weltweit 200 Experteninterviews durchgeführt [ELOY 1997]. Aufbauend auf diesen Daten über den bereits existierenden Markt wurden die Experten zu neuartigen Produkten befragt. Aus diesen Antworten wurde das Marktvolumen der „Emerging Markets“ bestimmt.

Die Ersteller der Studie legen großen Wert auf den Hinweis, daß durch Mikrosysteme nicht nur „kleine Produkte“ ermöglicht, sondern daß sie aufgrund ihrer breiten Anwendungsmöglichkeit in komplexe Makroprodukte integriert werden können, um diesen Produkten einen Marktvorteil zu verschaffen. Von diesem als „leverage effect“ bezeichneten Vorgang erwartet die task force ein noch höheres Marktvolumen als die Absolutzahlen aussagen.

Ergebnisse

Das Marktvolumen mikrosystemtechnischer Produkte wurde für das Jahr 1996 auf ca. 14 Mrd. US$ geschätzt. Dieser bereits existierende Markt wird laut der NEXUS task force bis zum Jahr 2002 auf 38 Mrd. US$ wachsen. Dies entspricht einer jährlichen Wachstumsrate von 18% [MST 1998]. Für die bereits auf dem Markt existierenden Produkte wurde die in Tabelle 4 dargestellte Marktentwicklung ermittelt:

Products	**1996**		**2002**	
	Units (millions)	**$ (millions)**	**Units (millions)**	**$ (millions)**
hard disc drive heads	530	4 500	1 500	12 000
inkjet printer heads	100	4 400	500	10 000
heart pace makers	0,2	1 000	0,8	3 700
in vitro diagnostics	700	450	4 000	2 800
hearing aids	4	1 150	7	2 000
pressure sensors	115	600	309	1 300
chemical sensors	100	300	400	800
infrared imagers	0,01	220	0,4	800
accelerometers	24	240	90	430
gyroscopes	6	150	30	360
magnetoresistive sensors	15	20	60	60
microspectrometers	0,006	3	0,150	40
Totals		**13 033**		**34 290**

Tabelle 4: Weltmarktvolumen für bereits existierende Produkte [MST 1998]

Für Produkte, die innerhalb der nächsten drei Jahre in den Markt eingeführt werden sollen, ergibt sich ein zusätzliches Marktvolumen von ca. 4,2 Mrd. US$ (Tabelle 5). Als Schrittmacheranwendung werden in der Marktstudie derzeit noch Anwendungen in der Automobilindustrie identifiziert. Die Schrittmacheranwendungen werden sich aber innerhalb der nächsten Zeit in die Informationstechnik-Peripherik und die biomedizinische Technik verlagern. Für die Telekommunikation erwartet die NEXUS task force einen späteren Marktdurchbruch als andere Studien. Der Durchbruch für dieses Anwendungsfeld wird nicht vor dem Jahr 2002 vermutet.

Products	1996		2002	
	Units (millions)	$ (millions)	Units (millions)	$ (millions)
drug delivery systems	1	10	100	1 000
optical switches	1	50	40	1 000
lab on chips	0	0	100	1 000
magneto optical heads	0,01	1	100	500
projection valves	0,1	10	1	300
coil on chips	20	10	600	100
micro relays	-	0,1	50	100
micro motors	0,1	5	2	80
inclinometers	1	10	20	70
injection nozzles	10	10	30	30
anti collision sensors	0,01	0,5	2	20
electronic noses	0,001	0,1	0,05	5
Totals		**107**		**4 200**

Tabelle 5: Weltmarktvolumen für „Emerging Products" [MST 1998]

3.3.3 Vergleichende Betrachtung

Neben den detailliert beschriebenen Studien wurden in den letzten Jahren weitere Studien zu den Marktpotentialen der Mikrosystemtechnik durchgeführt. Besonders häufig werden die Prognosen von SRI, SEMI und Janusz Bryzek [MARSHALL 1997, BRYZEK 1995] als Argumentationshilfen herangezogen. Die meisten datieren vom Beginn der neunziger Jahre. Das Datenmaterial ist daher mit Vorsicht zu bewerten, weil Prognosen zwar wichtig sind, aber ständig dem neuesten Wissensstand angepaßt werden müssen. Da die Studien zum einen zu verschiedenen Zeitpunkten erstellt und von daher von unterschiedlichen Rahmenbedingungen ausgehen, zum anderen unterschiedliche Systemgrenzen betrachten, ist ein direkter Vergleich eigentlich nicht zulässig. Um dennoch einen Eindruck über die Variation des prognostizierten Marktvolumens zu erhalten, werden die Ergebnisse der erwähnten Studien in Abbildung 6 derart dargestellt, daß die Unterschiede der Absolutzahlen der Marktvolumina besonders deutlich werden. Dies wird dadurch erreicht, daß die Angaben für 1996 und das Jahr 2000 über eine einfache Gerade miteinander verbunden werden.

Vor allem für das Jahr 2000 klaffen die Zahlen deutlich auseinander. Diese Tatsache sollte allerdings nicht überbewertet werden, da die Systemgrenzen für die Erhebung von Absolutzahlen von großer Bedeutung sind. Vielmehr sollte beachtet werde, daß alle Studien bei Auswertung der Originaldaten (ohne die vereinfachte Linearisierung) ein exponentielles Wachstum für den mikrosystemtechnischen Markt prognostizieren.

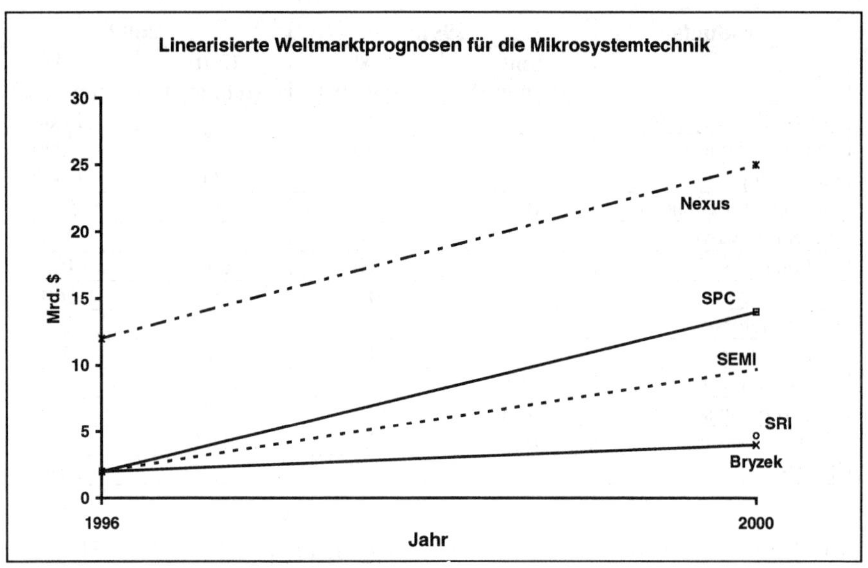

Abbildung 6: Marktprognosen für die Mikrosystemtechnik

Der Marktdurchbruch hat für einige Schrittmacheranwendungen schon stattgefunden, für die breite Anwendung kann dies jedoch noch nicht behauptet werden.

4. Länderberichte

4.1 Deutschland

4.1.1 Nationale Förderprogramme

In Deutschland wurde ein erster explizit auf Mikrotechnologien fokussierender Förderschwerpunkt *Mikroperipherik* für die Jahre 1988 - 1989 eingerichtet. Das darauf folgende Förderprogramm *Mikrosystemtechnik* für die Jahre 1990 - 1993 hatte die Abstimmung bei der Erarbeitung und Vermittlung von Techniken der Mikrosystemtechnik, die Förderung von vorwettbewerblichen industriellen Verbundprojekten zur Entwicklung von intelligenten miniaturisierten Systemen und die Verbesserung des Innovationsmanagements sowie den Technologietransfer zum Ziel. Tabelle 6 zeigt die von 1991 bis 1998 für das Förderprogramm Mikrosystemtechnik aufgewendeten Fördersummen.

Jahr	1991	1992	1993	1994	1995	1996	1997	1998
Fördersumme (Mio. DM)	98,4	169,2	154,7	155,1	161,3	173,3	149,9	149,2

Tabelle 6: Ausgaben für den Förderschwerpunkt Anwendungen der Mikrosystemtechnik (inklusiv Mikroelektronik und -peripherik)[2]

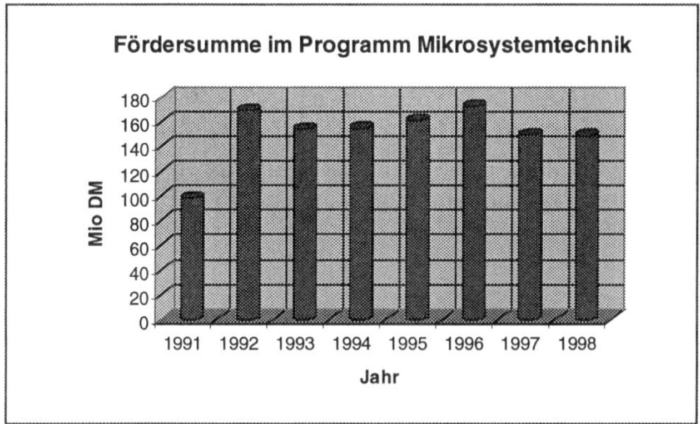

Abbildung 7: Ausgaben für den Förderschwerpunkt Anwendungen der Mikrosystemtechnik (inklusiv Mikroelektronik und -peripherik)

2 Die aufgeführten Zahlen stammen aus dem Faktenbericht 1998 zum Bundesbericht Forschung. Herausgeber: Bundesministerium für Bildung und Forschung, Bonn 1998

Förderprogramm Mikrosystemtechnik 1994 - 1999

Das finanziell am besten ausgestattete und forschungspolitisch einflußreichste Programm zur Förderung der Mikrosystemtechnik ist das vom Bundesministerium für Bildung und Forschung (BMBF) aufgelegte Förderprogramm *Mikrosystemtechnik 1994 - 1999*. Nach dem Selbstverständnis des Förderungsgebers ist dieses Programm auf die Anwendungsaspekte der Mikrosystemtechnik ausgerichtet.

Im Förderprogramm *Mikrosystemtechnik 1994 - 1999* wurden bis 1998 133 Verbundprojekte, an denen Wirtschaft und Forschungseinrichtungen gleichermaßen beteiligt waren, begonnen. Der Gesamtaufwand belief sich dabei auf DM 805 Mio. mit einem Finanzierungsanteil aus Bundesmitteln von DM 430,5 Mio. Den größten Anteil dieser Aufwendungen (DM 602,2 Mio.) bestreitet die Wirtschaft, davon bringt sie DM 350,8 Mio. (ca. 58 %) selbst auf. Zusätzlich werden die Mikrosystemtechnik-Aktivitäten des Forschungszentrums Karlsruhe im Rahmen der institutionellen Förderung jährlich mit ca. DM 50 Mio. unterstützt.

Das BMBF hat als Strategie für die Sicherung der internationalen Spitzenposition Deutschlands eine konsequente Ausrichtung der geförderten Forschungs- und Entwicklungsarbeiten auf konkrete Anwendungen gewählt. Die Mikrosystemtechnik wird als Integrationstechnik gesehen, deren Potential weit über die Verknüpfung von gängigen Mikrotechniken hinausgeht. Bei der Integration entscheidet nicht die einzelne Technologie über die Entwicklung marktfähiger Produkte, sondern die Problemlösung steht im Mittelpunkt. Daher werden nur noch in Ausnahmefällen einzelne Technikentwicklungen gefördert, es erfolgt stattdessen eine Konzentration auf Systemlösungen. Aufgrund des interdisziplinären Charakters der Mikrosystemtechnik werden ausschließlich Verbundprojekte unterstützt.

Nach derzeitigem Informationsstand beabsichtigt das BMBF, das Zukunftsfeld Mikrosystemtechnik über das Jahr 1999 hinaus zu unterstützen. Dabei sollen die Fördermaßnahmen auf strategisch wichtige Anwendungscluster konzentriert werden.[3]

Förderprogramm Produktion 2000 / Produktion 2000 plus

Im Rahmen des BMBF-Programmes *Produktion 2000* werden kooperative arbeitsteilige Entwicklungsprojekte von Industrie und Wissenschaft im vorwettbewerblichen Bereich gefördert. Schwerpunkt bildet die Entwicklung und Anwendung innovativer Produktionsmethoden und -strategien. Im Rahmen des Förderprogramms Produktion 2000 wurden aber auch einige Verbundvorhaben zur industriellen Produktion von miniaturisierten Systemen und Mikrosystemen gefördert.

---

3 Das BMBF wird in einer Veranstaltung am 28./ 29. Juni 1999 in Bonn offiziell die Programmfortführung verkünden und über Ziele, neue Aspekte und Schwerpunktsetzung informieren.

Nach derzeitigem Informationsstand beabsichtigt das BMBF, innovative Produktionsmethoden und -strategien über das Jahr 1999 hinaus zu fördern. Obwohl zum Berichtszeitpunkt noch keine konkreten Informationen vorlagen, kann davon ausgegangen werden, daß Fertigungstechniken für Mikrosysteme in diesem Rahmen förderungsfähig sein werden.

Förderprogramm Laser 2000

Im Rahmen des Förderungskonzeptes Laserforschung und Lasertechnik sowie des Förderprogramms Laser 2000, das die Unterstützung innovativer Lasertechniken zum Erhalt und Ausbau der internationalen Wettbewerbsfähigkeit der laserherstellenden und laseranwendenden Industrie als strategisches Ziel hatte, wurden einzelne Projekte zur Mikrostrukturierung und -bearbeitung sowie zu laserbasierten miniaturisierten Systemen gefördert.

Die Entwicklung miniaturisierter intelligenter Systeme besitzt eine Vielzahl von Schnittstellen zu weiteren auf Bundesebene geförderten Programmen.

Fördermaßnahmen auf regionaler Ebene

Es existieren eine ganze Anzahl von Fördermaßnahmen für Miniaturisierungstechniken und Mikrosysteme auf regionaler Ebene. Einige der wichtigsten sind im folgenden aufgeführt:

- Baden-Württemberg:
  - „Zukunftsoffensive Junge Generation“
  - Etablierung des Hahn-Schickard-Institutes für Informations- und Mikrosystemtechnik Villingen-Schwenningen
  - Einrichtung einer Technischen Fakultät an der Universität Freiburg mit den Schwerpunkten Informationstechnik und Mikrosysstemtechnik
  - Beteiligung am Aufbau der Synchrotronstrahlungsquelle ANKA am Forschungszentrum Karlsruhe (mit ca. 50% der Finanzierungssumme)
- Bayern:
  - Förderungsprogramm Mikrosystemtechnik Bayern
- Berlin:
  - Aufbau des Schwerpunktes Technologien der Mikroperipherik an der TU Berlin
- Hessen:
  - Aufbau des Instituts für Mikrostrukturtechnologie und Optoelektronik Wetzlar

- Nordrhein-Westfalen:
  - Aufbau der Mikrostruktur-Initiative Nordrhein-Westfalen
- Rheinland-Pfalz:
  - Etablierung des Instituts für Mikrotechnik Mainz (IMM)

4.1.2 Untersuchungsfeld

Im Vorfeld der Interviews wurden auf Basis der beschriebenen Voruntersuchungen 23 Firmen ausgewählt, die ein breites Spektrum der Mikrosystemtechnik abdecken. Von diesen 23 Firmen waren 20 zu einem Interview bereit. Zusätzlich wurden zwei Forschungsinstitute (Forschungszentrum Karlsruhe und Technische Universität Berlin) sowie eine schwerpunktmäßig mit Technologietransfer auf dem Gebiet miniaturisierter intelligenter Systeme befaßte Einrichtung (VDI/ VDE-Technologiezentrum Informationstechnik Teltow) befragt. Sechs der besuchten 20 Firmen lassen sich in der Patentanalyse unter den ersten 20 finden, weitere Firmen sind den Voruntersuchungen zufolge patentrechtlich aktiv.

Die besuchten Unternehmen sind folgenden Branchen und Industriezweigen zuzuordnen (Mehrfachnennungen resultieren aus Aktivitäten vieler Unternehmen in mehreren Marktsegmenten):

Halbleiter- und Mikrostrukturfertigung	4 Unternehmen
Kraftfahrzeugzulieferindustrie	8 Unternehmen
Komunikationstechnik und Datenübertragung	2 Unternehmen
Informationstechnische Peripherik	1 Unternehmen
Gebrauchsgüter (Consumer Products)	4 Unternehmen
Gesundheitsvorsorge (Personal Wellness Products)	3 Unternehmen
Biomedizin und Gentechnik	4 Unternehmen
Medizintechnik	6 Unternehmen
Feinwerk- und Präzisionstechnik	5 Unternehmen
Werkzeugmaschinen[4]	1 Unternehmen
Industrieapplikationen (Maschinen- und Anlagenbau)[5]	2 Unternehmen

Tabelle 7: Branchenzugehörigkeit der Unternehmen

4 Zur Einschätzung der Branche Werkzeugmaschinen wurde zusätzlich auf Gespräche, die das wbk Karlsruhe im Projektvorfeld mit branchenaktiven Unternehmen führte, zurückgegriffen.

5 Zur Einschätzung der Branche Maschinen- und Anlagenbau wurde zusätzlich auf themenrelevante Gespräche, die das Fraunhofer IPA im Projektvorfeld mit Unternehmen führte, zurückgegriffen.

In den Untersuchungen wurden demzufolge Unternehmen in traditionell stark von der deutschen Industrie beherrschten Branchen, Unternehmen in Zukunftsbranchen sowie solche berücksichtigt, die im internationalen Vergleich in den letzten Jahren an Boden verloren haben.

Die befragten Unternehmen lassen sich anhand ihrer Mitarbeiterzahlen wie folgt kategorisieren:

Mitarbeiterzahl	< 50	50-1000	1001 - 10000	10001 - 50000	> 50000
Anzahl Unternehmen:	1	4	9	3	3

Tabelle 8: Einteilung der Unternehmen nach Unternehmensgröße

4.1.3 Strategische Beispiele

Zur Veranschaulichung der innerhalb der einzelnen Industriezweige stark differierenden wirtschaftlichen und technischen Randbedingungen sowie der aus ihnen resultierenden unterschiedlichen innovations- und wirtschaftsstrategischen Ansätze wurden mehrere Fallbeispiele ausgewählt, die als repräsentativ für die Befragung angesehen werden. Dabei wurden die in den Fallbeispielen dargestellten Daten und Fakten auf Anforderung der befragten Unternehmen verallgemeinert und anonymisiert.

In der Auswahl der strategischen Beispiele wurde darauf geachtet, daß zum einen Unternehmen aus verschiedenen Industriezweigen präsent und zum anderen Unternehmen unterschiedlicher Größe vertreten sind. Weiterhin wurde versucht, ein ausgewogenes Verhältnis zwischen Unternehmen, die Miniaturisierungsstrategien erfolgreich anwenden, und solchen, die mikrosystemtechnischen Ansätzen eher zurückhaltend gegenüberstehen, zu gewährleisten. Firmen, deren Miniaturisierungsansätze weniger erfolgreich verliefen, sollten ebenfalls als Beispiel dienen.

Fallbeispiel 1: Feinwerktechnik und Optik

Ein größeres Unternehmen der Feinwerktechnik- und Optikbranche besteht auf dem Weltmarkt mit qualitativ hochwertigen, aber auch hochpreisigen Produkten, die in eher geringen Stückzahlen gefertigt werden.

Das Unternehmen beschäftigt sich seit ca. 5 Jahren intensiver mit der Mikrosystemtechnik. Zur Abschätzung von Chancen, Risiken und Marktpotential der Mikrosystemtechnik für die Produkte und Geschäftsfelder des Unternehmens wurde eine interne Studie angefertigt. Ein wesentliches Ergebnis dieser Studie war die

Prognose, daß im Gebiet miniaturisierter/ mikrotechnischer Technologie auch im Nichthalbleiterbereich Großserien- und Massenfertigung Voraussetzung für die wirtschaftliche Herstellung marktakzeptabler Produkte sein wird und daher potentielle Anwendungen für Mikrosysteme und Mikrokomponenten mittelfristig (2002) durch sehr hohe Stückzahlen bei eher geringem Preis charakterisiert sind.

Im befragten Unternehmen werden demgegenüber traditionell Produkte mittlerer und kleiner Losgrößen bis hinab zur Einzelfertigung hergestellt. Ein Einstieg in die Fertigung von Mikrosystemen und Mikrokomponenten auf dem technologischen Niveau der Mikrostrukturierung erforderte einen Wechsel von einer Fertigungstechnik für Stückzahlen von einigen tausend zu einer Fertigungstechnik für einige zehntausend bis einige hundertausend Produkten. Dabei wurden die damit verbundenen sehr hohen Investitionskosten erst in zweiter Instanz als Hemmnis gesehen - als erheblich schwerwiegender wurde empfunden, daß sich beim Wechsel in hohe Stückzahlbereiche die Produktions- und damit die Firmenkultur entscheidend verändern müßte. Da auch für die überschaubare längerfristige Zukunft nicht zu erwarten ist, daß das bisherige Produktspektrum durch mikrotechnisch gefertigte Produkte substituiert werden wird, würden beide Stückzahlbereiche langfristig nebeneinander bestehen bleiben müssen. Die Integration der mikrotechnischen Produktion in die Unternehmensstruktur (z.B. Fertigungsorganisation, Logistik, Zulieferbeziehungen) wird als außerordentlich kritisch angesehen.

Der Weg, neue Technologie über ein konkretes Produkt in das Unternehmen einzuführen, erwies sich auf Grund der als unsicher eingeschätzten Markt- und Geschäftsentwicklung als wenig gangbar. In Konsequenz dieser Überlegungen wurde die firmeneigene Abteilung Mikrosystemtechnik aufgelöst. Es wird stattdessen versucht, Innovationen durch weniger technologieabhängige Ansätze zu generieren, die durchaus Grundlagenforschungscharakter besitzen, ohne dabei die Anwendungsorientierung zu verlieren. Mikrostrukturierungstechniken stehen bei diesem Ansatz als Option in Konkurrenz zu anderen technologischen Alternativen.

Werden innovative Produkte in den Markt eingeführt, so werden diese häufig für und in Zusammenarbeit mit einem Leitkunden entwickelt. Ein beispielhaftes Sensorsystem wurde vom potentiellen Endanwender positiv getestet. Bei einer angestrebten Stückzahl von etwa 10000 Einheiten und einem Zielpreis im mittleren zweistelligen Bereich ist das Produkt für die Einzelfertigung uninteressant, für eine Investition in eine Fertigungslinie ist der Umsatz aber zu niedrig. In einem solchen Fall wird das Projekt nur fortgesetzt, falls die Technologie bereits im Unternehmen vorhanden ist. Für die Produktion von Mikrostrukturen ist dies aber selten gegeben.

Als Alternative zur Mikrostrukturierung im eigenen Haus favorisiert das Unternehmen den Zukauf und die Anwendung von mikrostrukturierten Komponenten in miniaturisierten, komplexen Systemen. Der Zukauf von Komponenten oder Dienstleistungen erfolgt jedoch nur von professionellen Anbietern. Foundries im Umfeld von

Universitäten und Forschungsinstituten werden außerordentlich kritisch betrachtet. Als besonders problematisch werden in diesen Fällen die Gefahr eines Know-how-Abflusses, Qualitätssicherungsaspekte beim gemischten Betrieb als Forschungs- und Produktionslinie und die z.T. mangelnde Termintreue eingeschätzt.

In der Produktionstechnik für Mikrosysteme ist das Unternehmen nur beobachtend aktiv. Es wäre nach eigener Einschätzung im Fall eines geschäftlich nennenswerten Bedarfs jedoch sehr schnell in der Lage, Fertigungsgeräte am Markt anzubieten.

Wissenstransfer von Universitäten und Forschungseinrichtungen erfolgt primär durch den Einkauf von Know-how-Trägern. Dazu wird versucht, Themenausrichtungen an den jeweils relevanten Universitäten zu beeinflussen. Für eine direkte Kooperation zwischen Forschungseinrichtung und Unternehmen ist die langfristige Entwicklung einer für beide Seiten vorteilhaften Kultur der Zusammenarbeit vordringlich. Derzeit kranken nach Auffassung des Unternehmens Kooperationen zwischen Industrie und Forschung häufig an mangelnder Termintreue, mangelnder Treue zu eigenen Aussagen und zu offensivem Marketing.

Das Unternehmen hat sehr gute Erfahrungen mit der amerikanischen Form des Wissenstransfers gesammelt: Know-how-Träger aus Forschungseinrichtungen (z.B. MIT, Stanford, UC Berkeley) gründen mit ihrem Wissen ein eigenes Unternehmen und führen eine Technologie zur Marktreife, ohne sich zu stark auf Produktion und Vertriebswege etc. zu konzentrieren. Zur Risikominimierung und zum Erhalt der Forschungsfähigkeit verbleiben die Gründer etwa zur Hälfte im Bereich der Forschungseinrichtung. Größere Unternehmen, die diese Technologie für ihr Produktspektrum benötigen, kaufen das Start-Up-Unternehmen in Folge auf. Nach Meinung der befragten Unternehmensvertreter ist die Vertragsgestaltung im öffentlichen Dienst Deutschlands für derartige Modelle leider zu unflexibel.

Das Unternehmen beteiligt sich nach eigener Aussage nur dann an öffentlich geförderten Projekten, wenn es auch ohne Förderung in diesen Bereich investieren würde. Öffentlich geförderte Verbundprojekte neigen zur Schwerfälligkeit und Inflexibilität. Wirtschaftlich nahezu unvertretbar ist die Beantragung von EU-Projekten. Weiterhin wird das notwendige Know-how-Sharing mit anderen Unternehmen und Forschungseinrichtungen als kritisch erachtet. Das Unternehmen bevorzugt daher schnelle bilaterale Kooperationen ohne Förderung.

Fallbeispiel 2: Automobilzulieferer

Ein größeres Unternehmen der Automobilzulieferbranche, ursprünglich aus der Feinwerktechnik stammend, verfügt für bestimmte Produkte der Nutzfahrzeugsicherheit über einen hohen Weltmarktanteil.

Für die Weiterentwicklung dieses den Weltmarkt bestimmenden Gerätes wurden vor ca. zehn Jahren Sensoren benötigt. Marktrecherchen ergaben, daß weltweit keine Sensoren mit den entsprechenden Anforderungen verfügbar waren. Da die Mikromechanik zu dieser Zeit im Unternehmen als konsequente Weiterentwicklung der Feinmechanik erachtet wurde, fiel der Entschluß, eigene Entwurfs- und Fertigungskapazitäten auf diesem Gebiet aufzubauen.

In Zusammenarbeit mit einem Forschungsinstitut, die noch heute in der Rückschau als produktorientiert, professionell und sehr positiv eingeschätzt wird, wurde ein Sensorprototyp entwickelt. Für diesen Sensortyp wurde von einem stark wachsenden Markt für das firmeneigene Endprodukt ausgegangen. Zusätzlich wurden vielfältige Einsatzmöglichkeiten für den Sensor in verwandten Produkten außerhalb des eigenen Unternehmens (z.B. in Airbag- und Fahrwerkssensoren, aber auch im Maschinenbau und in Haushaltsgeräten) gesehen. Da weiterhin keine externen Hersteller für den Sensor gefunden wurden, fiel Anfang der neunziger Jahre die Entscheidung zum Aufbau einer eigenen Fertigung.

Zu diesem Zeitpunkt war zwar Fertigungs-Know-how zu Prozessen wie dem anisotropen Ätzen im Unternehmen vorhanden, es exisitierte jedoch keine eigene Halbleiterfertigung. Es wurde, für die für Mikrostrukturierungsanlagen vergleichsweise geringe Investitionssumme von DM 5 Mio (Investitionen von Halbleiterfirmen in Mikrostrukturierungslinien liegen ein bis zwei Größenordnungen über diesem Betrag), eine vollständige Fertigungslinie für tiefenmikromechanische Halbleitersensoren errichtet. Einzig die Lithographiemasken wurden zugekauft. Die Fertigung war auf einen Durchsatz von ca. 300.000 Sensoren pro Jahr ausgelegt und hätte bei Bedarf auf 1.000.000 Sensoren pro Jahr erweitert werden können.

In den folgenden Jahren zeigte sich jedoch, daß die Marktprognosen deutlich zu optimistisch waren: Weder erreichte das firmeneigene Produkt die prognostizierten Wachstumsraten, noch konnte der Sensor, in erster Linie auf Grund seines relativ hohen Preises, in anderen Märkten etabliert werden. Fortschritte in der Mikroelektronik gestatteten vielen potentiellen Anwendern den Rückgriff auf weniger genauere und damit billigere Sensoren. Besonders schmerzhaft war hier die Einführung eines von einem Halbleiterhersteller in Massenproduktion gefertigten Sensors auf dem Weltmarkt, der, bei deutlich schlechteren technischen Parametern, zu einem erheblich geringeren Preis (< DM 10) angeboten wurde und weltweit einen Preiskampf in diesem Marktsegment auslöste, der bis heute anhält. Infolge lag die maximal gefertigte Produktstückzahl nie höher als 50.000 Einheiten im Jahr.

Um die Überkapazitäten der Mikrostrukturierungslinie abzufangen, wurde ab Mitte der neunziger Jahre versucht, auf dem Dienstleistungsmarkt als Foundry-Anbieter aktiv zu werden. Dabei werden eigene Fertigungsanlagen externen Nutzern angeboten. Dieses Angebot stieß zunächst auf wenig Resonanz. Aus diesem Grund fiel in der Unternehmensführung der Entschluß, die eigenen Produkte auf preiswertere, massengefertigte Sensoren umzustellen, die eigene Sensorproduktion einzustellen und Sensor, Prozeß und Linie an ein Forschungsinstitut zu verkaufen.

Erst im nachhinein zeigte sich, daß der Foundry-Gedanke möglicherweise zu zeitig aufgegeben wurde: Drei bis vier Jahre nach Beginn der Foundry-Aktivitäten gingen verstärkt Anfragen von Unternehmen ein, die ihre zu dieser Zeit gestarteten Entwicklungsaktivitäten mit Hilfe der Foundry in Produkte umzusetzen beabsichtigten.

Als wesentliches Hemmnis wurde vom Unternehmen neben dem Stückzahlproblem die Unverträglichkeit von konventioneller Fertigung und Reinraumfertigung identifiziert. Probleme manifestierten sich zum einen in Unverständnis für die Reinheitsanforderungen, zum anderen in mangelnder Akzeptanz der Technologie bis hin zu Berührungsängsten. Dabei war auffällig, daß diese Probleme weniger bei Produktionsarbeiten als bei peripheren Diensten (Einkauf, Transport, Logistik, Wartung) auftraten.

Das Unternchmen zieht heute folgendes Fazit:

- Die halbleiterbasierte Mikromechanik ist offensichtlich nicht die konsequente Fortentwicklung der Feinwerktechnik, sondern kann sehr viel leichter von massenmarkterfahrenen Halbleiterproduzenten aufgegriffen werden. Für mittelständische Unternehmen ist ein Einstieg in die halbleiterbasierte Mikrotechnik nur in Nischenmärkten erfolgversprechend.
- Die Entwicklungskosten für miniaturisierte Produkte sind hoch. Sie müssen auf eine ausreichende Produktstückzahl umgelegt werden können, sonst ist das Produkt zu teuer. Es ist jedoch fraglich, ob in Nischenmärkten ausreichende Stückzahlen erreicht werden können.
- Das Potential konkurrierender Lösungsansätze, und hier insbesondere der Mikroelektronik, Signal- und Datenverarbeitung, wird häufig unterschätzt.
- Der Einstieg in miniaturisierte Technologie auf Halbleiterbasis erfordert großes finanzielles Durchstehvermögen. Die Zeit bis zum *Return of Investment* ist länger, als es für viele Unternehmer/ Manager heute tolerierbar ist.
- Zu Beginn einer derartigen Entwicklung besteht auf Grund der mangelnden Erfahrung die Gefahr des *Over-Engineerings*, d.h. die technischen Parameter des Mikrosystems werden überdimensioniert und das Produkt dadurch unnötig kompliziert und teuer.
- 80% der Entwicklungskosten wurden für die Umsetzung des Prototypen in ein seriengefertigtes Produkt benötigt. Prototypische Entwicklungen sollten daher möglichst auf den gleichen Anlagen vorgenommen werden, auf denen später produziert werden soll. Diese Erfahrung gilt insbesondere bei Entwicklungskooperationen mit Forschungseinrichtungen.

- Neue Fertigungstechniken müssen, häufig mit großem Aufwand, mit der Kultur und internen Organisation des Unternehmens in Übereinkunft gebracht werden. Es kann sinnvoller sein, Mikrostrukturierungsanlagen räumlich getrennt von der konventionellen Fertigung aufzubauen.
- Für mittelständische Unternehmen ist es nach Auffassung der Firma besser, mikrosystemtechnische Komponenten und Produkte zuzukaufen und nicht als Kernkompetenz in der Firma aufzubauen. Wird die Entwicklungskompetenz im Unternehmen belassen und eine Foundry als Dienstleister genutzt, dann sollte die Produktentwicklung konsequent auf dem Foundry-Prozeß beruhen.

Nach Einschätzung des Unternehmens erfolgen in der öffentlich geförderten Forschung und Entwicklung zu viele Parallel- und Nachentwicklungen. Forschungseinrichtungen sollten strikt vermeiden, parallel zur Industrie zu entwickeln. Als Beispiele wurden dafür Beschleunigungs- und Drehratensensoren genannt. Generell sollten Fördermaßnahmen stärker koordiniert und konzentriert werden. Verbundprojekte mit Hochschulen und Forschungseinrichtungen sollten so ausgelegt sein, daß das von der Industrie investierte Kapital auch wieder zurückfließt.

Fallbeispiel 3: Medizintechnisches Unternehmen

Ein etwa zehn Jahre altes Unternehmen aus dem medizintechnischen Bereich verfügt über Prototypen eines auf dem Weltmarkt konkurrenzlosen Produktes, daß sich zum Untersuchungszeitpunkt im klinischen Test befand. Das Unternehmen steht vor der Markteinführung dieses aus dem Implantatbereich kommenden Produktes. Das Unternehmen ist bisher nicht mit Produkten auf dem Markt aktiv.

Das Produkt ist im hochpreisigen Marktsegment in einer klaren Marktnische plaziert (ca. DM 40.000 für Implantat einschließlich Operation). Das Produkt substituiert bisherige Komponenten und Systeme konkurrierender Unternehmen mit einem vollständig neuen Produkt (nach Aussage der Unternehmensvertreter mit einem Quantensprung bezüglich Lebensqualität, „Unsichtbarkeit“ und Funktionserfüllung - revolutionäre Innovation). Als Zielgruppe wurde eine zahlungskräftige Minorität der betroffenen Patienten (ca. 20.000 Fälle/ Jahr weltweit) identifiziert. Die Markteinführung soll zunächst bei innovationsbereiten Erstadoptoren (2,5 % des Nutzerpotentials), dann bei frühen Adoptoren (bis zu 20% des Nutzerpotentials) erfolgen. Nach Auskunft des Unternehmens liegt die mittelfristige Zielgröße bei 10.000 bis 15.000 Geräten im Jahr. Seitens der Ärzte und Patienten steht das Produkt unter einem hohen Erwartungsdruck.

Die Möglichkeit, durch Kostenreduzierung einen um Größenordnungen umfangreicheren Markt zu erschließen, wurde strikt verneint. Dafür wurde als Hauptgrund die

Konkurrenzsituation zu Firmen, die technologisch weniger fortgeschrittene Geräte produzieren, aber über Marktmacht und finanzielle Ressourcen verfügen, angeführt.

Ausgangsposition für die Entwicklung dieses Produktes war die Spezifikation der erforderlichen Funktion. Die Notwendigkeit des Einsatzes von Miniaturisierungstechniken resultierte aus dem geringen zur Verfügung stehenden Bauraum und aus dem ebenfalls möglichst geringen Energieverbrauch des Systems.

Das Unternehmen sichert seine zukünftige Marktposition mit einer durch Patente abgesicherten Technologieführerschaft. Wesentliche Know-how-tragende Komponenten (Sensoren, Aktoren, Gehäuseelemente) werden selbst fabriziert und montiert. Der für den Aufbau einer Produktion notwendige Investitionsbedarf wird jedoch als stark kostentreibend angesehen.

Das Unternehmen kooperiert bei der Entwicklung miniaturisierter Komponenten und Systeme mit Hochschulen und Forschungseinrichtungen. Die befragten Unternehmensvertreter schätzen die deutsche Forschungslandschaft auf diesem Gebiet als kompetent ein, vermissen aber gelegentlich die Fokussierung auf marktrelevante Anwendungen. Generell befürworten sie eine verstärkte Ausbildung von Naturwissenschaftlern, Technikern und Medizinern in betriebswirtschaftlichen Belangen und eine verbesserte technische Ausbildung für Mediziner.

Als ein wesentliches Hemmnis für den Einsatz von Mikrosystemen und Mikrokomponenten in der Medizintechnik, speziell in implantierbaren Systemen, wird die Notwendigkeit des Biokompatibilitätsnachweises mikrotechnischer Materialien (insbesondere halbleiterbasierter Materialien) gesehen. Für diesen Nachweis ist sehr viel Geld und Vorlaufzeit (für eine FDA-Zulassung z.B. bis zu acht Jahre) aufzuwenden. Es wäre günstiger, besser bekannte Materialien aus der Implantologie zu verwenden. Zu diesen Materialien fehlt jedoch die mikrotechnologische Basis.

Nach Meinung des Unternehmens ist in Deutschland eine vereinfachte Möglichkeit zur Kapitalbeschaffung eminent wichtig. Zum Kapitalbedarfszeitpunkt (Anfang bis Mitte der neunziger Jahre) war von den Banken für eine visionäre Idee kein Geld zu bekommen, dadurch konnte auch keine staatliche Förderung genutzt werden. Das notwendige Kapital wurde schließlich über risikofreudige Privatanleger beschafft. Konkurrierende Firmen in den USA sind nahezu ausschließlich über Risikokapitalgeber finanziert.

Fallbeispiel 4: Halbleiterhersteller

Ein im Weltmaßstab agierendes großes Unternehmen verfügt über ein auf Groß-serien- und Massenfertigung ausgerichtetes Geschäftsfeld Halbleiterherstellung/ Mikroelektronik und gehört mit seinen Produkten zu den weltweit technologisch führenden Unternehmen.

Das Unternehmen sieht im wesentlichen zwei Hauptrichtungen zur Fertigung mikrosystemtechnischer Produkte: zum einen die Integration von Systemen auf einem Chip mit Techniken und Fertigungsanlagen der Halbleiterherstellung, zum anderen die Anwendung vollkommen neuer, halbleiterfertigungsfremder Technologie. Das Unternehmen konzentriert sich auf halbleiterbasierte Mikrosysteme, da im Haus ein immenser Wissens- und Erfahrungsschatz zur Halbleitertechnologie aufgebaut wurde und das Unternehmen es als Verschwendung sähe, wenn es nicht auf dieses vorhandene Wissen und die möglichen Synergieeffekte zurückgreifen würde. Zur Refinanzierung der Forschungs- und Entwicklungsaufwendungen konzentriert sich das Unternehmen auf Produkte, die sich in hohen Stückzahlen ($>10^5$ Stück/ Monat) am Markt absetzen lassen.

Der Schwerpunkt liegt dabei auf monolithisch integrierten, CMOS-kompatiblen Systemen. Dabei wird die Entscheidung, ob monolithisch oder hybrid produziert wird, nach ökonomischen Gesichtspunkten getroffen. Wird zunächst eine Hybridlösung bevorzugt, erfolgt der Entwurf so, daß bei steigenden Stückzahlen sehr schnell auf monolithische Integration übergegangen werden kann. Für die befragten Unternehmensvertreter sind monolithische Lösungen bei großen Stückzahlen definitiv kostengünstiger zu produzieren als Hybridlösungen.

Die befragten Unternehmensvertreter halten es für zwingend erforderlich, daß jedes Produkt Exklusiv-Know-how beinhaltet. Ein Produkt, das ausschließlich auf zugekauften Komponenten basiert, könnte von Wettbewerbern zu einfach nachgebaut werden und würde sehr schnell unter starken Konkurrenzdruck geraten.

Zur Vorhersage möglicher technischer und/ oder Marktentwicklungen verfügt das Unternehmen über Instrumente zur Technikvorausschau (sogenanntes Strategic Visioning): Zum einen werden über Extrapolationsverfahren relativ kontinuierliche Entwicklungen innerhalb eines Marktes oder eines bestehenden Geschäftsfeldes betrachtet, zum anderen werden über Retropolationsansätze neue Innovationsfelder ermittelt und Innovationsszenarien erstellt. An diesen Prozessen sind sowohl Techniker als auch Wirtschafts- und Sozialwissenschaftler beteiligt. Auf der Basis dieses Strategic Visioning wird versucht, mit optimiertem Forschungs- und Entwicklungsaufwand langfristig zu guten Ergebnissen zu gelangen.

Schrittmachermarkt für mikrosystemtechnische Produkte ist für das Unternehmen eindeutig der Kraftfahrzeugzuliefermarkt. Als eines der die Zukunft bestimmenden Innovationsfelder wird die Kombination von technischer Intelligenz und Sensorik erachtet. Systeme wie das künstliche Auge oder elektronische Personenidentifikation (z.B. Fingerabdruckerkennung) verfügen über ein großes Potential. Das Unternehmen sieht zumindest für die nächsten fünfzehn Jahre auf diesem Gebiet keine entscheidend wachstumsbegrenzenden Faktoren. Generell wurde als Trend identifiziert, daß mechanische Komponenten mit immer mehr Intelligenz ausgestattet werden und dadurch der Entwicklungs- und Fertigungsaufwand weniger in die mit höherem Risiko behaftete Präzisionssteigerung, stattdessen mehr in leichter zu beherrschende Regelungs- und Kompensationsalgorithmen investiert werden kann.

Das Unternehmen kooperiert in erster Linie mit Forschungspartnern mit eindeutiger Kompetenz. Dabei ist die Forschungskooperation international ausgerichtet: ca. 60% mit deutschen Partnern, jeweils 20% mit US- und mit europäischen Partnern. Kooperationen nehmen aber nur einen kleinen Teil der Aktivitäten ein.

Nach Einschätzung der befragten Unternehmensvertreter existiert in Deutschland zur halbleiterbasierten Mikrosystemtechnik eine sehr gute Technologiebasis. Mit der gleichen Professionalität und Qualität, mit der die Technologie entwickelt wurde, ist nun über potentielle industriell relevante Anwendungen nachzudenken. Der Geschäftsvorsorge sollte Priorität gegenüber der Technologievorsorge eingeräumt werden. Die befragten Unternehmensvertreter würden es deshalb befürworten, einen Teil der Fördermittel, die heute für die Technologieentwicklung ausgegeben werden, für die Identifikation des Nutzens oder neuer Anwendungen zu verwenden.

Fallbeispiel 5: Hersteller von Unterhaltungselektronik

Ein traditionsreiches deutsches Unternehmen der Unterhaltungselektronik, das mit seinen Produkten einige Zeit nicht mehr zu den technisch führenden Unternehmen gehörte, versucht seit einigen Jahren, mit der Entwicklung einer revolutionären Displaytechnologie Geschäft und Markt zurückzugewinnen.

Für das zu entwickelnde Produkt existieren mehrere konkurrierende technologische Alternativen:

- Das befragte deutsche Unternehmen verfolgt einen Lösungsansatz, dessen Grundlage miniaturisierte feinwerktechnische Komponenten bilden. Dieser technische Ansatz kann als revolutionäre Systeminnovation mit evolutionären Systemkomponenten charakterisiert werden. Wesentlicher technischer Vorteil ist die freie Skalierbarkeit von Größe und Auflösung des projezierten Bildes. Parallel wird versucht, diese systemkritischen Komponenten über Mikrostrukturierungstechniken zu fertigen bzw. diese mit Mikrosystemen zu substituieren. Für den Massenmarkt wären siliziumbasierte Elemente attraktiver. Zumindest für den professionellen Markt und das obere Preissegment des Privatkundenmarktes ist der Erfolg des mikrosystemtechnischen Ansatzes jedoch nicht essentiell. Das Unternehmen plant, ab 1999 den professionellen Markt zu beliefern.
- In den USA werden von mehreren Firmen Lösungsansätze mit monolithisch aufgebauten Mikrosystemen verfolgt. Dieser Ansatz kann als revolutionäre Systeminnovation mit revolutionären Systemkomponenten charakterisiert werden. Ein Unternehmen hat diese Technologie mit hohem finanziellen (Schätzungen von Drittquellen reichen bis zu US$ 1 Mrd.) und zeitlichen (>15 Jahre) Aufwand

zur Marktreife gebracht und in markterhältliche (und, trotz Zuverlässigkeits- und Ausbeuteproblemen, offensichtlich markterfolgreiche) Produkte überführt. Andere Unternehmen entwickeln derzeit Konkurrenzprodukte auf Halbleiterbasis. Alle halbleiterbasierten Systeme sind potentiell preiswert, in hohen Stückzahlen produzierbar, limitierender Faktor ist jedoch bislang die Auflösung.

- Japanische Unternehmen beschäftigen sich sehr wahrscheinlich ebenfalls mit der sich in der Entwicklung befindlichen Technologie. Sie sind jedoch bislang nicht mit Prototypen in Erscheinung getreten. Als Strategie der in Frage kommenden japanischen Unternehmen wird vermutet, daß der Forschungsaufwand von ihnen auf einen wenig fortgeschrittenen Detailbereich der Technologie konzentriert wird, ohne jedoch ein eigenständiges Gesamtsystem zu entwickeln. Mit der ausgearbeiteten Detaillösung als Verhandlungsbasis wird dann versucht, Kooperationen oder strategische Allianzen einzugehen.
- Eine weitere, auf einem vollständig differierenden Ansatz beruhende Konkurrenztechnologie ist bereits seit einigen Jahren auf dem Markt. Hier besitzen hauptsächlich japanische Firmen einen hohen Marktanteil. Es besteht jedoch breiter Konsens, daß aufgrund mangelnder Bildschärfe, Auflösung und des deutlich geringeren Farbraumes das evolutionäre Entwicklungspotential dieser Technologie mittelfristig eher begrenzt ist.

Nach Auskunft des Unternehmens stellt die entwickelte Displaytechnologie eine Ausnahme innerhalb des branchenweiten Trends dar, mechanische Funktionen durch elektronische zu substituieren und alle beweglichen Teile auf Grund ihrer Fehleranfälligkeit aus den Geräten zu eliminieren.

Die Forschungs- und Entwicklungsarbeiten wurden dabei einem selbständigen Tochterunternehmen, das einzig für diese Aufgabe gegründet wurde, übergeben. Die Entwicklung der Technologie und der auf ihr basierenden Komponenten und Systeme gestaltete sich unvorhergesehen aufwendig, so daß ein weitgehend branchenfremdes Großunternehmen als technischer und finanzieller Kooperationspartner an den Entwicklungsarbeiten beteiligt wurde.

Die Arbeiten zur mikrostrukturtechnischen Realisierung wurden in Kooperation mit universitären Forschungseinrichtungen durchgeführt. Dabei ergab sich nach Auskunft des Unternehmens, daß für eine der beiden funktionskritischen feinwerktechnischen Komponenten ein Potential zur deutlichen Kostenreduzierung existiert, für die andere Komponente eher nicht.

Die Markteinführung des Produktes geschieht über den professionellen Markt und setzt sich in Zielrichtung auf den oberen Preisbereich für den Privatkundenmarkt fort. Parallel dazu wird versucht, Absatzmärkte in anderen Industriezweigen (so z.B. der Kraftfahrzeugzulieferindustrie) zu erschließen. Das Unternehmen ist dabei offen für mögliche Partner und Lizenznehmer.

Generell sind nach Einschätzung des Unternehmens mikrosystemtechnische Entwicklungen in der Unterhaltungselektronik eher aus Fernost zu erwarten. Dabei spielt der Preis eine so entscheidende Rolle, daß für viele Komponenten der Zukauf aus Japan erheblich zu teuer ist. Mehr als 90% der verkauften Audiogeräte werden heute in noch deutlich preiswerter produzierenden Ländern (z.B. China) gefertigt. Bei der Produktion von Unterhaltungselektronik kommen die Standortnachteile Deutschlands voll zum Tragen. Rückholpotential im Bereich Unterhaltungselektronik ist nach Meinung des befragten Unternehmensvertreters nicht mehr vorhanden: Die Fertigungstiefe wurde drastisch reduziert, Infrastruktur zur Produktion und für Produktionsgeräte ist nicht mehr vorhanden und damit wurde das notwendige Know-how nahezu komplett aufgegeben.

4.1.4 Erweiterte Untersuchung

Um die Datenbasis für die Auswertung der Studie zu verbessern, wurde parallel zu den fallstudienhaften Interviews eine schriftliche Befragung von Unternehmen durchgeführt. Die Auswahl der Adressaten geschah anhand der Teilnehmerliste des Statuskolloquiums „Mikrosystemtechnik" des Forschungszentrums Karlsruhe von 1998.

Durch diese Stichprobenfestlegung kann davon ausgegangen werden, daß sich die Befragten mit der Mikrosystemtechnik auseinandersetzen oder auseinandergesetzt haben und somit über eine gewisse Beurteilungskompetenz über die zukünftige Entwicklung und das Einsatzspektrum der Miniaturisierungstechnologie in Ihrem Umfeld verfügen.

Die Fragebögen, deren Fragen mehrheitlich als Multiple Choice ausgeführt waren, wurden ausschließlich an Unternehmen versandt. Bei Mehrfachteilnahme von Unternehmen am Statuskolloquium, z.B. durch Anwesenheit von Vertretern aus verschiedenen Abteilungen, wurden nicht alle Teilnehmer angeschrieben, sondern eine zufällige Auswahl vorgenommen. Der Wortlaut des Fragebogens ist in Anhang 3 abgedruckt.

Insgesamt wurden 114 Fragebögen verschickt, die von 42 Personen beantwortet wurden. Die Rücklaufquote beträgt somit 37% und kann für Fragebogenumfragen als zufriedenstellend angesehen werden. Dennoch reicht die Datengrundlage nicht aus, um eine statistisch abgesicherte Aussage machen zu können. Die Auswertung erfolgt daher in der Regel in absoluten Zahlen. Aufgrund der geringen Datenbasis werden zur Darstellung von „mittleren Einschätzungen" der Befragten der Median, das untere Quartil (25%-Perzentil) und das obere Quartil (75%-Perzentil) herangezogen (Definitionen: siehe Anhang 3). Der Median repräsentiert dabei die mittlere Position der geordneten Urliste und ist bei geringen Datenmengen wesentlich unempfindlicher gegenüber Ausreißern als der Mittelwert. Die Angabe von Perzentilen sagt aus, wieviel Prozent der Expertengruppe einen bestimmten Einschätzungswert unterschreiten. Die Quartilangaben repräsentieren somit das Streumaß der Stichprobe. Zur grafischen Darstellung eignet sich ein „Häuschen" (Abbildung), dessen linke Linie das 25%-Perzentil, und dessen rechte Linie das 75%-Perzentil repräsentiert. Der Median wird durch die Spitze lokalisiert.

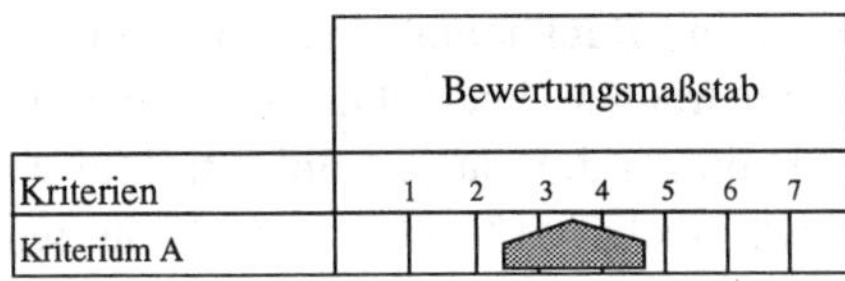

Abbildung 8: Darstellungsweise der Ergebnisse

Resonanz der Umfrage und Einordnung der Firmen

Der Rücklauf der Fragebögen konzentriert sich mehrheitlich auf die Branchen „Elektrotechnik, Meß- und Regelungstechnik" (12), „Maschinen- und Anlagenbau" (8) sowie den „Fahrzeugbau und Zulieferer" (7). Die weiteren Unternehmen gehören den Branchen „Medizintechnik" (4), „Datentechnik und Telekommunikation" (3) sowie „Werkstoffe und Edelmetalle" (2) an. Die 6 fehlenden Zuordnungen wurden zu „Sonstigen" zusammengefaßt.

Die Zuordnung zu Betriebsgrößenklassen nach Mitarbeiterzahlen sieht folgendermaßen aus:

Mitarbeiter	< 50	50-1.000	1.000-10.000	10.000-50.000	> 50.000
Anzahl	10	15	6	3	8

Tabelle 9: Verteilung der Mitarbeiterzahlen der antwortenden Unternehmen

Die Großunternehmen stammen fast ausschließlich aus dem Kraftfahrzeugbau und der Elektrotechnik, während die kleinen und mittleren Unternehmen eher den weiteren Branchen der Umfrage zuzuordnen sind.

Es kann davon ausgegangen werden, daß von den Großunternehmen zum Teil mehrere Antwortbögen zurückkamen. Da bei der Auswahl der Adressaten aber darauf geachtet wurde, daß möglichst nur ein Fragebogen in die gleiche Abteilung verschickt wurde, kann eine Abteilung im folgenden als eigenständiger Unternehmensbereich betrachtet und in den Auswertungen der Fragebögen als eingenständiges Unternehmen gewertet werden. Eine Nachvollziehbarkeit, wieviele Dopplungen auftraten, ist nicht gegeben, da die Antwortbögen anonym zurückgesandt wurden.

Bisherige Aktivitäten auf dem Gebiet der Miniaturisierung

Derzeit führen 28 der antwortenden Unternehmen Miniaturisierungsprojekte durch, sieben planen Arbeiten zu diesem Thema, während die sieben restlichen Unternehmen eher den Beobachterstatus einnehmen. Die durchgeführten Projekte sind mehrheitlich der allgemeinen Miniaturisierung zuzuordnen, es handelt sich weniger um Entwicklungen im Mikrobereich. Diese Aussage kann dadurch belegt werden, daß 15 Unternehmen die Abmessung, die für die Funktion ihres Miniaturisierungsobjekts wichtig ist, dem Zentimeter- und 10 weitere Firmen dem Millimeterbereich zuordnen. Nur 5 Unternehmen zielen für die Produktreife auf Dimensionen im Mikrometerbereich ab. Die Unternehmen erwarten die Markteinführung ihrer derzeitigen Entwicklungen innerhalb des nächsten Jahres (10 Nennungen) oder innerhalb der nächsten drei Jahre (12). Nur ein einziger Fragebogen deutet darauf hin, daß eine Firmenabteilung an einem Produkt arbeitet, das erst in 5 Jahren auf den Markt kommen soll.

Von den 28 Unternehmen, die schon Miniaturisierungsprojekte durchgeführt haben, betrachten 15 die miniaturisierte Komponente oder das System als reines Kern-Know-how der Firma, 8 sehen es als reines Zukaufteil und 5 sowohl als Zukaufteil, als auch als Kern-Know-how des Unternehmens. Besonders auffällig ist, daß insbesondere die Kleinunternehmen bis 50 Mitarbeiter das Miniaturisierungsobjekt als Kern-Know-how betrachten (vier zu null Nennungen). Das Verhältnis von Kern-Know-how zu Zukaufteil in allen anderen Betriebsgrößenklassen hingegen ist eher ausgewogen, wobei die Großunternehmen eher Kern-Know-how aufbauen wollen als die mittelständische Industrie.

Allgemeine Einschätzungen

60% aller Unternehmen erwarten für die miniaturisierte Technologie eine kontinuierliche, 35% eher eine zögernde und nur 5% glauben an eine rasante Marktentwicklung. Dabei zeigen Unternehmen mit 1 000 bis 10 000 Mitarbeitern eine besonders skeptische Haltung gegenüber dem Trend zur Miniaturisierung. In dieser Betriebsgrößenklasse ist die zögernde Einschätzung der Marktentwicklung genauso häufig vertreten wie die kontinuierliche (drei zu drei Nennungen). Zum Vergleich sei die Großindustrie (>10.000 Mitarbeiter) herangezogen, die mit neun zu zwei Nennungen eine kontinuierliche Entwicklung erwartet. Interessanterweise führen oder planen mehr als zwei Drittel der Unternehmen, die die Entwicklung als zögernd einschätzen, Miniaturisierungsprojekte.

Die 28 auf dem Gebiet der Miniaturisierung tätigen Unternehmen sehen interessante Anwendungsgebiete sowohl im Sensor- als auch im Aktorbereich. Die Unternehmen halten verschiedene Sensoren (insgesamt 38 Nennungen) für interessant. Mehrfachnennungen waren dabei die Regel. Dabei überwiegen insbesondere Druck- (16

Nennungen) und Beschleunigungssensoren (10 Nennungen), die zusammen 68% aller Sensoranwendungen abdecken. Im Aktorbereich (insgesamt 27 Nennungen) überwiegen Mikropumpen mit 11 vor Mikroschaltern mit 7 Angaben. Branchenspezifisch werden Sensoren vor allem in der Elektrotechnik (Verhältnis Sensor: Aktor: 3,2:1) und im Kraftfahrzeugsektor (Verhältnis: 1,6:1) Einsatz finden. Aktoren sind besonders für die Medizintechnik interessant (Verhältnis 1:5).

Die geplanten Stückzahlen liegen in den Losgrößenfeldern 100 bis 1000 Stück (10 Angaben) und 1.000 bis 100.000 Stück (12 Nennungen). Dabei liegt der Schwerpunkt der Sensoren auf den hohen Stückzahlen (1.000->2 Mio.), bei den Aktoren ist er eher in den mittleren Stückzahlen (bis Losgröße 100.000) zu sehen. Dies spiegelt auch der anvisierte Zielpreis wider, der für Sensoren schwerpunktmäßig zwischen 1 DM und 100 DM und für Aktoren zwischen 10 DM und 1000 DM liegt. Die einzusetzenden Fertigungstechniken können als nahezu gleichverteilt mit einer leichten Tendenz zu maskengebundenen Verfahren (Lithografie, Abscheideprozesse, Ätzverfahren etc.) angesehen werden.

Insgesamt erhoffen sich die Unternehmen durch den Einstieg in die Miniaturisierung zu 58% die Eröffnung von neuen Einsatzgebieten. Nur 25% wollen ihr bestehendes Produkt verbessern und nur 27% ein bestehendes Produkt substituieren.

Identifikation von Innovationsbarrieren

Eine zentrale Aufgabe der Untersuchung sollte die Identifikation von Innovationsbarrieren für die miniaturisierte Technologie sein. Dazu wurden die angeschriebenen Personen gebeten, die vorgegebenen Innovationshemmnisse Werkstoffe, Produktionstechnik, Qualitätssicherung und Prüfung, Normung und Standardisierung, Anwendungsbreite sowie die Technologische Zuverlässigkeit auf einer Skala von eins bis sieben im Hinblick auf notwendige entscheidende Fortschritte zu beurteilen, die einer breiteren Anwendung der Miniaturisierung bislang im Wege stehen. Dabei bedeutet der Wert eins „nur geringe Fortschritte notwendig“, eine sieben erfordert demnach noch große Anstrengungen.

Das Ergebnis der 42 Antwortbögen ist in Abbildung 9 dargestellt:

	Gesamtbewertung						
Innovationsbarrieren	1	2	3	4	5	6	7
Werkstoffe							
Produktionstechnik							
Qualitätssicherung							
Normung u. Standard.							
Anwendung							
Techn. Zuverlässigkeit							

Abbildung 9: Einschätzung der Innovationsbarrieren

Zunächst fällt auf, daß die Mediane alle zwischen den Werten vier und sechs liegen, also insgesamt ein großer Bedarf an Fortentwicklung für fast alle Problemfelder gesehen wird. Ein leichtes Übergewicht an Handlungsbedarf läßt sich für die Produktionstechnik, die Anwendungsbreite sowie die technologische Zuverlässigkeit ausmachen.

Um eine bessere Aufschlüsselung der Innovationsbarrieren in Abhängigkeit von den Randbedingungen und Anwendungsfeldern durchführen zu können, werden die Aussagen nach verschiedenen Kriterien untergliedert. In Abbildung ist die Einschätzung der Problemfelder in Abhängigkeit von der Branche aufgetragen:

	Branche		
	D1: Fahrzeugbau und Zulieferer	D2: Maschinen- und Anlagenbau	D3: Elektro-, Meß- und Regelungst.
Innovationsbarrieren	1 2 3 4 5 6 7	1 2 3 4 5 6 7	1 2 3 4 5 6 7
Werkstoffe			
Produktionstechnik			
Qualitätssicherung			
Normung u. Standard.			
Anwendung			
Techn. Zuverlässigkeit			

Abbildung 10: Innovationsbarrieren in Abhängigkeit der Branchenzugehörigkeit

Offenbar stellt für den Maschinen- und Anlagenbau die Produktionstechnik für miniaturisierte Komponenten und Systeme das größte Hindernis dar. Aber auch in der Elektrotechnik besitzt sie den höchsten Median. Ebenso hat die Qualitätssicherung und Prüfung für die Anlagenbauer und die Kraftfahrzeugtechnik noch großen Weiterentwicklungsbedarf. Als zweitwichtigste Problemfelder lassen sich für die Elektrotechnik die mangelnde technologische Zuverlässigkeit und die Anwendungsbreite identifizieren. Die Anwendungsbreite stuft interessanterweise nur der Maschinen- und Anlagenbau als relativ unkritisch ein.

	Unternehmensgröße			
	< 50 MA	50 - 1.000 MA	1.000 - 10.000 MA	> 10.000 MA
Innovationsbar.	1 2 3 4 5 6 7	1 2 3 4 5 6 7	1 2 3 4 5 6 7	1 2 3 4 5 6 7
Werkstoffe				
Produktionstechnik				
Qualitätssicherung				
Normung				
Anwendung				
Techn. Zuverläss.				

Abbildung 11: Innovationsbarrieren in Abhängigkeit der Unternehmensgröße

Eine zweite Korrelation läßt sich zwischen der Unternehmensgröße und den Innovationsbarrieren herstellen (Abbildung 11). Zunächst erkennt man, daß mittelständische Unternehmen bis zu 10.000 Mitarbeitern den Handlungsbedarf zur Beseitigung der Innovationsbarrieren als höher einschätzen als die Großunternehmen. Je größer die Betriebe sind, desto geringer scheint der Handlungsbedarf zu sein, obwohl er sich immer noch auf einem insgesamt hohen Niveau hält. Auch in dieser Abbildung ist die Produktionstechnik offenbar das problematischste Themenfeld. Dies gilt insbesondere für die Unternehmen mit bis zu 10.000 Mitarbeitern. Sie sehen zusätzliche Probleme in der Anwendungsbreite und der Qualitätssicherung. Lediglich die Großunternehmen beherrschen offenbar die Herstellprozesse, sehen dafür aber in der technologischen Zuverlässigkeit das Hauptproblem.

Ermittelt man die Einschätzung der Betriebe in Abhängigkeit von der Zielstückzahl der späteren Produkte, so ergibt sich folgendes Bild (Abbildung 12):

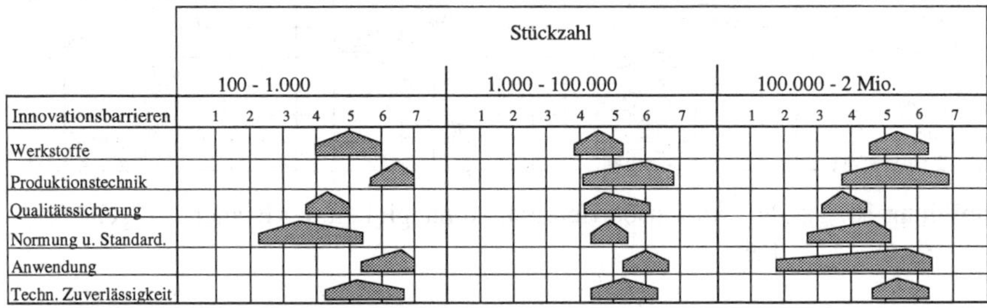

Abbildung 12: Stückzahlabhängige Einschätzung der Innovationsbarrieren

Die dargestellte Korrelation verdeutlicht, daß die Schwierigkeiten der Produktionstechnik insbesondere bei kleinen Losgrößen bestehen. Die Anwendungsbreite erhält ähnlich hohe Werte. In der Massenfertigung ist zwar noch große Anstrengung erforderlich (Median 5), die fehlende Anwendungsbreite tritt hier aber zusammen mit der technologischen Zuverlässigkeit schon in den Vordergrund.

Eine besonders aussagekräftige Darstellung kann durch die Betrachtung der Innovationsbarrieren in Abhängigkeit der Kategorien Sensor und Aktor erzielt werden:

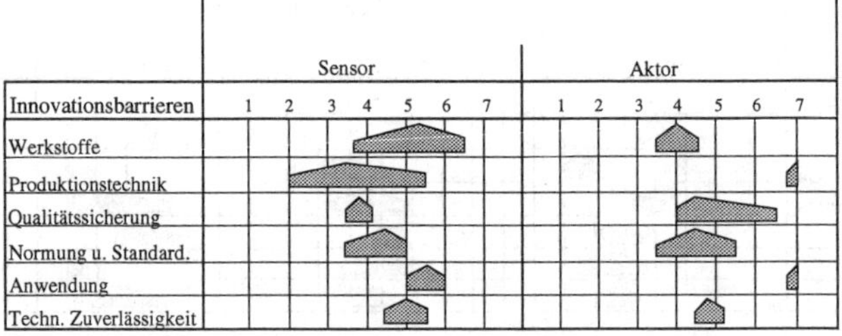

Abbildung 13: Innovationsbarrieren für Sensoren und Aktoren

Insbesondere für den Aktor liegen die Probleme in der Produktionstechnik und der Anwendungsbreite. Die „Sensortechnologie“ hingegen wird bereits wesentlich besser beherrscht, aber auch hier wird die Anwendungsbreite als ein großes Problem angesehen. Für Sensoren, die in der Regel aus Silizium gefertigt werden, liegt Forschungsbedarf in der Werkstofftechnik. Dies spiegelt sich auch in der Abbildung 10 und Abbildung 12 wider: Sensoren haben üblicherweise hohe Stückzahlen und werden von Unternehmen der Elektrotechnik hergestellt. Für diese Charakteristika ist der Median des Problemfeldes „Werkstoffe“ jeweils höher als in den anderen Parameterfeldern.

Zusammenfassung und Bewertung der Ergebnisse

Aufgrund der Stichprobenfestlegung kann ein Großteil der angeschriebenen Betriebe auf Erfahrung mit miniaturisierten Komponenten und Systemen zurückgreifen. Die Mehrheit der Unternehmen rechnet mit einer kontinuierlichen Weiterentwicklung der Miniaturisierung und engagiert sich dementsprechend auf diesem Gebiet. Lediglich der Mittelstand in der Größenordnung von 50 bis 1000 Mitarbeitern zeigt eine skeptische Haltung und ist insgesamt sehr zurückhaltend. Die Ursachen können insbesondere in der nicht beherrschten Produktionstechnik gesehen werden.

Kaum ein Unternehmen beschäftigt sich mit wirklich revolutionärer Miniaturisierung in Richtung Mikrosystemtechnik. Darauf weisen insbesondere die Abmessungen der sich gerade in der Entwicklung befindlichen Produkte hin. Der Markteinführungshorizont ist auf den sehr kurzen Zeitraum von drei Jahren beschränkt, in dem sich die eher kurzfristige Ausrichtung der Entwicklungsabteilungen deutscher Unternehmen widerspiegelt.

Insgesamt besteht für eine breite industrielle Anwendung von miniaturisierten Technologien bei fast allen Problemfeldern großer Handlungsbedarf, wobei der Produktionstechnik und der Anwendungsbreite die wohl entscheidende Bedeutung zukommen. Es ist davon auszugehen, daß sich nach Beherrschung der Herstellverfahren das Hauptproblem auf die technologische Zuverlässigkeit der Komponenten und Systeme verlagern wird. Darauf deuten die Einschätzungen derjenigen hin, die die Produktionstechnik beherrschen, mittlerweile aber mit eben dieser Funktionsfähigkeit kämpfen.

Die Unternehmen erwarten durch die Beschäftigung mit der Miniaturisierung vornehmlich die Erschließung neuer Einsatzgebiete. Überrascht hat in diesem Zusammenhang die Häufigkeit der Nennung von Aktoren: In den durchgeführten Interviews wurde immer wieder betont, daß für Aktoren die Anwendung erst noch geschaffen werden muß. Insofern wäre zu klären, ob es sich bei den Aktoren wirklich um Mikroaktoren handelt.

4.1.5 Verallgemeinerte Betrachtung

Insgesamt besteht in Deutschland ein deutlicher Trend zur Miniaturisierung und Mikrosystemtechnik. Das wird augenfällig durch folgende Beobachtungen:

- Alle interviewten Unternehmen haben sich in den vergangenen zehn Jahren mit eigenen Aktivitäten sehr unterschiedlichen Umfangs mit Miniaturisierungsstrategien und Mikrosystemtechnik beschäftigt.
- Große Unternehmen beschäftigen sich aktiv mit den Chancen und Risiken der Mikrosystemtechnik. Sie konzentrieren sich auf Produkte, die sich in hohen Stückzahlen kostengünstig mit halbleiterbasierten Mikrostrukturierungstechniken fertigen und erfolgreich am Markt absetzen lassen. Dabei versuchen diese Unternehmen, mit der Marktführerschaft auch die Technologie- und Kostenführerschaft zu übernehmen. Schrittmachermarkt ist nach wie vor der Kraftfahrzeugzuliefermarkt.
- Auch die Mehrheit der befragten Unternehmen mittlerer Größe hat in den vergangenen Jahren Know-how zu Mikrotechnologien aufgebaut. Jedoch diente der Know-how-Aufbau bevorzugt dem Technologiemonitoring. Einige Unternehmen haben ihre Aktivitäten zur Mikrosystemtechnik in letzter Zeit sogar wieder deutlich reduziert. Viele der befragten mittleren Unternehmen vermeiden es bewußt, als erster mit einem in neuer Technologie gefertigten Produkt auf den Markt zu treten. Mit dieser Strategie vermeiden sie, zu hohen Forschungs- und Technologieaufwand in eine stark risikobehaftete Produktentwicklung investieren zu müssen. Es besteht dabei allerdings latent die Gefahr, in einer Technologiefolgerposition Marktanteile zu verpassen oder gar zu verlieren.
- Kleinere Unternehmen sind demgegenüber deutlich häufiger bereit, größere Risiken bei der Anwendung von Miniaturisierungstechniken einzugehen. Sie sehen in miniaturisierten und mikrotechnischen Produkten oft eine Chance, sich gegenüber am Markt etablierten Unternehmen mit einem differenzierten Produkt zu etablieren. Hauptproblem war für diese Unternehmen in der Vergangenheit häufig die Beschaffung des notwendigen Kapitals.
- Auch bei eher zurückhaltender Einschätzung der Marktpotentiale der Mikrosystemtechnik in den Produkten der jeweiligen Unternehmen findet ein intensives Forschungs- und Entwicklungsmonitoring statt, das sich u.a. in der (häufig passiven) Teilnahme an Kongressen, Symposien und wissenschaftlichen Veranstaltungen manifestiert.

Die Mehrzahl der Unternehmen erwartet für die kurz- oder mittelfristige Zukunft keinen lawinenartigen Durchbruch der Mikrosystemtechnik auf dem Markt. Mikrostrukturierungstechniken werden als *enabling technologies* gesehen, Mikrokomponenten sind häufig *in-house-Produkte*. Die Ursachen für den zögernden Marktdurchbruch liegen nach Auffassung der befragten Unternehmen hauptsächlich in:

- derzeit noch zu geringen Stückzahlen und, damit verbunden, zu hohen Fertigungskosten,
- mangelnder Zuverlässigkeit und Testbarkeit der Mikrokomponenten und Mikrosysteme,
- mangelnder Prozeßsicherheit sowie der damit verbundenen geringen Ausbeute,
- hohem Investitions- und Entwicklungsaufwand und langem zeitlichen Vorlauf für mikrotechnische Produkte,
- der häufig mangelnden Durchgängigkeit des Systemgedankens (es werden hauptsächlich Mikrokomponenten entwickelt, keine Mikrosysteme),
- der „Unerfahrbarkeit" des durch Integration intelligenter miniaturisierter Systeme erreichten Nutzens. Häufig resultiert aus dieser „Unerfahrbarkeit" eine fehlende Bereitschaft des Kunden, für mit Mikrosystemen realisierte zusätzliche Funktionen einen Mehrpreis zu zahlen.

Miniaturisierung und Mikrosystemtechnik nach Branchen und Märkten

In Deutschland ist unverändert der *Kraftfahrzeugbau* und die Automobilzulieferindustrie der Schrittmachermarkt für mikrosystemtechnische Produkte. Ähnlich wie in den USA werden dabei heute markterfolgreiche Produkte vorwiegend auf der Basis von Halbleiterstrukturierungstechnologien in Massenfertigung, allerdings nicht ausschließlich auf monolithischer Basis, produziert. Schrittmacherprodukt war und ist der Beschleunigungssensor. Große Halbleiterfertigungsunternehmen haben zur industriellen Fertigung dieser Mikrosysteme eine Produktionsinfrastruktur aufgebaut, die es ihnen (auch nach Einschätzung amerikanischer Konkurrenzunternehmen) ermöglicht, den bereits herrschenden Preiskampf und die daran anschließend erwartete Marktbereinigung erfolgreich zu bestehen. Auch klassische Miniaturisierungsansätze, z.B. auf der Basis von Quarzresonatoren oder Piezobiegebalken, werden nach wie vor verfolgt.

Vorbedingung für geschäftlichen Erfolg mit miniaturisierten Systemen und Komponenten auf dem Kraftfahrzeugzuliefermarkt sind geringe Fertigungskosten. Der Wettbewerb wird nahezu ausschließlich als Preiswettbewerb geführt. Die Erfüllung der Zuverlässigkeits- und Qualitätsanforderungen der Automobilindustrie wird dabei vorausgesetzt. Insbesondere unter den Randbedingungen einer halbleiterbasierten Fertigung von Mikrosystemen können die vorgegebenen Kostenziele nur durch eine hohe Auslastung der Fertigungslinien und eine hohe Produktausbeute, d.h. ausschließlich in der Massenfertigung, erreicht werden. Dazu kommt, daß sich Anbieter in diesem Markt zunehmend zu Systemlieferanten wandeln. Die meisten befragten Unternehmen halten daher einen oder mehrere Leitkunden für notwendig.

Die Technologieführerschaft liegt daher schwerpunktmäßig bei etablierten Firmen, die bereits mit ähnlichen Produkten am Markt vertreten sind. Technologieinnovation und Miniaturisierung werden dann zur Kostenreduzierung eingesetzt. Auf diese Weise kann die Zeit von der Idee bis zum (qualifizierten) Produkt auf 3 bis 5 Jahre begrenzt werden. Wird ein vollkommen neuartiges Produkt mit einer neuen Technologie entwickelt und in die Produktion überführt, schätzen die Industrievertreter die dafür benötigte Zeit von der Idee bis zum Produkt auf 8 bis 15 Jahre.

Sowohl der Stand der industriellen als auch der öffentlich geförderten Forschung auf dem Gebiet der miniaturisierten intelligenten Systeme und Mikrosysteme für Anwendungen im Kraftfahrzeug ist weltweit führend.

Bei der Einschätzung der Situation des deutschen *Maschinen- und Anlagenbau* ist zwischen dem Anwendungspotential von Miniaturisierungstechniken und dem Marktpotential von Fertigungsgeräten zur Mikrostrukturierung zu unterscheiden:

Für Anwender von Mikrosystemen tritt das Miniaturisierungspotential der Mikrosystemtechnik deutlich zugunsten der Anforderung in den Hintergrund, busfähige intelligente autonome Systeme zu realisieren, die den maschinenbauweiten Trend zur Dezentralisierung von Aufgaben und Funktionen unterstützen. Maschinen und Maschinenkomponenten werden laufend in Hinblick auf eine höhere Leistungsfähigkeit, verbesserte Qualitätsmerkmale und gleichzeitig kostengünstigere Herstellbarkeit optimiert. Dabei werden wesentliche Miniaturisierungstechniken, insbesondere auf feinwerktechnischem Gebiet, in den Unternehmen heute bereits beherrscht. Maschinenbauunternehmen verfügen jedoch äußerst selten über mikrostrukturierungstechnisches Know-how. Sie sind in ihrer Mehrheit aus strukturellen und wirtschaftlichen Gründen auch weder willens noch in der Lage, derartiges Know-how aufzubauen.

Aufgrund der für den Maschinenbau charakteristischen geringen Produktstückzahlen und der dennoch notwendigen kundenspezifischen Modifikation der potentiell benötigten miniaturisierten intelligenten Systeme ist jedoch kaum ein Zulieferer in der Lage, mit Mikrosystemen zu für den Maschinenbau akzeptablen Preisen am Markt aktiv zu werden. Der sporadische Einsatz von Mikrosystemen beschränkt sich daher bislang auf Spin-Off-Produkte anderer Branchen. Einzelne Unternehmen, insbesondere Maschinenkomponentenhersteller, haben jedoch miniaturisierte intelligente Systeme als strategisch wichtiges Innovationsfeld für ihre Produkte identifiziert und arbeiten aktiv auf diesem Gebiet. Als Lösungsansatz für die Entwicklung und Herstellung von kostengünstigen Mikrosystemen in kleinen bis mittleren Stückzahlen wird seit einiger Zeit die Modularisierung von Mikrosystemen, d.h. der Aufbau von Mikrosystemen im Baukastenprinzip gesehen.

Auf dem Marktsektor der Produktionsgeräte für miniaturisierte und Mikrosysteme, insbesondere auf dem Gebiet traditioneller feinwerktechnischer Strukturierungstechniken, der *Werkzeugmaschinen zur Fertigung von Präzisionsteilen*, der Mikromontage und der Aufbau- und Verbindungstechniken halten deutsche Unternehmen einen erheblichen Marktanteil. Auch im Bereich der institutionellen Forschung wurde erhebliches Know-how auf diesen Gebieten aufgebaut. Insbesondere bei den Werkzeugmaschinen zur Fertigung von Präzisionsteilen besitzen japanische Unternehmen einen erheblichen Wissens- und Technologievorsprung. Bei Fertigungsgeräten für die Mikrostrukturierung auf der Basis von Halbleitertechnologie verfügen nur sehr wenige deutsche Unternehmen über einen signifikanten Marktanteil.

Im Bereich der *Telekommunikation* konnte bei Befragung und Datenerhebung kein repräsentatives Bild der Nutzung der Potentiale der Mikrosystemtechnik in deutschen Unternehmen gewonnen werden. Bei der Befragung amerikanischer Unternehmen, die in dieser Branche aktiv sind, wurden in Deutschland ansässige Unternehmen mit einer Ausnahme nicht als technologische Hauptkonkurrenten genannt.

Im Bereich der *Informationstechnik-Peripherik* und der *Unterhaltungselektronik* hat der Standort Deutschland in den letzten Jahren und Jahrzehnten erheblich an Boden verloren. Mit erheblichem Mitteleinsatz versuchen zwei deutsche Unternehmen, durch eine innovative Entwicklung im Bereich der Displaytechnologie unter Verwendung evolutionärer Technologie ein revolutionäres Produkt am Markt zu etablieren. Inwieweit das Produkt tatsächlich in Deutschland hergestellt werden wird oder ob alternativ Lizenzen vergeben werden, ist noch unbestimmt. Bemerkenswert ist jedoch, daß hier mit Aussicht auf Erfolg mit im wesentlichen feinwerktechnischer Miniaturisierungstechnologie gegen Konkurrenz aus den USA angetreten wird, die ein funktional ähnliches System als Produkt in den Markt eingeführt hat. Das konkurrierende System wird dabei mit deutlich längerer Entwicklungszeit und mehrfach höherem Aufwand auf rein monolithisch halbleiterbasierter Grundlage gefertigt.

Obwohl mikrosystemtechnische Komponenten erhebliches Potential für die Anwendung in Spielwaren besitzen und Firmen in den USA und Japan diesen Markt mit Produktentwicklungen zu bedienen beabsichtigen, konnten systematische Ansätze dazu in Deutschland nicht festgestellt werden. In Analogie zum Kraftfahrzeugmarkt erfordert ein Engagement im Spielzeugmarkt einen Leitkunden, da erwartet wird, daß miniaturisierte Komponenten und Mikrosysteme für dieses Marktsegment vorrangig als Massenstückzahlen mit geringem Produktpreis absetzbar sein werden.

Zweifellos werden sich die größte Produktdiversifikation und Technologievarianz für miniaturisierte Komponenten und Systeme im *Medizingerätemarkt*, in Produkten der *Bio- und Gentechnik* und im *Wellness-Markt* finden lassen. Die Miniaturisierung unterstützt hier zum einen Trends zur Dezentralisierung von Analyse und Therapie im klinischen Bereich, zum anderen sind Produktinnovationen für das private Monitoring (sogenannte *Wellness-Produkte*) absehbar. Während die ersteren mit nahezu allen verfügbaren Miniaturisierungstechnologien hergestellt werden und aufgrund der hohen Wertschöpfung und der geringen Stückzahlen in kleinen, fraktionierten Märkten häufig im höherpreisigen Bereich angesiedelt sind, sind Mikrokomponenten für Wellness-Produkte eher als massenproduzierte Systeme im unteren Preisbereich anzusetzen.

Bei den Untersuchungen hat sich gezeigt, daß insbesondere medizintechnische Unternehmen, aber auch Unternehmen der Biomedizin und Gentechnik sehr restriktiv mit Informationen über Miniaturisierungsstrategien und Innovationspotentiale umgehen. Dazu kommt, daß in Deutschland beheimatete, aber weltweit operierende Unternehmen ihre Forschungsaktivitäten wie in kaum einer anderen Branche internationalisiert haben und ihre Forschung auf Grund der günstigeren Rahmenbedingungen häufig in den USA betreiben, so daß der Erkenntnisstand bezüglich dieser Branche relativ diffizil zu bewerten ist.

Alle befragten Unternehmen konstatierten jedoch, daß in der *Medizintechnik* eingeführte, bewährte und ausgiebig getestete Materialien, Produkte und Techniken über erhebliche Vorteile verfügen: Es besteht ein jahre-, oft jahrzehntelanger Erfahrungsschatz bezüglich ihrer Anwendung, ihrer Chancen, Risiken und Nebenwirkungen, die Produkte sind häufig ausgereift und zuverlässig und haben das Vertrauen der Mediziner erworben. Für mit revolutionärer Technologie gefertigte medizintechnische Produkte sind hoher Entwicklungsaufwand, lange Erprobungszeiten, langwierige Zulassungsverfahren und intensives Marketing erforderlich, um sie überhaupt auf dem Markt plazieren zu können. Dieses hohe Risiko wird von den Unternehmen häufig nicht eingegangen.

Nach Auffassung der Verfasser evaluieren zumindest die großen Unternehmen die Innovationspotentiale der Mikrosystemtechnik sehr genau. Zukünftige Märkte werden z.B. im Bereich der Analyse von Körperflüssigkeiten oder im Glukosemonitoring gesehen. Hierbei tritt z.B. die seit langem bekannte (und verfolgte) Produktidee einer Mikroinsulinpumpe nicht nur in Konkurrenz zu etablierter Technologie: Es ist durchaus möglich, daß bis zu ihrer Markteinführung Diabetes therapierbar ist und das Produkt damit obsolet wird.

Anders sieht die Situation im *genanalytischen Bereich* aus: gentechnische Analysesysteme profitieren stark von den Vorteilen der Miniaturisierung und, damit einhergehend, der parallelen Verarbeitung und Analyse. Deutsche Unternehmen und Forschungseinrichtungen verfügen dabei über ein erhebliches, in Teilgebieten den Stand der Technik bestimmendes Know-how. In den USA haben Unternehmer, die bereits mehrfach Unternehmen im Mikrotechnikbereich gegründet und zum Erfolg geführt haben, die Marktchancen der miniaturisierten Genanalyse erkannt: Mit großer Dynamik und mit hohem Mitteleinsatz versuchen sie, die im Weltmaßstab vorhandenen Forschungsergebnisse in Produkte umzusetzen. Insbesondere auf dem Gebiet der Produkte für die Genanalyse und der Gentechnologie besteht die Gefahr, daß Deutschland seine in der Forschung erarbeiteten Spitzenleistungen nicht in adäquat am Weltmarkt erfolgreiche Produkte umsetzen kann.

Nennenswerte Aktivitäten im Markt der miniaturisierten *Wellness-Produkte* konnten bei der Untersuchung nicht festgestellt werden. Wenngleich, auch durch kulturelle Besonderheiten bedingt, sich der nordamerikanische Markt für diese Produkte am schnellsten entwickeln wird, wird hier erhebliches Marktpotential auch für deutsche Firmen gesehen.

Zunehmend werden auch in Deutschland klassische *Halbleiter- und Komponentenhersteller* auf dem Markt für massenproduzierte Mikrosysteme aktiv. Bei halbleiterbasierten Mikrosystemen, insbesondere bei monolithisch integrierten Mikrosystemen, gestaltet sich der Wettbewerb als Kostenwettbewerb. Monolithisch integrierte Mikrosysteme werden in Zukunft nur von denjenigen Unternehmen markterfolgreich hergestellt werden können, die finanziell in der Lage sind, hohe Risiken einzugehen und kontinuierlich über einen langen Zeitraum größere Summen zu investieren. Hier sind spektakuläre neue Marktteilnehmer kaum zu erwarten. Eher wird eine deutliche Marktbereinigung stattfinden. Sollten neue Wettbewerber auftreten, so werden sie aus den Reihen bereits etablierter Halbleiterfertiger erwartet.

Für deutsche Unternehmen mittlerer Größe ist die fablose Fertigung, d.h. die Produktion von halbleiterbasierten Mikrosystemen ohne eigene Halbleiterfertigungslinie, der vielversprechendste Weg. Bei einer fablosen Fertigung erfolgen Entwurf, Marketing und Vertrieb im eigenen Unternehmen, die Strukturierung hingegen bei externen Dienstleisten (Foundries). Voraussetzung für eine fablose Fertigung ist eine gute Infrastruktur, insbesondere der ungehinderte Zugang zu Foundries sowie der Wettbewerb der Foundries untereinander. Eine solche Infrastruktur existiert in den USA, nicht aber in ausreichendem Maße in Deutschland und Europa. Zu jeder nachgefragten Technologie sollten wenigstens zwei Foundries bereitstehen, um potentielle Interessenkonflikte zu vermeiden und eine Second Source zu sichern. Foundries sollten zwingend professionelle Unternehmen sein. Maßstab für den Grad der Professionalität sollten Unternehmen wie Cronos/ MCNC in den USA oder die Silizium-Oberflächenmikromechanikfoundry von Bosch sein. Forschungsinstitute sind hierfür nicht geeignet.

Auf der Produktseite wird erwartet, daß nicht zunehmende Miniaturisierung (d.h. noch kleinere Sensoren), sondern zunehmende Komplexität (insbesondere die Integration von Signalverarbeitungs- und Kommunikationsfunktionen) vorherrschend sein werden.

Derzeitiges Haupthemmnis für siliziumbasierte Mikrosysteme ist das Fehlen zuverlässiger Packagingkonzepte und -technologien. Insbesondere die mechanische, optische und fluidtechnische Kopplung des Mikrosystems an die Makrowelt erfordert erheblichen zusätzlichen Forschungsaufwand. Als wesentliche Wachstumsmärkte für siliziumbasierte Mikrosysteme werden für die mittelfristige Zukunft weiterhin die Automobilindustrie, zunehmend aber die Kommunikations- und die Informationstechnik gesehen.

Für den Ausbau der Foundrystruktur sollte auf die Ergebnisse des Europractice-Verbundes als Grundlage zurückgegriffen werden. Es sollte eine einheitliche Schnittstelle zu den Foundries, die Designvorgaben, Spezifikationen und Testverfahren, beinhaltet, geschaffen werden. Ganz wesentlich ist ein durchgängiges, rechtlich für die Nutzer der Foundry akzeptables Qualitätssicherungskonzept.

Abbildung 14 zeigt zusammenfassend den Stand der industriellen Miniaturisierung in den unterschiedlichen Branchen und Geschäftsfeldern in Deutschland. Dabei ist der Höchstwert „3" willkürlich festgelegt. Dieser Höchstwert wurde nur vergeben, falls die Produktentwicklungen in den Anwendungsgebieten schon bis in die Nähe des Markteintritts fortgeschritten sind.

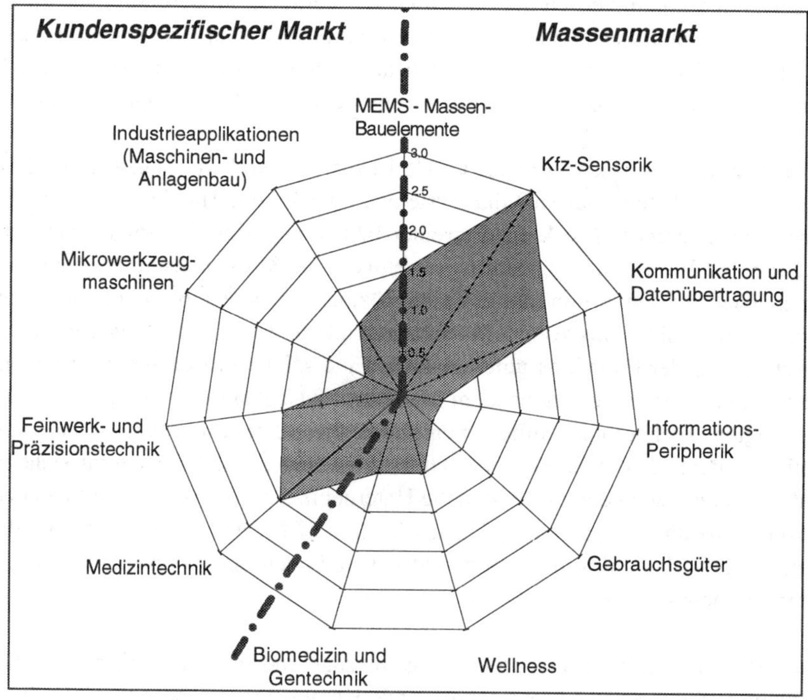

Abbildung 14: Miniaturisierungsschwerpunkte in Deutschland

Eigenfinanzierte Forschungsaktivitäten

Viele Unternehmen investieren erst dann in eigenfinanzierte Forschungsaktivitäten, wenn ein kommerzielles Ziel (Produkt, ökonomischer Nutzen) am Horizont erscheint. Das schließt, zumindest bei einigen Unternehmen, auch stark risikobehaftete Projekte ein, bei denen Mißerfolge einkalkuliert werden. Generell setzen Unternehmen ihren Entwicklungspool dort ein, wo sich der größte Markterfolg erwarten läßt. Eine bezahlte Entwicklung ohne Produkt-/ Produktionshintergrund wird als wenig sinnvoll angesehen. In grundlagenorientierte Entwicklungen investieren Unternehmen daher sehr selten.

Geförderte Forschungsaktivitäten

Die Aktivitäten im bundesfinanzierten Förderprogramm Mikrosystemtechnik werden von den Unternehmen in der Regel aufmerksam beobachtet. Die Motivation, sich an einem derartigen Verbundprojekt zu beteiligen, ist jedoch offensichtlich sehr unterschiedlich. Einige Unternehmen nutzen derartige Verbundprojekte zum Forschungsmonitoring und zum Aufbau internen Know-hows, um gegebenenfalls, bei erfolgversprechender Marktentwicklung, entweder mit miniaturisierten Systemen und Komponenten oder mit der zu ihrer Herstellung notwendigen Fertigungstechnik am Markt aktiv werden zu können. Generell wird eine stärkere Anwendungsorientierung und z.T. auch eine stärkere Koordination und Konzentration der Fördermittel angemahnt.

Sehr positiv fällt der Vergleich der deutschen Forschungsförderung mit der europäischen Forschungsförderung aus. Wenngleich es Unternehmen gibt, die mit der europäischen Forschungsförderung gute Erfahrungen gesammelt haben, haben Form, Umfang und Dauer der Antragsverfahren und insbesondere die fehlende Transparenz der Auswahlentscheidungen der europäischen Verbundförderung industrieweit ein negatives Image beschert. Das führt häufig dazu, daß europäische Verbundprojekte von den Unternehmen abgelehnt werden.

Zurückhaltend werden Erfahrungen in der Kooperation mit öffentlich geförderten Forschungseinrichtungen bewertet. Kritisch angemerkt wurden häufig mangelnde Termintreue, mangelnde Zuverlässigkeit der Machbarkeitsaussagen und zu offensives Marketing seitens der Institute. Problematisch werden seitens der Unternehmen Know-how-Sharing und Know-how-Abfluß gesehen. Es zeigte sich in der Diskussion, daß Unternehmen nicht akzeptieren, wenn öffentlich geförderte Forschungseinrichtungen als Entwicklungsunternehmen auftreten und für die mit öffentlichen Geldern geförderten Forschungsergebnisse Lizenzgebühren (insbesondere auf Stückzahlbasis) erwarten.

4.2 Japan

4.2.1 Nationale Förderprogramme

Das größte Programm zur Förderung der Mikrosystemtechnik in Japan ist das „Research and Development of Micromachine Technology“ Projekt, das vom MITI (Ministry of International Trade and Industry) betreut und zu großen Teilen über die NEDO (New Energy and Industrial Technology Development Organization) refinanziert wird.

Das Micromachine Technology Project ist ein 10-Jahres Programm (1991-2000), das mit einem Budget von 25 Milliarden Yen (ca. 325 Mio DM) ausgestattet wurde. Das Projekt wurde in zwei Phasen untergliedert. In der ersten Phase lag der Schwerpunkt auf Basistechnologien zur Fertigung von MST-Komponenten sowie auf der Entwicklung funktionaler Einheiten, die später die Basiskomponenten von Mikromaschinen darstellen sollen. Für die zweite Phase, die seit 1996 läuft, wurden folgende drei Entwicklungsschwerpunkte definiert:

(1) Forschung und Entwicklung an Wartungsgeräten für Kraftwerke,

(2) Forschung und Entwicklung für Mikrofabrikationstechnologie,

(3) Forschung und Entwicklung für medizinische Anwendungen.

Das Management obliegt dem Micromachine Center (MMC), das eigens zum Zwecke der Koordination des Programmes ins Leben gerufen wurde. Das MMC verfügt über keine eigenen, zentralen Forschungslabors, sondern nimmt ausschließlich administrative Aufgaben wahr.

Zum Zeitpunkt der Untersuchung führten 24 japanische Firmen Forschungsarbeiten unter der Koordination des MMCs durch. Drei weitere japanische Unternehmen sowie sechs Organisationen unterstützen das Projekt. Zusätzlich zu den japanischen Unternehmen und Organisationen sind zwei ausländische Forschungseinrichtungen, nämlich das Royal Melbourne Institute of Technology (Australien) sowie SRI International (USA), in das Projekt eingebunden.

Neben dem großen nationalen Förderprogramm gibt es regionale Forschungsprogramme, die aber eher die Förderung der Region als einer bestimmten Technologie zur Aufgabe haben. Da die Miniaturisierung in Japan als eine zukunftsweisende Technologie angesehen wird, werden in diesen Vorhaben wahrscheinlich erhebliche Gelder in die Mikrosystemtechnik fließen.

4.2.2 Untersuchungsfeld

Im Vorfeld der Interviews wurden auf Basis der beschriebenen Voruntersuchungen 16 Firmen ausgewählt, die ein breites Spektrum der Mikrosystemtechnik abdecken. Von diesen 16 Firmen waren acht zu einem Interview bereit. Zusätzlich wurde ein Forschungsinstitut (Himeji Institute of Technology) sowie das MMC, das den technologiepolitischen Einrichtungen zuzurechnen ist, besucht. Drei der acht Firmen lassen sich in der Patentanalyse unter den ersten 15 finden, zwei weitere sind den Voruntersuchungen zufolge patentrechtlich aktiv.

Die besuchten Firmen sind folgenden Branchen zuzuordnen:

Kommunikationstechnik und Datenübertragung	2 Unternehmen
Informationstechnische Peripherik	6 Unternehmen
Gebrauchsgüter	3 Unternehmen
Feinwerk- und Präzisionstechnik	2 Unternehmen
Werkzeugmaschinen	3 Unternehmen
Industrieapplikationen (Maschinen- und Anlagenbau)	2 Unternehmen

Tabelle 10: Branchenzugehörigkeit der Unternehmen

Die Mehrfachnennungen kommen durch die Tätigkeit der Firmen in unterschiedlichen Marktsegmenten zustande. Der Untersuchungsschwerpunkt liegt somit bei Unternehmen aus dem Sektor Informationstechnik. Die Aufzählung darf nicht darüber hinweg täuschen, daß Japan neben diesen Branchen auch in der Kfz- und Medizintechnik sehr aktiv ist. Die in diesen Bereichen angeschriebenen Firmen waren jedoch zu keinem Interview bereit.

Die Firmengröße wird anhand der Mitarbeiterzahlen dargestellt:

Mitarbeiterzahl	< 50	50-1.000	1.000-10.000	10.000-50.000	> 50.000
Anzahl der Unternehmen	0	0	1	4	3

Tabelle 11: Verteilung der Mitarbeiterzahlen der besuchten Firmen

Entsprechend der japanischen Industriestruktur, in der Forschung und Entwicklung schwerpunktmäßig in Großunternehmen betrieben wird, wurden fast ausschließlich große Unternehmen mit einer Holding-Struktur untersucht.

Die Ansprechpartner wurden von den in den jeweiligen Unternehmen für Forschung und Technologie verantwortlichen Vorstandsmitgliedern benannt. Dabei handelte es sich mehrheitlich um General Manager eines „Research Labs“, das sich explizit mit

Miniaturisierung/ Mikrosystemtechnik beschäftigt. Diese Forschungsabteilungen sind in Japan in der Regel zentral organisiert und arbeiten allen „Business Units" zu, sind also keinem spezifischen Marktsegment zugeordnet. Der Hintergrund der Gesprächspartner war in der Regel technologisch geprägt, lediglich in zwei Fällen konnten Strategen befragt werden. Drei Interviews hatten neben dem technologischen Aspekt trotzdem erheblichen strategischen Informationsgehalt.

4.2.3 Strategische Beispiele

Zur Herleitung genereller Aussagen werden drei Beispiele ausführlich behandelt, die die Schlußfolgerungen besonders plastisch darstellen. Der Schwerpunkt der Betrachtung liegt dabei auf der Technologieentwicklung und weniger auf dem innovationsstrategischen Aspekt. Dazu werden Fallstudien von Unternehmen aus folgenden Branchen ausgewählt:

(1) Informationstechnik-Peripherik und Gebrauchsgüter

(2) Kommunikation und Datenübertragung

(3) Maschinen- und Anlagenbau sowie Werkzeugmaschinen

Fallbeispiel 1:

Das erste Fallbeispiel ist dem Bereich der Informationstechnik-Peripherik zuzuordnen. Das Unternehmen ist zusätzlich im Konsumermarkt sehr aktiv. Die Interviewpartner stammen aus dem Bereich der zentralen Forschung. Die Aktivitäten des Unternehmens liegen in der Entwicklung von neuartigen Massenspeichern nach dem AFM-Prinzip und - damit verbunden - hochpräzisen Positionier-Aktoren. Es werden ausschließlich Produktionsverfahren in Betracht gezogen, die aus der Mikroelektronik adaptiert werden können. Die Aktivitäten können somit dem revolutionären Ansatz zur Fertigung von mikromechanischen Komponenten zugeordnet werden.

Die Forschungsschwerpunkte werden sehr stark nach den Marktbedürfnissen ausgerichtet. Das Unternehmen sieht einen akuten Handlungsbedarf bei der Entwicklung von neuen Massenspeichermedien, z.B. für die Bildverarbeitung von Filmsequenzen, da die existierenden Massenspeicherprinzipien für diese Anwendung als ausgereizt eingestuft werden. Als konkurrierende Technologie wird die Datenkompression angesehen, die kurzfristig den Bedarf an sehr hohen Speicherdichten hemmen könnte. Langfristig wird die Datenkompression aber den Erfolg neuer Speichermedien nicht unterdrücken, da insbesondere für Anwendungen im Filmsektor die Bildqualität von sehr hoher Bedeutung ist und die Anwendung von Kompressionsverfahren diese verschlechtert.

Der Zeithorizont für die Markteinführung wird mit ca. 5-10 Jahren angegeben. Dies kann als realistisch angesehen werden. Als Haupthindernis für eine schnelle Kommerzialisierung von Mikrosystemen werden die zu hohen Produktionskosten angeführt, die nur dann gesenkt werden können, wenn eine Massenproduktion möglich ist. Für einen schnellen Marktdurchbruch gibt es bislang zu wenige Anwendungen, die in Großserie gefertigt werden können. Eigenen Einschätzungen zufolge wird es in den nächsten Jahren keine breite Marktpenetration mikromechanischer Produkte auf der Basis von mikroelektronik-adaptierten Fertigungsverfahren geben. Trotz dieser Einschätzung betrachten die Interviewpartner „Micromachining" als ein strategisch besonders wichtiges Thema.

Um das Haupthemmnis der hohen Produktionskosten zu überwinden, favorisiert das Unternehmen einen Foundry-Ansatz. Solange die benötigte Stückzahl nicht ausreicht, um eine Anlage auszulasten, werden Fertigungsaufträge sogar ins Ausland vergeben.

Fallbeispiel 2:

Das Unternehmen der zweiten Fallstudie ist in der Branche Kommunikation und Datenübertragung angesiedelt. Bei der untersuchten Einheit handelt es sich ebenfalls um ein zentrales Forschungslabor, das in erster Linie Grundlagenforschung betreibt. Dabei liegt der Schwerpunkt der Arbeiten auf den Fertigungsverfahren LIGA und Ätzen in Kombination mit Mikroerodieren, so daß diese Aktivitäten dem halbrevolutionären Ansatz zugeordnet werden können. Die vorgestellten Arbeiten decken ein sehr begrenztes Feld ab, das offenbar gezielt auf die Herstellung bestimmter Produkte ausgerichtet ist. Es konnte zwar kein direkter Marktbezug zwischen den vorgestellten Forschungsaktivitäten und dem Tätigkeitsfeld des Unternehmens festgestellt werden, dennoch entstand der Eindruck, daß die Strategen des Unternehmens Anwendungen im Hinterkopf haben, für die die durchgeführten Arbeiten eine Voraussetzung darstellen. Die Mitarbeiter des Labors sind nicht in die Suche nach Applikationen eingebunden und scheinen nicht mit Fragen der Anwendbarkeit konfrontiert zu werden.

Die entwickelten mikrosystemtechnischen Komponenten sind zum einen Koppelelemente, die mechanische und elektrische Verbindungen in miniaturisierten Systemen ermöglichen, zum anderen Bausteine für die drahtlose Datenübertragung. Nach Einschätzung der Forscher wird der Datenübertragungsbaustein in zwei Jahren die technologische Reife (ausreichende Funktionsfähigkeit) erlangen, die Koppelelemente in ca. vier Jahren. Über einen Markteintrittszeitpunkt konnten die Interviewpartner keine Aussage machen. Aus Sicht des Untersuchungsteams ist davon auszugehen, daß die Marktpenetration erst wesentlich später stattfinden wird, da die bestehende Technologie noch über längere Zeit wesentlich billigere Produkte auf dem Markt plazieren kann und der Nutzen des mikrosystemtechnischen Bauteils gegenüber den konkurrierenden Techniken noch nicht ausgespielt werden kann.

Die Argumente, die gegen einen frühen Zeitpunkt für die Marktpenetration sprechen, liefern die Interviewpartner selbst: Eines der Hauptprobleme der Mikrosystemtechnik wird in der ungenügend entwickelten Produktionstechnik zur Herstellung von Mikrostrukturen gesehen. Diese ist derzeit nicht prozeßsicher und wird als zu teuer für kleine bis mittlere Stückzahlen angesehen.

Aufgrund dieser Erkenntnis verfolgt das Unternehmen die Strategie, das fertigungstechnische Kern-Know-how sowohl selber zu entwickeln, als auch im Unternehmen zu behalten. Foundry-Konzepten werden daher nur wenig Chancen eingeräumt. Da die Fertigungstechnologie nur für große Stückzahlen wirtschaftlich sein kann, wird strategisch auf den Massenmarkt abgezielt. Dennoch wird damit gerechnet, daß der Markteintritt in Branchen wie der Medizintechnik stattfinden wird, da dieses Marktsegment nicht so preisaggressiv wie der Konsumermarkt ist.

Insgesamt entspricht die Vorgehensweise zur Entwicklung miniaturisierter Produkte der geäußerten Erwartung, daß für eine unbestimmte Zeit die Marktdurchdringung eher zögernd vor sich gehen wird, was mit der unzureichend entwickelten Produktionstechnik begründet wird. Die Marktdiffusion wird anfangs über die Substitution bestehender Produkte durch mikrosystemtechnische Komponenten stattfinden. Für einen durchschlagenden Erfolg dieser Technologie ist es aus Sicht der Interviewpartner unbedingt notwendig, daß neue Anwendungen gefunden werden.

Als eine interessante Produktionstechnologie für die Mikrosystemtechnik wird die LIGA-Technologie angesehen. Es wird zwar nicht davon ausgegangen, daß es ein breites Spektrum von Teilen geben wird, die über LIGA gefertigt werden müssen, es herrscht aber die Überzeugung, daß es ausreichend viele Anwendungen (insbesondere im Aktorbereich) gibt, die den Aufwand für die Entwicklung dieser Technologie rechtfertigen. Nach Einschätzung der Interviewpartner befindet sich das LIGA-Verfahren aber noch in der Grundlagenentwicklung. Unter der Bedingung, daß die LIGA-Technik deutlich billiger wird, ist ein industrieller Einsatz frühestens in 5 Jahren zu erwarten.

Insgesamt entstand in Japan der Eindruck, daß mehrere Unternehmen die LIGA-Technologie mit Aufmerksamkeit beobachten und die Forschung intensiviert wird. Die Haltung gegenüber diesem Fertigungsverfahren ist bei weitem nicht so ablehnend wie in der deutschen Industrie. Dennoch beschäftigen sich nur wenige Unternehmen aktiv mit dieser Technologie. Die Ursache ist darin zu sehen, daß weder der technologische Entwicklungsstand noch die Wirtschaftlichkeit des Verfahrens ausreichend sind, um innerhalb der nächsten Jahre eingesetzt zu werden. Es kann davon ausgegangen werden, daß es dazu noch ca. 10-15 Jahre der Forschung und Entwicklung bedarf.

Deutschland ist im Vergleich zu Japan in der LIGA-Forschung mindestens genau so weit, wenn nicht sogar weiter. Der entscheidende Unterschied zwischen beiden Nationen ist darin zu sehen, daß die Industrie in Japan diesem Verfahren offener gegenübersteht. Die LIGA-Technik wird sich nach Einschätzung des Untersuchungsteams langsam aber sicher durchsetzen. Bis zu einer breiten industriellen Nutzung werden allerdings noch ca. 10-15 Jahre vergehen. Bedingung für eine Verbreitung des Verfahrens ist, daß die Technologie billiger wird, was am ehesten durch Verfahrensabwandlungen (ähnlich den Verfahren des „Poor Man's LIGA") erreicht werden könnte. Die deutsche Industrie sollte zumindest die Entwicklung sehr aufmerksam verfolgen, um zu vermeiden, daß die japanischen Unternehmen bei der Nutzung dieses in Deutschland erfundenen Fertigungsverfahrens an Deutschland vorbeiziehen.

Fallbeispiel 3:

Das dritte Unternehmen ist dem Maschinen- und Anlagenbau sowie dem Werkzeugmaschinenbau zuzuordnen und beschäftigt sich seit ca. 10 Jahren mit der Entwicklung von Produktionstechnologie für miniaturisierte Komponenten. Die Untersuchungseinheit ist ein zentrales Forschungslabor, das direkt der Unternehmensleitung unterstellt ist und keiner Business Unit zuarbeitet.

Die Arbeiten zur Miniaturisierung können als rein evolutionärer Ansatz eingestuft werden. Auffallend bei den aufgezeigten Projekten ist insbesondere, daß ein sehr breiter Bereich der Produktionstechnik parallel weiterentwickelt wird, angefangen von Maschinen zum Urformen, für trennende und abtragende Verfahren, die Steuerungstechnik sowie Anlagen für die flexible Montage von miniaturisierten Produkten. Das Unternehmen erforscht durchgängig die komplette Maschinentechnik zur Fertigung eines miniaturisierten Bauteils und könnte somit später als eine Art Systemanbieter auftreten. Das Unternehmen zielt mit seiner Produktionstechnik auf kleine bis mittlere Losgrößen. Dieser Fall kann für Japan eher als untypisch angesehen werden.

Die Schwierigkeiten für die Markteinführung der entwickelten Maschinen liegen zur Zeit in der mangelnden Zuverlässigkeit. Eine Einschätzung über den Zeitpunkt der technologischen Reife wurde von den Interviewpartnern nicht gegeben, es ist aber damit zu rechnen, daß dafür ca. zwei bis vier Jahre zu veranschlagen sind.

Konkrete Produkte, für die die Maschinen benötigt werden, konnten nicht benannt werden. Dennoch wird erwartet, daß in Zukunft eine gewisse Nachfrage aufkommen wird, da:

- alle Zukunftstechnologien (z.B. IC- und Biotechnologie) die Miniaturisierung als ein Kerncharakteristikum aufweisen,

- die Komplexität miniaturisierter Bauteile steigen wird,
- die bestehende Produktionstechnologie für diese Anwendungen nicht ausreichend ist.

Aufgrund dieser Entwicklungen besteht innerhalb des untersuchten Unternehmens die Sicherheit, daß der Zeitpunkt kommen wird, an dem die Industrie die gerade entwickelte Produktionstechnik benötigt. Um ein für die Zukunft so wichtiges Marktsegment zu diesem Zeitpunkt bedienen zu können, muß man in der Lage sein, die benötigte Fertigungstechnologie sehr schnell bereitzustellen.

Die vorgestellten Maschinen und Anlagen hinterließen den Eindruck, daß sie nicht mehr weit von der technologischen Reife entfernt sind. In Deutschland sind keine Werkzeugmaschinen mit derart herausragenden Eigenschaften aus dem industriellen Umfeld bekannt. Japan scheint hier einen Vorsprung von mindestens 5 Jahren zu besitzen, zumal das untersuchte Unternehmen nicht das einzige in Japan ist, das auf fortgeschrittene konventionelle Maschinenentwicklungen zur Fertigung von Mikrobauteilen verweisen kann.

Für den Werkzeugmaschinenbau, in dem die deutsche Industrie traditionell stark ist, besteht offenbar dringender Handlungsbedarf, falls die deutschen Unternehmen die Trends der Zukunftstechnologie ähnlich einschätzen wie es im Fallbeispiel aufgezeigt wurde. Aufgrund der jahrelangen Erfahrung im Umfeld konventioneller Fertigungsverfahren besteht die Chance, den Vorsprung, den sich Japan auf diesem Gebiet erarbeitet hat, aufzuholen und somit die Position des deutschen Maschinenbaus auch bei Fertigungstechnologien für miniaturisierte Komponenten zu bestätigen.

4.2.4 Verallgemeinerte Betrachtung

Insgesamt besteht in Japan ein deutlicher Trend zur Miniaturisierung und Mikrosystemtechnik. Dies ist deutlich daran zu erkennen, daß

- fast alle interviewten Firmen die Miniaturisierung und die damit verbundene Technologie als ein strategisch wichtiges Thema bezeichnen,
- Firmen, die schon länger als fünf Jahre im Bereich der Miniaturisierung aktiv sind, ihre Forschungsaktivitäten weiter verstärken oder zumindestens beibehalten,
- in den meisten Unternehmen in den letzten Jahren Forschungsgruppen aufgebaut wurden, die die Bezeichnung „Mikro“ beinhalten, oder Know-how von anderen Unternehmen zugekauft wird oder werden soll.

Dennoch ist nicht damit zu rechnen, daß kurzfristig miniaturisierte Komponenten und Systeme in der Breite den Markt durchdringen werden. Dafür ist ein Zeithorizont von ca. 10 Jahren als realistisch anzusehen. Als Beleg können folgende Tatsachen herangezogen werden:

- Alle Unternehmen führen Ihre Forschungs- und Entwicklungsarbeiten in zentralen Forschungslabors durch, die noch keiner Business Unit zugeordnet sind.
- Forschungsarbeiten sind in der Regel auf einen speziellen Anwendungsfall beschränkt. Die Breite des Anwendungsspektrums wird in der Regel noch als begrenzt eingestuft. Dabei sollte beachtet werden, daß diese Aussage nur auf die heutige Situation bezogen ist. Es besteht weitgehende Übereinstimmung, daß sich genügend Produkte über kurz oder lang finden lassen.

Ordnet man dieses Technologiestadium den Phasen der Technologie-Lebenszykluskurve (s. Kapitel 6) zu, so ist es im Bereich steigender industrieller F&E-Aktivitäten anzusiedeln, also noch deutlich vom Zeitpunkt des Marktdurchbruchs (=Take-off) entfernt.

Die Ursachen für einen zögernden Marktdurchbruch liegen nach heutigem Stand der Technik nach Häufigkeit der Nennung in

- zu hohen Produktionskosten (sowohl für den Fertigungs- als auch den Montageprozeß),
- fehlender Anwendungsbreite,
- mangelnder Zuverlässigkeit der Prozesse und Technologie sowie der
- unbefriedigenden Energieversorgung mobiler Systeme.

Zur Überwindung der Energieversorgungsproblematik wurden keine speziellen Wege aufgezeigt. Es kann aber als sicher gelten, daß hier weltweit akuter Forschungsbedarf besteht, um mikrosystemtechnischen Produkten zum Durchbruch zu verhelfen.

Die weiteren Hauptprobleme gehen die Unternehmen in der Mehrzahl mit einer sehr „japanischen Strategie“ an. Danach sehen Sie Lösungsansätze in der Ausrichtung ihrer Forschungsarbeiten auf

- Massenmarktanwendungen,
- Reduktion von Fertigungsschritten sowie der
- Reduktion von Produktvarianten.

Dadurch sollen standardisierte Fertigungs- und Montageprozesse mit hoher Zuverlässigkeit ermöglicht werden, bei denen die Produktionskosten über die Masse umgelegt werden können. Lediglich zwei der interviewten Unternehmen verfolgen eine andere Strategie.

Da die Produktionstechnik als das Kern-Know-how angesehen wird, entwickeln die japanischen Unternehmen diese fast ausschließlich selbst. Das erworbene Know-how wird so lange im Unternehmen bewahrt, bis ein Konkurrent in der Lage sein könnte, die Kernkomponente selbst zu fertigen oder Produktionsmaschinen dazu auf dem Markt anzubieten. Kommt das Unternehmen zu dem Schluß, daß die Konkurrenz kurz davor ist, den Markt zu penetrieren, werden die eigenentwickelten Maschinen auf dem Markt angeboten. Dadurch werden Unternehmen, deren Kerngeschäft eigentlich die Komponentenfertigung ist, zu Anbietern auf dem Markt der Werkzeugmaschinen und des Anlagenbaus. Durch diese Vorgehensweise ermöglichen sich die japanischen Unternehmen nicht nur die Führerschaft in den eigentlichen Massenmärkten, sondern auch im Investitionsgüterbereich. Dies spiegelt auch Abbildung 15 wider:

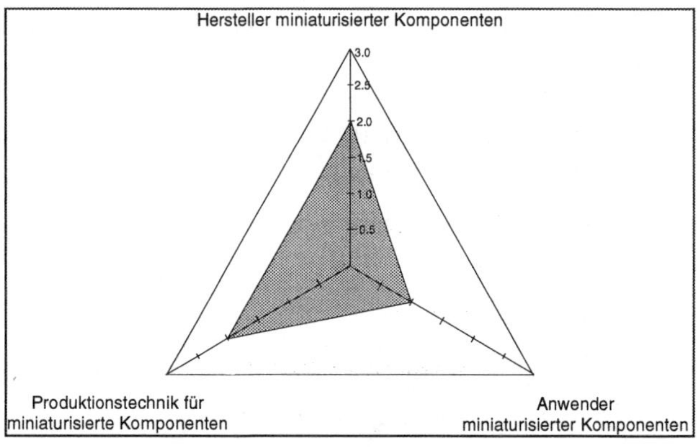

Abbildung 15: Miniaturiserungsstrategien in Japan

Die Bewertung der Miniaturisierungsschwerpunkte (Abbildung 16) in Japan bestätigt diese Aussage. Die japanischen Unternehmen sind in bezug auf die Miniaturisierung insbesondere in Massenmärkten aktiv, in denen sie eindeutig über die Marktführerschaft verfügen. Dazu gehören die Informationstechnik-Peripherik sowie die Gebrauchsgüter wie Kameras etc. Neben diesen zu erwartenden Schwerpunkten haben sich die Japaner einen Know-how-Vorsprung in der Präzisions- und Feinwerktechnik sowie dem Werkzeugmaschinenbau erarbeitet. Komponenten aus der Präzisions- und Feinwerktechnik sind vor allem für den Gebrauchsgütermarkt gedacht, so daß die japanischen Miniaturisierungsaktivitäten eigentlich nicht dem kundenspezifischen Markt zugeordnet werden können und somit in die „urjapanische Strategie“ passen. Die Abstriche bei der Einschätzung der Kfz-Sensorik und den MEMS-Massen-Bauelementen resultieren daraus, daß sich die Unternehmen, die die Fähigkeit besitzen, diese Komponenten herzustellen sehr stark auf den japanischen Markt konzentrieren.

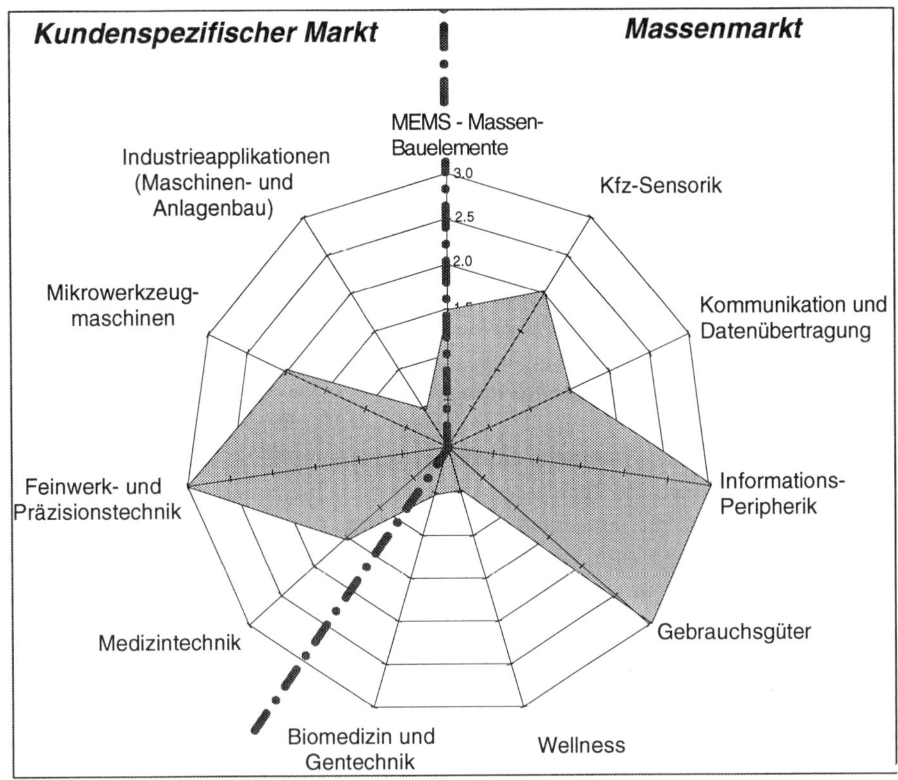

Abbildung 16: Schwerpunkte der Miniaturisierung in Japan

Je nach Finanzierungsart hinterließen die befragten Unternehmen einen unterschiedlichen Eindruck im Marktbezug der Forschungsarbeiten.

Geförderte Forschungsaktivitäten

Die Forschungsaktivitäten der Unternehmen, die durch öffentliche Geldgeber gefördert werden, weisen in der Regel keinen direkten Marktbezug auf. Vielmehr scheint die Festlegung der durchzuführenden Arbeiten danach zu geschehen, ob das Thema in die Ausrichtung der Programme der Geldgeber paßt. Die Forschungsarbeiten der Unternehmen werden bei Genehmigung zu ca. 50% gefördert.

Die Forschungsabteilungen, in denen die Arbeitspakete bearbeitet werden, stehen in der Regel nicht in Kontakt zu den Marketingabteilungen des jeweiligen Unternehmens. Somit obliegt es den Forschern, Anwendungen für ihre Entwicklungen zu finden.

Die Beteiligung der Unternehmen an den Förderprogrammen dient offenbar vor allem dem Forschungsmonitoring und dem Erwerb der Fähigkeit, bei aufkommendem Bedarf an miniaturisierten Komponenten und Systemen schnell reagieren zu können. Firmen, die mikrosystemtechnische Forschung ausschließlich unter dem Mantel von Förderprogrammen durchführen, konnten nicht den Eindruck hinterlassen, als ob konkrete Anwendungen auch nur in Sicht seien. Unternehmen, die nur einen Teil der Forschungsaktivitäten eigenfinanzieren, konnten hingegen eine zielstrebigere Ausrichtung der Arbeiten vermitteln. Die Begründungen und Abschätzungen über die Marktrelevanz wurden viel überzeugender dargestellt.

Eigenfinanzierte Forschungsaktivitäten

Zahlreiche japanische Unternehmen forschen und entwickeln im Umfeld der Miniaturisierung, ohne Fördergelder in Anspruch zu nehmen. Die Ausrichtung dieser Arbeiten sind meistens auf einen ganz konkreten Anwendungsfall bezogen. Die Forschungsaktivitäten sind somit fokussierter und lassen sich ganz klar in das Technologieportfolio des jeweiligen Unternehmens einordnen.

Zwischen der Forschungsabteilung und den weiteren Unternehmensbereichen besteht offenbar ein reger Austausch, wobei in der Regel keine Job-Rotation zwischen der zentralen Forschungsabteilung und den anderen Unternehmensbereichen existiert. Durch diesen Austausch werden die Entwicklungen eher von einem „Demand Pull“ als durch den „Technology-Push“ getrieben. Die Marktrelevanz der Arbeiten kann dadurch deutlich dargestellt werden.

Die Aktivitäten im nationalen Förderprogramm werden aufmerksam beobachtet. Eine aktive Beteiligung wird aber meistens nicht in Betracht gezogen, weil die Themenschwerpunkte der Förderprogramme nicht mit denen des Unternehmens übereinstimmen.

Technologiepolitische Einrichtungen

Als Vertreter der technologiepolitischen Einrichtungen wurde das Micromachine Center (MMC) besucht. Neben der in Kapitel 0 erwähnten Koordination führt das MMC Langzeitstudien über die Auswirkungen, Chancen und Risiken der Miniaturisierungstechnologie durch und initiiert den Austausch zwischen den Projektteilnehmern. Zusätzlich ist es maßgeblich für die Öffentlichkeitsarbeit verantwortlich. Eine wichtige Aufgabe sieht das MMC in dem Vorantreiben der Normungsaktivitäten in der Mikrosystemtechnik, in die es sehr eng eingebunden ist.

Während das Micromachine Center fast ausschließlich administrative Aufgaben wahrnimmt, wird die inhaltliche Ausrichtung von den Geldgebern, dem MITI und der NEDO, bestimmt. MITI und NEDO legen somit gemeinsam die Strategie des Förderprogramms fest. Aus der engen Einbindung der NEDO in die Strategiefindung erklärt sich z. B. die Einrichtung des Schwerpunkts „Forschung und Entwicklung an Wartungsgeräten für Kraftwerke" in der zweiten Phase des Micromachine Projects.

Nach Festlegung der Ausrichtung können Firmen (auch ausländische) in einer Art Ideenwettbewerb Anträge einreichen, die darauf geprüft werden, ob sie in die Strategie des Programms passen. Ein zusätzliches Bewertungskriterium bei der Antragsbegutachtung stellen bisherige Aktivitäten im mikrosystemtechnischen Umfeld dar.

Die Rechte an den Ergebnissen, die in den einzelnen Teilprojekten des Programms erarbeitet werden, liegen zu 50% bei dem entwickelnden Unternehmen und zu 50% bei der NEDO. Eine Rückzahlverpflichtung der erhaltenen Forschungsgelder bei Markteinführung eines unter dem Programm entwickelten Produktes gibt es offenbar nicht.

Das Micromachine Center befindet sich gerade in der Definition der dritten Phase des Projektes. Dabei sollen neue Schwerpunkte gesetzt werden, wozu insbesondere die „Industriellen Produktionstechniken" gehören sollen. Derzeit ist allerdings noch keine Aussage über die Fortsetzung des Programms, Höhe der bereitgestellten Mittel und inhaltliche Schwerpunkte möglich, da zum Zeitpunkt des Interviews gerade mit dem MITI und der NEDO über dieses Thema diskutiert wurde.

Die Organisation des nationalen Förderprogramms erklärt zu einem großen Teil die Schwerpunktsetzungen innerhalb des Projektes und die mangelnde Marktnähe der von den Unternehmen entwickelten Produkte. Durch den nicht unerheblichen Einfluß der NEDO sind die Entwicklungen sehr stark im energietechnologischen Bereich zu finden. Die Verteilung der Schutzrechte zu 50% an die NEDO stellen aus Sicht des Untersuchungsteams ein erhebliches Hemmnis dar, innerhalb des Micromachine Projects marktnahe Forschung zu betreiben. Dies kann aber nicht ausschließen, daß die Verantwortlichen in den Unternehmen durchaus Anwendungen für die unter den Förderprogramm durchgeführten Entwicklungen sehen.

Innovationsstrategische Betrachtung

Der Innovationsprozeß in Japan ist sehr stark industriegetrieben. Die Hochschulinstitute besetzen offenbar sehr stark die Grundlagenforschung, die von der Industrie mit großem Interesse beobachtet wird. In den Interviews wurde immer wieder auf die Zusammenarbeit mit Universitäten verwiesen, deren Projekte aber noch sehr weit von einer kommerziellen Nutzung entfernt seien. Der Übergang von der wissenschaftlichen Forschung in die industrielle Forschung geschieht sehr früh. Für die

Mikrosystemtechnik hat dieser Wechsel ca. 15 Jahre vor der zu erwartenden Markteinführung stattgefunden.

Dieser sehr frühe Zeitpunkt ist darauf zurückzuführen, daß Miniaturisierungstechnologie einen sehr hohen Komplexitätsgrad aufweist und daß selbst einfache Prozeßschritte in der Mikrowelt ein erhebliches Maß an Erfahrung erfordern. Forschungs- und Entwicklungszeiten von mehr als 10 Jahren für mikrosystemtechnische Produkte werden daher in Japan investiert, da fest davon ausgegangen wird, daß es sich um eine Schlüsseltechnologie für die Zukunft handelt. Nach japanischer Einschätzung haben die dortigen Unternehmen einen längeren Atem als ihre europäischen Konkurrenten. Diese Einschätzung kann nach Analyse der Aussagen der Interviewpartner in Deutschland nur bestätigt werden. Eine Zeit von nur drei bis fünf Jahren als return of investment ist für die Mikrosystemtechnik bei heutigem Stand der Technik in den meisten Fällen unrealistisch.

Aufgrund der langen Entwicklungszeiten und der notwendigen Erfahrung für miniaturisierte Komponenten ist es unwahrscheinlich, daß ein Entwicklungsvorsprung von mehr als fünf Jahren kurzfristig aufgeholt werden kann. Somit kann der Miniaturisierungsmarkt von der deutschen Industrie nur besetzt werden, wenn sie frühzeitig in die Entwicklung investiert und die Fortschritte der internationalen Forschung aufmerksam beobachtet, um nicht von einer neuen Technologie analog zur Mikroelektronik aufgrund der abwartenden Haltung überrollt zu werden.

In Japan wird nach dem Aufgreifen von Themen aus der Hochschullandschaft die Forschung zunächst in den zentralen Forschungsabteilungen durchgeführt, die oftmals direkt der Unternehmensleitung unterstellt sind. Die Forscher arbeiten an Visionen, die aber von Beginn an einen Marktbezug aufweisen. Während der Arbeit an der visionären Zielvorgabe fallen „Abfallentwicklungen“ an, deren Kommerzialisierung zügig vorgenommen werden kann.

Noch während die Arbeiten im zentralen Forschungslabor aufgehängt sind, findet ein ständiger Austausch zwischen den verschiedenen Unternehmensbereichen statt. Findet das Forschungsergebnis den Weg in die breite Anwendung, so wird die Forschung in ein Labor verlagert, das einer Business-Unit zugeordnet ist.

Diese Vorgehensweise ist sehr eng mit der japanischen Industriestruktur verbunden, die hauptsächlich von Großunternehmen mit eigenen Forschungslabors geprägt ist. Aufgrund der weitestgehend mittelständischen Struktur, der ausgeprägten Institutelandschaft und des andersartigen Innovationsprozesses in Deutschland müßten Forschungsinstitute die Aufgabe der japanischen zentralen Forschungslabors übernehmen. Für einen Markterfolg ist es dazu notwendig, daß von der Industrie festgelegt wird, welche Grundlagenforschungen in die Vorlaufforschung für eine spätere Anwendung transferiert werden sollten. Ab diesem Zeitpunkt ist eine konsequente Industriebegleitung der Forschungsarbeiten notwendig, um die Gefahr des „am Markt-Vorbeientwickelns“ zu reduzieren. Dabei sollten verschiedene Unternehmensbereiche eingebunden werden.

4.3 USA

4.3.1 Nationale Förderprogramme

Die nationale Technologieförderung für die Mikrosystemtechnik stützt sich in den USA im wesentlichen auf vier Säulen: Grundfinanzierung von Grundlagenforschung und angewandter Forschung in den nationalen Forschungslaboratorien, die Projektförderung grundlagenorientierter Arbeiten vorrangig im universitären Bereich durch die National Science Foundation NSF, die Förderung anwendungsorientierter vorwettbewerblicher Forschungs- und Entwicklungsarbeiten durch das Advanced Technology Program des National Institute of Standards & Technology (NIST-ATP), sowie die Förderung von Grundlagenforschung und angewandter Forschung mit sicherheitspolitischem und/ oder militärstrategischem Hintergrund durch die dem Verteidigungsministerium unterstellte Defence Advanced Research Project Agency (DARPA).

Förderung durch die National Science Foundation NSF

Die National Science Foundation (NSF) fördert Forschung und Ausbildung in Wissenschaft und Ingenieurwesen. Von 1989 bis 1998 unterstützte die NSF 157 Projekte, die den Begriff MEMS im Titel oder im Arbeitsprogramm führten. Die Fördersumme dürfte dabei für das Jahr 1995 in der Größenordnung von US$ 5 Mio liegen.

Förderung durch die Defence Advanced Research Project Agency (DARPA)

Nach eigenem Selbstverständnis sieht die dem Verteidigungsministerium zugeordnete Defence Advanced Research Project Agency (DARPA) ihre primäre Aufgabe in der Erhaltung technologischer Wettbewerbsvorteile gegenüber technologischen Fortschritten möglicher Konkurrenten. Zu diesem Zweck unterstützt die DARPA die Entwicklung innovativer Technologie mit revolutionärem Ansatz und hohem Risikopotential und fördert die Demonstration der technologischen Machbarkeit bis hin zur Entwicklung prototypischer Systeme. Dabei fließt etwa die Hälfte der Projektförderung in die Industrie, hiervon wiederum ca. die Hälfte in die Förderung kleinerer und mittlerer Unternehmen.

Die Mikrosystemtechnik wird als der Mikroelektronik verwandte strategische Schlüsseltechnologie gesehen. Die Begrenzung der Förderung der Mikrosystemtechnik auf militärische Anwendungen würde jedoch zu geringen Stückzahlen und hohen Kosten führen. Daher wird auch die Mikrosystemtechnik für zivile Anwendungen (Dual Use) gefördert, um Preis- und Wettbewerbsvorteile auch für militärische Anwendungen zu erzielen[6]. Zur Förderung der Mikrosystemtechnik hat die DARPA ein eigenes Förderprogramm Microelectromechanical Systems aufgelegt, das für das Jahr 1999 eine Projektförderung in der Gesamthöhe von US$ 76,8 Mio vorsieht (vgl. Tabelle 12).

Finanzjahr	1997	1998	1999	2000	2001
Fördersumme (Mio US$)	60,8	70,6	76,8	70,1	63,4

Tabelle 12: Geplante Ausgaben für das Förderprogramm MEMS der DARPA[7]

Aktuelle Schwerpunkte des MEMS-Programmes sind:

- optisch-mechanische Mikrosysteme (MOEMS)
- Felder (Arrays) von Mikrosystemen und ihre Integration in Makrosysteme
- autonome Energieversorgung von Mikrosystemen
- beschleunigungs- und stoßresistente Mikrosysteme
- Mikrosysteme für einen Einsatz im erweiterten Temperaturbereich
- innovative Fertigungs- und Montageprozesse für Mikrosysteme

Weitere mikrosystemtechnikrelevante Projektförderungen gehen von angrenzenden Programmen wie dem „Micro Fluidic Molecular Systems Program", dem „Advanced Lithography Program" und dem „Electronic Packaging and Interconnects Program" aus.

Förderung durch das Advanced Technology Program des NIST

Das Advanced Technology Program (ATP) des National Institute of Standards & Technology (NIST) fördert vorwettbewerbliche angewandte Forschung in sich entwickelnden Hochtechnologiebereichen mit dem Ziel, der US-amerikanischen Wirtschaft zu Wettbewerbsvorteilen im Weltmaßstab zu verhelfen. Grundlagenforschung einerseits und Produktentwicklung andererseits werden im Rahmen des ATP nicht gefördert. Das NIST-ATP fördert in seinen Projekten Unternehmen aller Größenklassen. Über die Hälfte der Projektförderung fließt zu kleinen und mittelständischen Unternehmen. Universitäten und Forschungsinstitute werden entweder als Partner in Verbundprojekten gefördert oder beteiligen sich als Unterauftragnehmer. Das ATP versteht sich als strikt industriegetriebenes Programm.

---

6 vgl.: N.N.: Microelectromechanical Systems Opportunities. A Department of Defense Dual-Use Technology Industrial Assessment. Washington, DC (US): U.S. Gvmt. Dept. Defence, 1995.

7 Die aufgeführten Zahlen stammen aus dem DARPA Financial Year 2000 Budget Request.

Im Jahr 1998 wurden aus acht verschiedenen Schwerpunktprogrammen (focused programs) 14 Projekte mit Bezug zur Mikrosystemtechnik mit einem Fördervolumen von US$ 49,1 Mio neu in die Förderung aufgenommen[8]. Schwerpunkte[9] mit Bezug zur Mikrosystemtechnik sind:

- Catalysis and Biocatalysis technologies
- Microelectronics Manufacturing Technologies
- Photonics Manufacturing
- Selective Membranes for Chemical and Biochemical Analysis
- Tools for DNA Analysis

Neu vorgeschlagen wurden für 1999 die Schwerpunktthemen:

- Intelligent Control
- Microsystems and Nanosystems Technology
- Nano- and MEMS Technologies for Chemical Biosensors

Förderung von Großforschungseinrichtungen

Eine Anzahl von Großforschungseinrichtungen, die schwerpunktmäßig auf dem Gebiet der nationalen Sicherheit und der Militärtechnik arbeiten, wird aus Bundesmitteln, vorrangig bereitgestellt vom Verteidigungsministerium, finanziert. Einige dieser Forschungseinrichtungen (Sandia National Labs, Lawrence Livermore Labs, CalTech) verfügen über umfangreiche interne Programme zur Mikrosystemtechnik.

Weitere Förderungsmaßnahmen für die Mikrosystemtechnik existieren auf der Ebene der Bundesstaaten (z.B. in North Carolina, Ohio).

4.3.2 Untersuchungsfeld

Für die Interviews wurden zehn Unternehmen aus unterschiedlichen Branchen ausgewählt. Wichtiges Hilfsmittel für die Auswahl der befragten Unternehmen war die Patentanalyse, in der insbesondere drei Großunternehmen hervortraten und die Analyse aktueller Veröffentlichungen, die insbesondere Hinweise auf drei kleine

---

8 vgl.: N.N.: 14 microsystems programs to share US$41,9 million in ATP funds. In: Micromachine Devices 3 (1998) 11, S. 8-9.

9 Das Förderinstrument Schwerpunktprogramm wird seitens des NIST-ATP ab 1999 nicht weiter verwendet. Es werden aber weiterhin technologische Schwerpunkte für die Förderung benannt.

interessante Start-up Unternehmen ergab. Alle befragten Unternehmen sind patentrechtlich aktiv.

Halbleiter- und Mikrostrukturfertigung	4 Unternehmen
KraftfahrzeugZulieferindustrie	5 Unternehmen
Komunikationstechnik und Datenübertragung	2 Unternehmen
Informationstechnische Peripherik	3 Unternehmen
Gebrauchsgüter (Consumer Products)	1 Unternehmen
Biomedizin und Gentechnik	2 Unternehmen

Tabelle 13: Branchenzugehörigkeit der befragten Unternehmen

Sechs der befragten Unternehmen sind in mehreren Branchen aktiv, durch die interviewten Unternehmensvertreter ist der Einblick in die Firmenstrategien meist aber auf einen Produktbereich beschränkt gewesen.

Mit diesen Unternehmen sind aber nicht nur die wesentlichen Branchen, in denen MEMS-Technologie in den USA verstärkt zur Anwendung kommt, in die Untersuchung einbezogen, sondern es werden auch alle technologischen Bereiche, für die in der US-Industrie derzeit die größten Forschungsaufwände im Bereich MEMS getätigt werden, abgedeckt.

Mitarbeiterzahl	< 50	50-1000	1001 - 10000	10001 - 50000	> 50000
Anzahl Unternehmen:	0	2	2	1	5

Tabelle 14: Mitarbeiterzahlen der untersuchten Unternehmen

Es wurde in der Regel versucht, den Kontakt zu den Unternehmen über das für die Forschung und Entwicklung zuständige Mitglied der Geschäftsleitung aufzunehmen. Der Interviewpartner wurde von diesem bestimmt. Ein großer Teil der angesprochenen Unternehmen reagierte nicht auf die Bitte um ein Interview, so daß im zweiten Anlauf persönliche Kontakte der Projektbearbeiter zur Interviewverabredung genutzt wurden. Bei den kleineren Unternehmen waren die Interviewpartner häufig Mitbegründer oder Geschäftsführer des Unternehmens bzw. Know-how-Träger, die im Bereich MEMS bereits extern Erfahrungen gesammelt haben und später zum Unternehmen dazugestoßen sind. In Großunternehmen wurden meist die Leiter der mikrotechnikrelevanten Forschungsabteilungen oder Forschungsgruppen befragt. Dabei hatten diese Forschungsgruppen entweder explizit die Mikrosystemtechnologie oder verwandte Fachgebiete (z.B. Sensortechnologie) zum Thema.

Die Leitungsfunktion der Interviewpartner führte meist auch zu firmenstrategischen Aussagen, für technologische Fragestellungen stand den Interviewpartnern häufig ein Mitarbeiter der Gruppe zur Seite. Besonders interessante Aspekte wurden bei einem Interview erläutert, für das der Produktionsleiter zur Verfügung stand.

Zur Ableitung allgemeiner Aussagen werden im Anschluß drei Fallbeispiele ausführlich dargestellt. Hierbei wird insbesondere auf die Voraussetzungen, die strategischen Entscheidungen und auf das Resultat eingegangen. Die gewählten Beispiele beschreiben Produktinnovationsstrategien und Prozesse in den Bereichen Informationstechnik, Sensorik und Biomedizin/ Genanalyse.

4.3.3 Strategische Beispiele

Fallbeispiel 1: Informationstechnikperipherie/ Massenspeicher

Ein weltweit führendes Unternehmen aus dem informationstechnischen Bereich stellt Massenspeicher als Peripheriegeräte in großen Stückzahlen für den Weltmarkt her. Befragt wurde der Leiter einer Forschungsgruppe, die sich mit mittel- und langfristigen Produktinnovationen für diese Produktgruppe beschäftigt.

Die Forschung ist größtenteils vom Unternehmen eigenfinanziert und läßt sich sowohl dem Bereich Grundlagenforschung als auch der Produktentwicklung zuordnen. Neben der Eigenfinanzierung wird für die Grundlagenforschung auch öffentliche Finanzierung herangezogen (z.B. durch Beteiligung an öffentlichen Projekten). Wie in vielen anderen Unternehmen wird die zur späteren Herstellung der Produkte verfügbare Produktionstechnik im Entwicklungsprozeß zwar berücksichtigt, aber nicht in dieser Gruppe entwickelt.

Die Forschungsaktivitäten des Unternehmens auf dem Gebiet der Mikrosystemtechnik konzentrieren sich dabei auf das Gebiet der Komponenten und Systeme für die Massendatenspeicherung. Die Hauptmotivation der Entwicklungsarbeiten ist dabei das für einen erfolgreichen Marktauftritt notwendige exponentielle Leistungswachstum dieser Produkte. Dabei stehen die Produktentwickler derzeit vor allem vor Herausforderungen im mechanischen Bereich, zu denen mittelfristig die Notwendigkeit eines revolutionären Technologiesprunges des Gesamtsystems hinzukommt.

Die Entwicklungen haben einen konkreten Marktbezug und sind marktgetrieben. Langfristige Forschungs- und Entwicklungsarbeiten werden aber durchaus auch technologiebezogen angelegt.

Es existieren dabei grundsätzlich zwei Wege, die Herausforderungen im mechanischen Komponenten- und Systembereich anzugehen. Beide beinhalten die Miniaturisierung mechanisch-elektrischer Strukturen: Einerseits kann die Miniaturisierung evolutionär mittels feinwerktechnischer Ansätze und hinzugefügter mikrotechnischer Komponenten erfolgen. Dieser Miniaturisierungsansatz besitzt den Vorteil, einfacher, in der Entwicklung erheblich schneller und preiswerter und zugleich leichter realisierbar zu sein. Er besitzt jedoch den Nachteil, in der technologischen Perspektive nicht sehr weitreichend zu sein, mittelfristig absehbar an seine technologischen Grenzen zu stoßen und zudem nur bedingt geeignet für eine kostengünstige Massenproduktion zu sein.

Beim zweiten Ansatz führt eine revolutionär erneuerte mechanisch-elektrische Struktur auf der Basis von Halbleitermikrostrukturierungstechniken zu einem evolutionär verbesserten Produkt. Fertigungstechnologisch konzentriert sich das Unternehmen ohnehin vor allem auf Halbleiterfertigungsprozesse. Motivation dafür sind nicht, wie bei vielen anderen untersuchten Unternehmen, die bereits vorhandenen Produktionsanlagen, sondern ist die Nähe des Produktes zur Mikroelektronik. Das Unternehmen favorisiert die Integration mikromechanischer und mikroelektronischer Komponenten auf einem siliziumbasierten Chip, eine fertigungstechnische Trennung der Komponenten wäre aus Kostengründen im zu erwartenden hohen Stückzahlbereich auch nicht erstrebenswert. Jedoch erfordert die Realisierung der mechanisch-elektrischen Struktur in Halbleitertechnik noch signifikante Verbesserungen sowohl der technischen Systemparameter als auch der Zuverlässigkeit und Produktionsausbeute.

Aus diesem Grund plant das Unternehmen, bis zur sicheren Verfügbarkeit des revolutionären Ansatzes zunächst die evolutionäre Miniaturisierungsstrategie zu wählen. Dabei werden vom Unternehmen bis zur Einführung des ersten Gerätes mit integrierten Mikrostrukturen drei Jahre angesetzt. Die Markteinführung dieser Geräte wird bei diesem Unternehmen dabei im Gegensatz zur bisherigen Firmenstrategie stehen. Wurde bisher die neue Technologie in hochpreisigen Nischenmärkten (d.h. bei High-End-Geräten) eingeführt, wird die neue Produktgeneration auf dem Massenmarkt eingeführt werden. Dieses Vorgehensweise bedeutet vor allem, daß dieser Markt zum Zeitpunkt der Markteinführung dieses Produktes mit einer großen Anzahl zuverlässig arbeitender Geräte versorgt werden muß und ein Fehlschlag daher einen großen Finanz- und Imageverlust bedeuten kann.

Physikalische Grenzen heute verwendeter Technologie erfordern mittelfristig den Einsatz revolutionärer Technologie und vollkommen neuer Systemarchitekturen. Dabei bestehen verschiedene technologische Optionen, bei denen Mikrosystemtechniken in unterschiedlicher Ausprägung zur Anwendung kommen. Keine dieser technologischen Optionen hat bis heute das Laborstadium verlassen. Aus diesem Grund versucht das befragte Unternehmen, möglichst alle Technologiealternativen mit optimiertem Aufwand im eigenen Haus weiterzuverfolgen. Dabei werden Schwerpunkte gesetzt, die die Technologieführerschaft sichern sollen. Sollte sich aber wider Erwarten eine andere als die favorisierte technologische Option durchsetzen, verfügt das Unternehmen als Rückfallstrategie auf jeden Fall über Know-how zu Technologiealternativen im eigenen Haus.

In der Informationstechnikbranche hat sich nach Auskunft der befragten Unternehmensvertreter wiederholt gezeigt, daß der Erfolg einer Technologie nicht nur von ihrer technischen Leistungsfähigkeit abhängt, sondern auch vom gewählten Zeitpunkt der Markteinführung und der fokussierten Hauptapplikation. Fast alle Geräte der Informationstechnik-Branche sind heute Teil eines Systems, so daß definierte Standards hinsichtlich der geometrischen, elektrischen und informationstechnischen Schnittstellen den Markterfolg erheblich beschleunigen oder behindern können.

Die Schnittstellen- und Kompatibilitätsproblematik beeinflußt maßgeblich die Entscheidung, ob ein evolutionärer Schritt unter Beibehaltung der marktüblichen Schnittstellen oder ein revolutionärer Schritt, der neue Schnittstellen und neue Datenstrukturen fordert, angegangen wird. Die Einführung neuer Schnittstellen und neuer Standards kann nur im Verbund mit starken und dominanten Partnern erfolgen, die an einer Einführung nur bei Wahrung der eigenen Vorteile Interesse haben. Zu diesen möglichen Partnern besteht andererseits häufig eine Konkurrenzsituation.

Das Unternehmen ist nicht nur im betrachteten Produktsegment derzeit marktführend, sondern gilt weltweit als Technologieführer. In Deutschland existiert derzeit kein Unternehmen, das in diesem Produktbereich tätig ist. Auch technologiebezogen sind in Deutschland derzeit keine vergleichbaren Aktivitäten zu verzeichnen, weder in Unternehmen noch in Forschungseinrichtungen. Einen Anschluß Deutschlands an die Marktführer kann, ausgehend vom derzeitigen Stand, nur gelingen, wenn für das Produkt ein gänzlich neues Funktionsprinzip entwickelt wird. Selbst dann besteht allerdings durch die in dieser Branche in Deutschland fehlenden Unternehmen die Gefahr, daß diese Technologie ins Ausland abwandert.

Fallbeispiel 2: Kraftfahrzeugsensorik

Ein großes Unternehmen der Halbleiterfertigung bietet seit 1993 einen auf der Basis von Halbleiterstrukturierungstechniken gefertigten Sensor für die Kraftfahrzeugzuliefererindustrie als preiswertes Massenvorprodukt auf dem Weltmarkt an. Der Interviewpartner ist Leiter Geschäftsentwicklung und Marketing des Unternehmens.

Zu Beginn der Entwicklungsarbeiten war das grundlegende Sensorprinzip bereits bekannt. Neu an diesem Sensor war der einfache Aufbau und eine deutlich günstigere Fertigungstechnik gegenüber einem bereits eingeführten mikrosystemtechnisch hergestellten Sensor. Bereits in der Entwicklungsphase wurde der Sensor wie ein Produkt der Mikroelektronik betrachtet, d.h. der Sensor wurde so entworfen, daß er in einer konventionellen Mikrostrukturierungslinie für integrierte Schaltkreise einzig unter Zuhilfenahme einiger weniger zusätzlicher, IC-kompatibler Mikrostrukturierungsschritte gefertigt werden konnte. Entwicklung, Prototypfertigung und Pilotfertigung fanden auf einer laufenden Fertigungslinie statt, auf der parallel andere (mikroelektronische) Produkte hergestellt wurden. Nachdem der Sensor ersten Markterfolg verzeichnen konnte, wurde für dieses Produkt ein eigener Geschäftsbereich geschaffen und die Fertigung auf eine eigene Produktionsslinie verlagert. Für diese Linie wurden teilweise Gebrauchtgeräte eingesetzt, nicht aus Kostengründen, sondern aufgrund der seinerzeit mangelnden Marktverfügbarkeit der Produktionstechnik und der damit verbundenen langen Lieferzeiten seitens der Fertigungsgerätehersteller. Mit dem Erreichen einer bestimmten Produktstückzahl pro Jahr wurde zusätzlich der personalintensive Back-End-Bereich (Packaging) in ein Niedriglohnland verlagert.

Die Weiterentwicklung bzw. Modifizierung des Produkts geschieht bevorzugt mit Leitkunden. Die Kooperation mit Leitkunden läuft in der Regel über zwölf bis achtzehn Monate, wobei die Leitkunden in den ersten sechs Monaten nach Produkteinführung bis zu 98% der gesamten Produktion abnehmen. Die Einbindung von mindestens zwei Leitkunden garantiert demzufolge einen erfolgreichen Marktauftritt des Produktes, verringert das Entwicklungsrisiko und verhindert die Abhängigkeit von einem Kunden. Auf diese Weise erschließt das Unternehmen auch Spin-off-Märkte für das Produkt, beispielsweise in der Informationstechnik-Peripherie und der Gebrauchsgüterindustrie.

Der Markt für halbleiterbasierte Kraftfahrzeugsensoren ist starkem Wettbewerbs- und Preisdruck ausgesetzt. Marktanteile werden von Produktgeneration zu Produktgeneration neu aufgeteilt. Unternehmen sind gezwungen, kontinuierlich zu investieren und erhebliche finanzielle Ressourcen bereitzuhalten, um auf dem Markt auch in Zukunft bestehen zu können. Dabei stellt die Aufbau- und Verbindungstechnik derzeit eine der Hauptherausforderungen der Mikrosystemtechnik dar.

Der Markt für das hergestellte Produkt ist stark volumengetrieben: Ein zehnfach höheres Produktionsvolumen gestattet beispielsweise ohne zusätzliche Maßnahmen eine Reduktion des Produktpreises um 50% bei dennoch bemerkenswertem Erlös. Die hohen Stückzahlen sowie die sichere Beherrschung der mikrostrukturtechnischen Kernprozesse bedeuten in diesem Fall eine Verlagerung des Optimierungspotentials von der Produkt- und Prozeßentwicklung hin zur Produktionstechnik. Aufgabenstellungen, wie Identifikation und Losverfolgung zur Qualitätssicherung und zur Gewährleistung der Produktidentifikation bei Produkthaftungsfragen, stellen einen wesentlichen Schwerpunkt dar. Aber auch Kostenrationalisierungsaspekte sind ähnlich entscheidend wie bei in klassischer Technologie gefertigten Produkten und werden dementsprechend vordringlich behandelt.

Nach Auffassung des befragten Unternehmensvertreters ist die Mikrosystemtechnik im Gegensatz zu Software und Telekommunikation kein Markt, der hohes Wachstum und hohe Profitraten verspricht. Dennoch wächst der Markt für halbleiterbasierte massengefertigte Sensoren derzeit um 100% im Jahr. Es wird jedoch erwartet, daß dieses Wachstum in den kommenden Jahren auf 40 bis 50 % zurückgeht.

Fallbeispiel 3: Genanalyse

Ein relativ junges Unternehmen bietet seit kurzem ein biotechnisches Gerät zur Analyse von Genabschnitten auf dem Markt an. Das Gerät realisiert eine vollständige Abbildung des Gen-Processings in einem System aus einer einmalig verwendbaren Komponente (Disposal) für die Probenaufbereitung, einer halbleiterbasierten Komponente für die Analyse und einem Gerät zur Auswertung.

Disposal und Analysechip werden hierbei als Mikrosystem vorgesehen. Für das Disposal besitzt die Miniaturisierung den Vorteil eines geringen notwendigen (teueren) Reagenzienvolumens und damit gleichzeitig auch weniger (kontaminiertem) Abfall. Durch die Miniaturisierung steigen ebenfalls Prozeßgeschwindigkeit und Prozeßqualität. Begrenzend für die Miniaturisierung ist aber die notwendige Mindestmenge der Probe, in der eine ausreichende Anzahl der nachzuweisenden Genabschnitte vorhanden zu sein hat. Die aus diesen Randbedingungen resultierenden Strukturgrößen für die mikrofluidtechnischen Komponenten lassen sich wirtschaftlich eher durch Kunststoffspritzguß als durch halbleiterbasierte Mikrokomponenten erzeugen. Die Einmalverwendbarkeit der Disposals generiert Stückzahlanforderungen, die eine wirtschaftliche Fertigung in Spritzgußtechnik ermöglichen.

Derzeit wird das Gerät, für das mehrere Produktvarianten exisitieren, vorrangig im Forschungsbereich eingesetzt. Durch den Einsatz des Produktes in Pharmalaboratorien und in Forschungsprogrammen im Umfeld des Human Genom Projects wird eine Absatzmenge erreicht, die das Produkt auch für andere Anwendungen wirtschaftlich akzeptabel macht. Mittelfristig wird für das Produkt erhebliches Marktpotential in der patientenbezogenen Wirksamkeitsselektion von Medikamenten erwartet. Längerfristig ist ein Produkt zur Analyse von beispielsweise Körperflüssigkeiten zur Point-of-Care-Diagnose von Krankheiten Entwicklungsziel. Dazu ist jedoch eine signifikante Preisreduktion des Produktes Voraussetzung.

Eine wichtige Triebkraft der Produktentwicklung ist ihr Charakter als Dual-Use-Anwendung: Modifizierte Produkte können für militärische Anwendungen, insbesondere für den Nachweis biologischer Kampfstoffe, genutzt werden. Die Investitions- und Förderbereitschaft des amerikanischen Verteidigungsministeriums schafft dabei finanzielle Rahmenbedingungen, die zu einem Durchbruch für die zivile Massenanwendung des Sensors führen können.

Obwohl einer der Geschäftsführer eine der profiliertesten Personen der industriellen Mikrosystemtechnik ist, besitzt das Unternehmen sein Kern-Know-how nicht in der Mikrosystemtechnik, sondern im Bereich der Gentechnologie. Dies betrifft nicht nur die Erfahrung mit dem Processing der genhaltigen Probe, sondern vor allem das Wissen über den Schlüssel bestimmter Genabschnitte. Dieses Wissen wird in den Genanalyse-Chips abgelegt und, integriert in diese, auch verkauft. Die dadurch generierte hohe Wertschöpfung ermöglicht einen relativ hohen Marktpreis und somit die wirtschaftliche Fertigung auch für eine relativ geringe Produktstückzahl.

Die Entwicklung der Fertigungstechnik wird nicht im Unternehmen betrieben. Die Fertigung selber soll auch für die zukünftigen Produkte beim Dienstleister erfolgen. Lösungsvorschläge und Konzepte werden daher mit Dienstleistern diskutiert. Dieser Weg ist gangbar, da das konkurrenzkritische Produkt-Know-how im Analyseprozeß und in den verwendeten Reagenzien, nicht jedoch in der Mikrostrukturierung liegt.

Das Unternehmen ist eigenfinanziert und unabhängig, d.h. nicht Teil einer Unternehmensgruppe. Eine indirekte Finanzierung erfolgt aber durch das vom Staat und unterschiedlichen Unternehmen gut finanzierte Genom-Projekt, welches das Ziel hat, die gesamte Gen-Information des Menschen aufzuschlüsseln. Eine enge Kooperation im Bereich des Marketings mit einem Großunternehmen erlaubt aber eine große Marktpräsenz mit geringem Aufwand. Ein Technology-Push durch die MEMS-Technologie wird durch den Geschäftsplan, der durch Marktanforderungen charakterisiert ist, vermieden.

Eines der größten Hemmnisse für die Markteinführung medizin- und biotechnischer Geräte in den USA (und inzwischen weltweit) ist nach Auffassung des befragten Unternehmens die erforderliche Zulassung der amerikanischen Gesundheitsbehörde FDA (Food- & Drug Administration). Dementsprechend werden für die Markteinführung Applikationen ausgewählt, für die keine Zulassung notwendig ist, wie z.B. in pharmazeutischen Forschungslaboratorien. Für das Zulassungsverfahren eines neuen Produktes ist mit einem zeitlichen Aufwand von ca. 5 Jahren zu rechnen.

4.3.4 Verallgemeinerte Betrachtungen

Die USA sind derzeit die führende Nation im Bereich der mikrosystemtechnischen Massenprodukte (vgl. Abbildung 18). Dies ist vor allem durch den technologischen Vorsprung in der Halbleiterfertigung begründet, der sowohl für die Halbleiterprodukte, als auch für die Prozeßtechnik vorhanden ist (vgl. Abbildung 17). Die Technologie ist aufgrund ihrer Durchsatzmenge und den hohen Geräteinvestitionen prädestiniert für die Herstellung in großen Stückzahlen. Ein Großteil der Unternehmen, die derzeit erfolgreich mit MEMS-Produkten am Markt vertreten sind, hat Erfahrung in der Herstellung von mikroelektronischen Bauteilen.

Der langjährige Erfolg dieser Branche in den USA führte aber auch zu einer Infrastruktur, die kleineren Unternehmen mit beschränkter Investitionsfähigkeit die Möglichkeit zur Herstellung eigener Produkte gibt: Für unterschiedliche Fertigungstechniken der Halbleiterindustrie stehen Foundries zur Verfügung, die industriell arbeitende Lohnfertiger zur Herstellung von Komponenten für die Mikrosystemtechnik darstellen.

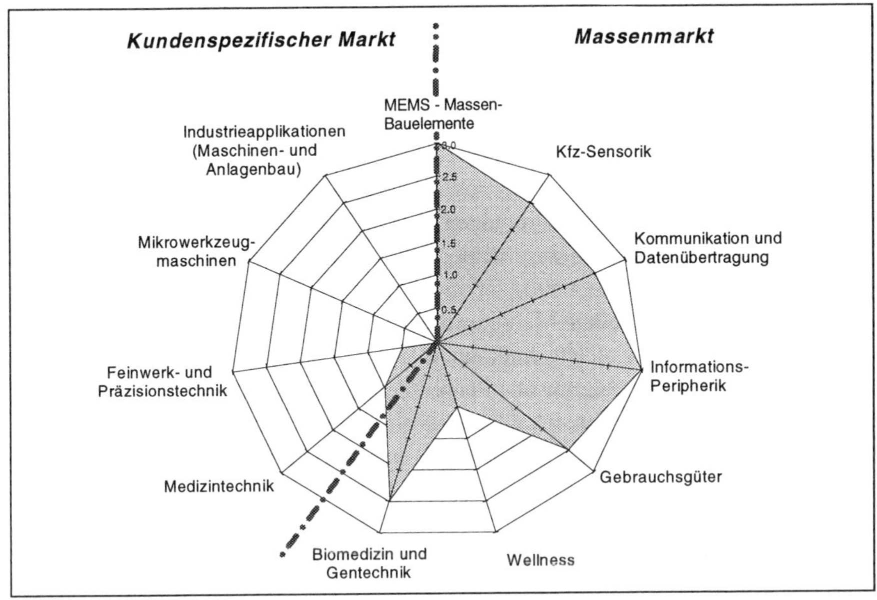

Abbildung 17: Miniaturisierungsschwerpunkte USA

Diese Lohnfertiger stehen untereinander in Konkurrenz, was Qualität und Zuverlässigkeit sichert. Als Lohnfertiger haben sie keine eigenen Produkte, so daß sie selber keine Konkurrenz zu ihren Auftraggebern, die durch ihre Aufträge einen großen Teil Produkt-Know-how weitergeben, darstellen.

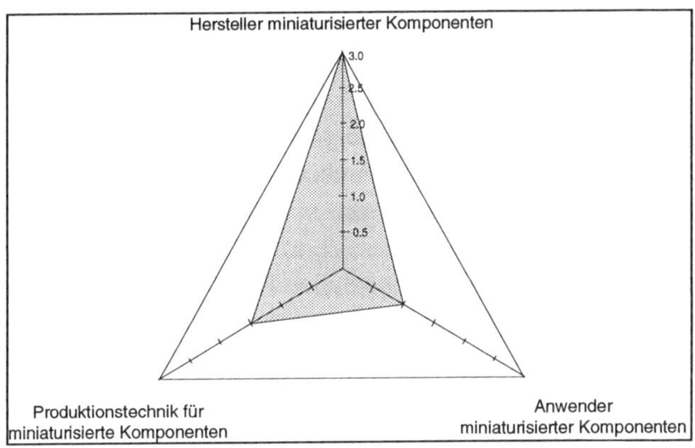

Abbildung 18: Miniaturisierungsstrategien USA

Aber auch um eine wirtschaftliche Fertigung der geringen Stückzahlen in der Prototypen- und Produktanlaufphase zu ermöglichen, werden Foundries in Anspruch genommen. Nur Unternehmen mit bereits existierender eigener Halbleiterproduktion nutzen die vorhandenen Einrichtungen, um in einer Mischfertigung ihre Prototypen und Pilotserien produktionsnah herstellen zu können.

4.3.5 Innovationsstrategien

Neben den bereits eingeführten Produkten sind in unterschiedlichen Bereichen Produkte in den nächsten Jahren zu erwarten, die mit Mikrostrukturierungstechniken hergestellt werden. Es sind häufig relativ applikationsspezifische Lösungen, die zwar nicht zu exponentiellen Marktzuwächsen führen werden, die aber deutlich zeigen, daß die Mikrosystemtechnik nicht nur zu wenigen isolierten Produkten führt, sondern daß sich heute für alle Phasen des Innovationszyklusses Beispielprodukte finden lassen. Je weiter sich allerdings ein Produkt hinsichtlich Fertigung und Anwendung von vorhandener Technologie entfernt, desto länger ist auch seine Entwicklungszeit.

Dieser Erkenntnis wird auch in den Unternehmen Rechnung getragen. Es gibt eine deutliche Trennung von Grundlagenentwicklung und Produktentwicklung. Erst wenn in der Grundlagenentwicklung die Voraussetzungen geschaffen sind und der Marktbedarf eindeutig erkennbar ist, wird die Idee in die Produktentwicklung übergeben. Diese Form des Innovationsmanagements ist einerseits fast nur in großen Unternehmen realisierbar. Andererseits wird sowohl durch private und öffentliche Förderung als auch durch gesetzliche und kulturelle Rahmenbedingungen die Gründung neuer Unternehmen begünstigt, die, häufig in Folge von Grundlagenentwicklungen an Hochschulen und Instituten, die Funktion der Produktentwicklung übernehmen. Private Geldgeber solcher Spin-off-Unternehmen sind nicht selten im Marktumfeld aktive Unternehmen, die häufig, bei Demonstration positiver Geschäftaussichten, die Start-up-Unternehmen aufkaufen.

Diese Form der Unternehmensgründung begünstigt die Konzentration auf ein Produkt bzw. einen Markt, ohne daß sich die Unternehmensgründer vorrangig mit von ihnen weniger beherrschten Anforderungen wie Produktionslogistik, Zuliefererbeziehungen, Marketing und Aufbau eines Vertriebs beschäftigen müssen. Die Anwendung, d.h. der Nutzen für einen potentiellen Kunden steht im Vordergrund. Die Fertigungstechnologie ist Mittel zum Zweck, aber nicht der Träger einer Markthoffnung.

Erfahrungsgemäß sind diese Start-up-Unternehmen erfolgreich, wenn sie innerhalb von drei Jahren ein marktfähiges Produkt aufzuweisen haben. Entsprechend der Erfahrung, daß die Komplexität der Innovation in einem Produkt die Innovationszeit bestimmt, wird bei der Produktentwicklung vor allem darauf geachtet, Probleme zu entflechten und das Produkt so einfach wie möglich zu gestalten. Zur Minimierung des Risikos sind häufig bereits bei der Produktentwicklung alternative

Konzepte für kritische Komponenten oder Verfahrensschritte (sog. Rückfallstrategien) vorgesehen.

Auch wenn ein Mißerfolg eintritt, hat ein Unternehmer in den USA nicht seine Chancen verspielt. Die kulturellen Rahmenbedingungen unterstützen den Unternehmergeist, allein das Eingehen eines Wagnisses wird hoch angerechnet. Dies manifestiert sich z.B. auch in der Unterstützung durch Institute, die unternehmerisch tätigen Mitarbeitern die Möglichkeit einräumen, wieder an die Forschungseinrichtung zurückzukehren. Die Trennung von beruflichem und persönlichem Risiko motiviert die Idee einer Unternehmensgründung erheblich.

Eine weitere Voraussetzung für den Innovationserfolg ist eine genaue Kenntnis des Marktes und der Marktanforderungen. Diese Grundregel wird häufig bei institutsgetriebenen Entwicklungen mißachtet. Eine Abkehr von der Aussage, »dieses Produkt kann eingesetzt werden in ... « zu einer Aussage »dieses Produkt wird entwickelt für ... « würde einige teure Fehlentwicklungen vermeiden. Im industriellen Umfeld hat sich die Produktentwicklung in Kooperation mit Leitkunden besonders bewährt.

Die Beschränkung auf bestimmte Marktbereiche, z.B. den Laborbereich in der Biomedizin, senkt die Anforderungen an ein Produkt und ermöglicht eine deutlich schnellere Markteinführung. Das gilt besonders, wenn für den Gesamtmarkt langwierige und kostspielige Zulassungsverfahren (z.B. durch die FDA) notwendig sind.

Das US-amerikanische Verteidigungsministerium (Department of Defense (DoD)) spielt für die Innovation und Markteinführung in den USA eine entscheidende Rolle. Entwicklungen für militärische Anwendungen werden vom DoD nicht nur finanziell unterstützt. Durch das DoD werden Produktentwicklungen auch laufend auditiert, so daß eine Fehlentwicklung am Markt vorbei vermieden wird. Dieses Monitoring wird mittlerweile für die Entwicklung von zivilen als auch von militärisch nutzbaren Produkten (sog. dual use products) betrieben. Die dem Verteidigungsministerium zugeordnete DARPA spielt dabei eine wesentliche Rolle bei der Moderation strategischer Entwicklungen.

Sehr positiv wird von amerikanischen Unternehmen die Ausbildungssituation an amerikanischen Universitäten insbesondere im Bereich von halbleiterbasierten Mikrosystemen gesehen.

5. Ländervergleich

In diesem Kapitel werden die identifizierten Anwendungsgebiete der einzelnen Länderuntersuchungen gegenübergestellt, die jeweiligen Technologieführerschaften und Innovationsstrategien bestimmt und die unterschiedliche Technologiepolitik der Vergleichsländer beschrieben. Die Anwendungsgebiete werden abschließend in Hinblick auf das Marktpotential und die bestehenden Diffusionsbarrieren bewertet.

5.1 Untersuchungsfeld und Antwortbereitschaft der Unternehmen

Die Länderübersicht stützt sich, neben sekundäranalytischen Quellen und mehreren Expertengesprächen mit Leitern von Forschungsinstituten und Vertretern von Förderinstitutionen, vor allem auf die Ergebnisse von 38 Firmeninterviews. Die Tabellen 15 und 16 geben eine Übersicht über die Firmeninterviews nach Unternehmensgrößenklassen und Ländern sowie nach der Branchenzuordnung der Unternehmen. In Deutschland wurden 20 Firmen besucht, in den USA 10 und in Japan 8 Firmen.

Land	**Beschäftigtenanzahl Größenklasse**				
	<50	50-1.000	1.000-10.000	10.000-50.000	>50.000
Deutschland	1	4	9	3	3
USA	0	2	2	1	5
Japan	0	0	1	4	3
Insgesamt	**1**	**6**	**12**	**8**	**11**

Tabelle 15: Unternehmensinterviews nach Beschäftigtengröße und Land

In Deutschland standen neben einigen Konzernen mittlere Unternehmen mit weniger als 10.000 Beschäftigten aus den Branchen der Kfz-Zulieferindustrie, der Pharmabranche und der Medizintechnik im Vordergund. In den USA verteilten sich die Gespräche auf vier eher kleine Start-up-Unternehmen und sechs große Konzerne. Die Branchen der Hersteller halbleiterbasierter Mikrosysteme, der Informations- und Kommunikationstechnik, der Kraftfahrzeugindustrie und der Biomedizin und Gentechnik-Industrie standen im Vordergrund. In Japan wurden die Gespräche bis auf eine Ausnahme in großen Konzernunternehmen geführt. Die meisten Gespräche fanden in den Branchen Informationstechnik-Peripherik bis hin zu elektronischem Spielzeug sowie der Feinwerk- und Präzisionstechnik mit Bezug entweder auf künftige Mikromaschinentechnik (Ausrüster) oder Gebrauchsgüter statt.

Die Bereitschaft der Unternehmen zur Beteiligung an den Interviews und zur offenen Beantwortung der Fragen war in Deutschland groß. Dagegen haben viele Unternehmen aus den USA auf Geschäftsführungsebene zunächst nicht auf die Anfragen reagiert, so daß bereits im Projektvorfeld bestehende persönliche Kontakte zur Verabredung von Interviews genutzt werden mußten. In den Interviews bestand dann allerdings eine außergewöhnlich offene Gesprächsatmosphäre. In Japan zeigte sich die Hälfte der angefragten Unternehmen zu Interviews bereit, die Gesprächspartner verhielten sich aber in den Interviews zurückhaltend. Bis auf zwei Ausnahmen wurden nur Projekte diskutiert, die bereits veröffentlicht waren.

Tabelle 16 gibt die Zuordnung der Firmen zu den Anwendungsgebieten zusammenfassend wieder:

Anwendungsgebiete	**Länder**			
	Deutschland	**Japan**	**USA**	**Summe**
MEMS-Massen-Bauelemente	4	0	2	6
Kfz-Sensorik	8	0	2	10
Kommunikation und Datenübertragung	2	2	1	5
Informationstechnik-Peripherik	1	6	3	10
Gebrauchsgüter	4	3	0	7
Wellness	3	0	0	3
Biomedizin/ Gentechnik	4	0	2	6
Medizintechnik	6	0 (1)	0	6
Feinwerk- und Präzisionstechnik	5	2	0	7
Werkzeugmaschinen	1	3	0	4
Industrieapplikationen	2	2	0	4
Institute und Institutionen	3	1 (1)	0	4
Anzahl der Interviews	22	9	10	41

Tabelle 16: Firmeninterviews nach Anwendungsgebieten und Ländern

Die Mehrfachnennungen resultieren aus Aktivitäten insbesondere der Großunternehmen in mehreren Anwendungsgebieten. Zusätzlich wurden in Japan Akteure besucht, mit denen kein ausführliches Interview geführt, deren Versuchsanlagen aber besichtigt werden konnten. Während dieser Besichtigungen wurden Themen der Studie erörtert. Die Anzahl dieser Besuche wird zusätzlich in Klammern angegeben.

5.2 Schwerpunkte der Miniaturisierung im Ländervergleich

5.2.1 Schwerpunktsetzungen in den identifizierten Anwendungsgebieten

In den drei besuchten Ländern haben sich, ohne Anspruch auf Vollständigkeit, die folgenden Miniaturisierungsschwerpunkte gezeigt.

Die *Bauelemente-Industrie (Massenteile als Vorprodukte)* konzentriert sich derzeit auf die Sensortechnik. Neben den Beschleunigungssensor tritt der Drehratensensor. Die Beschleunigungssensorik bietet Potential für weitere Anwendungen, z.B. als Vibrations- und Verschleißsensorik für die automatische Zustandsdiagnose von Maschinen und Maschinenkomponenten, als Beschleunigungssensorik in Navigationssystemen und informationstechnischen Dateneingabegeräten bis hin zu Gebrauchsgütern und Spielzeugen. Neben mechanischen Sensoren werden chemische, optische und fluidtechnische Sensoren für die unterschiedlichsten Anwendungsfelder benötigt.

Im Zuge der Entwicklung der halbleiterbasierten Mikrostrukturierungstechnik sowie der Herausbildung von Leistungsklassen wurde und wird häufig erwartet, daß sich der Mikroelektronik vergleichbare Chips herausbilden, die als billige Querschnitts-Vorprodukte Einsatz finden. Es werden jedoch, wenn überhaupt, nur sehr wenige mikrosystemtechnische Produkte diese Rolle übernehmen können. Aus heutiger Sicht kämen dafür einzig Beschleunigungssensoren und, mit erheblichen Einschränkungen, Komponenten der optischen Kommunikationstechnik in Frage. Diese Entwicklung braucht jedoch noch viel Zeit. Fortschritte in der Aufbau- und Verbindungstechnik sowie ein hinreichender Standardisierungs- und Kostendruck seitens der Anwender sind dazu entscheidende Voraussetzungen.

In der *Kfz-Industrie und den Zulieferindustrien* steht die Miniaturisierung von *Sensoren* im Mittelpunkt. Diffusionsbeschleunigend für die Durchsetzung der Mikrosystemtechnik in der Kraftfahrzeugindustrie wirkt das für die Entwicklung zur Verfügung stehende Kapital, der kurze Regelkreis Entwickler – Kunde und das potentiell sehr schnelle Erreichen einer großen, absetzbaren Stückzahl. Die Vorteile der Miniaturisierung von Sensoren liegen im Kraftfahrzeug weniger in der Platz- oder Gewichtsersparnis, sondern zum einen in der Kostenersparnis durch parallele Produktion (Batchprozesse), zum anderen aber in der möglichen Funktionsintegration, die hier zu sogenannten intelligenten Sensoren führt. Die erreichbaren Einsparungen durch reduzierten Integrationsaufwand des Systems im Fahrzeug sind erheblich.

Des weiteren ist durch Miniaturisierung von Sensoren im allgemeinen eine größere Messempfindlichkeit bzw. -geschwindigkeit und damit eine Leistungsteigerung zu erwarten.

Der Markt befindet sich bei Wachstumsraten zwischen 50 und 100% pro Jahr derzeit in vollem Wachstum und wird sich mittelfristig auf dem 3-10-fachen Niveau von heute einpendeln. Bei den Wachstumsraten allerdings muß zwischen schon eingeführten Sensoren (z.B. dem Airbagsensor) und vor der Einführung stehenden Sensorsystemen (z.B. Abstandsradar) differenziert werden. Schon länger auf dem Markt etablierte Sensoren mit nur einem Einsatzzweck werden in Zukunft ein moderateres Wachstum besitzen.

Vor dem Hintergrund der enormen Wachstumsraten ist aber dennoch deutlich darauf hinzuweisen, daß mikrotechnische Lösungen mit herkömmlichen Lösungen im Wettbewerb stehen, da die Miniaturisierungsanforderungen im Auto gegenüber den Kosten- und Qualitätsanforderungen nicht das Entscheidungskriterium darstellen. Dies trifft insbesondere auf Systeme zu, für die die oben erwähnte Funktionsintegration nicht möglich ist, sondern deren Einsatz eine reine Substitution eines konventionellen Systems darstellt. Als Beispiel sei hier die Einspritzdüse genannt.

Aktoren spielen angesichts der Belastungen und Leistungsanforderungen derzeit keine nennenswerte Rolle. Das Untersuchungsteam konnte keine konkreten Anwendungspotentiale für Aktoren im Kraftfahrzeug identifizieren. Nur für regelungstechnische Aufgaben sind mikrotechnische Aktoren vorstellbar.
Für die Leistungs- und Datenübertragung im Fahrzeug werden in naher Zukunft verstärkt Bussysteme zum Einsatz kommen. Hierfür wird, wie für die Kommunikationstechnik auch, der Einsatz von miniaturisierten Schaltern und Steckern prognostiziert.
Als dominante Technologie hat sich die halbleiterbasierte Mikrostrukturierungstechnik (Mikroelektronik-Derivat) durchgesetzt. Angesichts der hohen Kosten- und Qualitätsanforderungen in der Branche erfolgt die Weiterentwicklung der Miniaturisierung im Rahmen der Möglichkeiten der möglichst CMOS-kompatiblen Halbleiterstrukturierungstechnologie.

Das Fahrzeug der Zukunft wird sich vor allem hinsichtlich Informationstechnik und Kommunikationstechnik weiterentwickeln. Daher gelten auch für die Kraftfahrzeugindustrie viele der im nächsten Absatz folgenden Aussagen.

Die *Kommunikationstechnik und Datenübertragung* befindet sich seit den achtziger Jahren in einer stürmischen Folge von Umbrüchen (von der Analog- zur Digitaltechnik, Angleichung der technologischen Basis mit der Datentechnik und Unterhaltungselektronik, drahtlose (Mobil-)Kommunikation, optische Kommunikation in Glasfasernetzen (Photonik)). Sie wächst zunehmend mit den Nachbarbranchen der Informations- und Unterhaltungsindustrie zur Multimediabranche zusammen.

Derzeitige Schwerpunkte der Miniaturisierung beziehen sich zum einen auf *Bauteile der Funknachrichtentechnik* (Antennen, Empfänger, Sender, Verstärker usw.) und dazugehörige mechanische, optische und akustische Ein- und Ausgabegeräte

(Minitastaturen, Mikrophone, Displays usw.). In jüngster Zeit wurde dabei Hochfrequenzfilterkomponenten starke Aufmerksamkeit gewidmet, die mikromechanisch in Silizium realisiert wurden. Sie verfügen gegenüber rein elektronischen Lösungen über das Potential einer erheblichen Reduzierung der notwendigen Siliziumfläche bei besserer Güte. Dadurch eröffnen sich Einsatzgebiete in mobilen Kommunikationsgeräten.

Zum anderen werden *optische Bauelemente* entwickelt. Dabei stehen zunächst optische Koppler und Schalter im Vordergrund. Langfristig könnte sich eine *optische Chiptechnologie* entwickeln, die dann zur Basistechnologie für eine durchgängige optische Daten- und Kommunikationstechnik (wie heute die Mikroelektronik) werden kann. Technologischer Ausgangspunkt für die Herstellung ist die halbleiterbasierte Mikrostrukturierungstechnik. Wesentliche Herausforderung ist neben der geforderten Erhöhung der Zuverlässigkeit die notwendige Verbindung des Mikrosystems mit der Außenwelt, d.h. dem Kommunikationsnetz.

Die *Informationstechnik-Peripherik* und die *Gebrauchsgüter* werden hier zusammengefaßt, weil der Peripherikaspekt (Bildschirm-Fernseher, Tastatur-Maus-Joystick, Drucker-Faxgerät, elektromagnetische und optische Speichersysteme usw.) viele technologische Überschneidungen bietet.

In der Peripherik hat sich neben der konventionellen Feinwerktechnik seit den frühen achtziger Jahren, parallel zur Halbleitertechnologie, eine eigenständige Prozeßtechnologie der Mikrostrukturierung von *Schreib-/ Leseköpfen* herausgebildet. Die zunehmende Speichermediendichte erfordert die Entwicklung neuer Speicherprinzipien und zu deren Abtastung neue Positionier-Aktoren für Schreib-/ Leseköpfe.

Neben den Schreib-/Leseköpfen sind in den achtziger Jahren v.a. die *Inkjet-Düsen* als Mikrobauteile dazugetreten, weil erst über die Mikrominiaturisierung die Qualitätsanforderungen an die Tintenstrahldosierung und Druckauflösung erfüllt werden konnten.

Gegenwärtig treten *optische Projektionssysteme* in den Markt ein. Sie enthalten optische Spiegel-Anordnungen und Übertragungskomponenten als Mikrobauteile, die entweder in CMOS-kompatibler Halbleiterstrukturierungstechnik oder aber mit konventioneller Präzisionsmechanik gefertigt werden.

Das Zusammenwirken von miniaturisierter Mobilfunktechnik mit multimedialer Konsumerelektronik (Stichwort: Body-Network) kann mittelfristig zu neuen Systemapplikationen der Miniaturisierung führen, die heute noch schwer vorstellbar sind. In Delphi-Studien werden dafür Beispiele wie persönliche Kommunikations- und Identifikations-/ Zugangsassistenten im Uhrenformat in Verbindung mit elastischen Flachdisplays genannt. Die technologische Basis dieser Mikrosysteme wird nicht mehr, wie heute, durch die Bindung an IC-Technologie charakterisiert sein, sondern durch einen breiten Verbund an Systemtechnologien, für die sich heute noch kein industrieller Standard durchgesetzt hat.

Der Gesundheitssektor bildet den wirtschaftlichen Rahmen für die Miniaturisierungsschwerpunkte der *Biomedizin/ Gentechnik, der Medizintechnik und der Wellness-Produkte*. Die Miniaturisierung wird hier die Dezentralisierung von Analytik und Therapie unterstützen. Miniaturisierte Bioreaktoren werden automatisierbare, schnelle und kostengünstige Möglichkeiten der Zustandsdiagnostik, z.B. bei Zukkerkranken, verfügbar machen.

Hauptgründe für die Miniaturisierung in diesem Bereich sind Kostenersparnis durch Verringerung der Menge benötigter Ausgangswerkstoffe und der benötigten Reagenzien, die vor allem für die Genanalyse sehr teuer sind. Die Verkleinerung erlaubt den Einsatz von Einweggeräten (Disposals) und damit die Einsparung der Reinigungskosten. Für kontaminierte Analyseinstrumente ist die Verringerung der Abfallmenge ein Kostenfaktor. Die Miniaturisierung führt im Processing der Stoffe zu genauerer Einhaltung von z.B. Temperaturkurven oder Mischungsverhältnissen. Dadurch kann die Leistung des Systems gesteigert werden.

Für die Blutanalyse bildet trotz der aufgeführten Kostenvorteile derzeit der Kostenaspekt noch die größte Diffusionsbarriere. Denn tatsächlich tritt hier das Mikrosystem nicht gegen ein von der Funktion her vergleichbares Makrosystem an, sondern in erster Linie gegen eine andere Form der Organisationstruktur. Derzeitige Analysegeräte sind Laborgeräte, die hohe Investitionen erfordern, aber entsprechende Auslastung vorausgesetzt, im Gebrauch extrem preiswert sind. Die verbesserte Infrastruktur in hochentwickelten Industrienationen erlaubt auch mit zentral aufgestellten Analysegeräten eine ausreichend schnelle Analyse. Ein Markteintritt von Mikrosystemen wird daher nur erfolgreich sein, wenn die Mikrosysteme eine Ergänzung zur etablierten Technik bilden, z.B. durch die Möglichkeit der Analyse beim Patienten.

Derzeit bildet die *Genanalyse* einen Schwerpunkt der Miniaturisierung. Erst dadurch kann sich die Gendiagnostik zu einer Breiten- bis Massentechnologie entwikkeln. Die Miniaturisierung unterstützt eine kostengünstige Prozeßtechnik zur Analyse kleiner Gewebe- oder Blutproben mit automatisch arbeitenden Apparaten. Diese Apparate vereinen fluidtechnische Kammern und Kanäle (Speicherung von Proben und Reagenzien, Reinigung, thermische, chemische usw. Vorbehandlung, Misch- und Reaktionsprozesse) mit beispielsweise optischer Analytik und elektronischer Auswerteprozessorik. Sie werden als Kunststoffteile spritzgußtechnisch hergestellt. Eine Miniaturisierung ist auf lange Sicht absehbar. Sogenannte *Gen-Chips*, z.T. lithographisch mit Techniken der Halbleiterfertigung hergestellt, bieten die Möglichkeit zur Reproduktion und Nutzung von Gen-Datenbankmustern für die Identifizierung von Krankheiten, die Wirkungsanalyse von Medikamenten usw.

Perspektivisch bieten sie sich zur Nutzung als Low-Cost-Disposals an. Darin wird die langfristige Perspektive der Gendiagnostik als Konsumgut deutlich. Sie wird sich in Etappen über die Dezentralisierungstufen Kliniklabore, ärztliche Labore, Arztpraxen, Patient entfalten.

Die Miniaturisierung der Medizintechnik für *chirurgische Instrumente, Hörhilfen, sonstige Organhilfen bis hin zu Implantaten* bilden einen weiteren Schwerpunkt. Hier werden eher feinwerktechnische Herstelltechnologien zur Anwendung kommen. Auch Fertigungstechniken wie der LIGA-Prozeß haben hier ihr Einsatzpotential.

Die *Präzisions- und Feinwerktechnik* bietet evolutionäre Miniaturisierungspotentiale, die technologisch eigenständig neben revolutionären Mikrostrukturtechnologien stehen. Bei genauerem Hinsehen erfordern auch sie revolutionäre Entwicklungssprünge im kleinen, wenn es z.B. um den Einsatz neuer, mikrotauglicher Materialien und deren Handhabung und Bearbeitung geht. Im Vordergund steht nicht die Massenproduktion von Teilen (Chips) sondern die Umsetzung der Miniaturisierungspotentiale in neue Anwendungen und Design-Architekturen (siehe z.B. den sich abzeichnenden Funktions- und Design-Wandel der Armbanduhr zur Kommunikationsschnittstelle zwischen Mensch und Mediennetzen).

Die Feinwerktechnik bietet ein weiteres Beispiel in der Reihe der Fälle, wo die Herausforderung revolutionärer Technologiesprünge zu ungeahnten Entwicklungssprüngen konventioneller Technologie führt. Ein anderes, heute bekanntes Beispiel dafür ist die stete Erweiterung der Strukturierungsfeinheit der optischen Laser-Lithographie (IC-Technologie), der schon 1990 die Ablösung durch Röntgenlithographie vorausgesagt wurde. Dieser radikalen Prozeßtechnik-Innovation wurde bis heute durch inkrementelle Verbesserungen der optischen Lithographie der Markterfolg verwehrt.

Der *Werkzeugmaschinenbau* steht der Miniaturisierung, insbesondere der Mikrostrukturierung, noch reserviert gegenüber. Bei den heutigen Maschinen steht der Leistungsaspekt im Vordergrund und konventionelle Meß-, Steuer- und Regeltechnik scheint den Automationsanforderungen zu genügen.

Allerdings wird vor allem in Japan erkannt, daß die Weiterentwicklung der konventionellen Fertigungstechnik längerfristig zur Fertigung neuer miniaturisierter Produkte und Systeme notwendig ist. Dies geschieht vor allem vor dem Hintergrund des deutlichen Trends der Zukunftstechnologien zur Miniaturisierung zunächst mit Blick auf die Herstellung von *Mikrotechnik-Produktionsanlagen* (analog zu den Mikroelektronik-Fabrikanlagen), aber auch mit Blick auf die Verfeinerung der *Spritzguß- und Abformtechnik* für Kunststoffprodukte. Insbesondere japanische Anbieter scheinen diese Miniaturisierungspotentiale als Diversifizierungspotentiale über angestammte Branchengrenzen hinaus zu erkennen.

Sonstige Miniaturisierungsschwerpunkte lassen sich heute eher erahnen als erkennen. Die heutige Wahrnehmung der Miniaturisierung bis hin zur Mikrosystemtechnik begrenzt sich überwiegend auf Miniatur-Substitute bekannter Teile und Komponenten. Die Mikrosystemtechnik wird noch nicht als Technologie wahrgenommen, die, wie die Mikroelektronik, zu völlig neuen Entwürfen, Funktionsarchitekturen und Anwendungen führt. Visionen, die künftige Autos, Maschinen, Gebäude usw. in Analogie zu Bio-Organismen als smarte Automaten mit dezentral vernetzten Nerven (Sensoren), Stellgliedern (Aktoren) und Intelligenz (Prozessoren) vorstellen, werden durchaus schon gesehen. Näher liegende Entwicklungen, z.B. hin zu *mikrotechnischem Spielzeug* (Haustier-Roboter wie das Tamagochi), werden eher übersehen. Auch hier könnte die volle Breite der Mikrotechnologie zur Anwendung kommen.

5.2.2 Stand der Technologieentwicklung im Ländervergleich

Aus den in den Länderberichten identifizierten Schwerpunktsetzungen der Miniaturisierung lassen sich Rangfolgen der Länder nach führendem Aktivitätsniveau ermitteln (Abbildung 19). Der „Außenwert“ 3 signalisiert das höchste bzw. führende Aktivitätsniveau. Pro Merkmal wird jedem Land der Aktivitätsrang 1-3 gegeben, was nicht ausschließt, daß zwei Länder gleichauf liegen. In ihr werden die angenommenen nationalen Miniaturisierungsschwerpunkte nach Anwendungsgebieten einander gegenübergestellt:

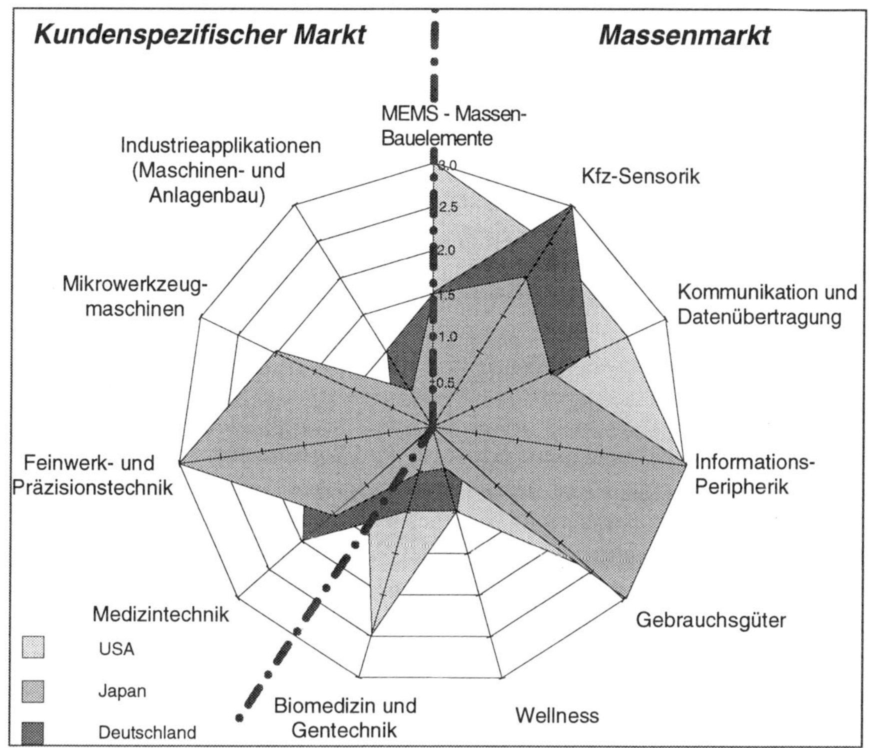

Abbildung 19: Miniaturisierungsschwerpunkte in den USA, Japan und Deutschland

Für die USA werden führende Aktivitäten in den Märkten

- MEMS-Massen-Bauelemente,
- Kommunikation und Datenübertragung,
- Informationstechnik-Peripherik,
- Biomedizin und Gentechnologie,
- sowie mit Einschränkungen bei Gebrauchsgütern identifiziert.

Insgesamt haben die Interviews in den USA folgende Eindrücke zur Miniaturisierungsdynamik vermittelt:

- Die Akteurslandschaft wird charakterisiert durch junge *Start-up-Technologieunternehmen*, in deren Hintergrund weniger eine anonyme Venture-Kapital-Szene, sondern vielmehr „Corporate-Venture-Initiativen (CVC)“ wirken. Großunternehmen investieren in langfristig aussichtsreiche Technologielinien, getragen von hochqualifizierten Start-up-Unternehmen, die an der Grenze von wissenschaftlicher F&E zur industriellen Entwicklung arbeiten. Ihnen wird viel

Handlungsspielraum, beste Ausstattung und auch ein Mißerfolgsbonus für einen zweiten Start gewährt. Technologie- und Managementkompetenzen wirken unter dem ökonomischen Leitbild der Generierung neuer Geschäfte zusammen.

- Soweit es um die Entwicklung von MEMS-Technologie geht, vermitteln die „major player" den Eindruck wesentlich erweiterter Technologiehorizonte im Vergleich zu Deutschland. Zwar steht die Nutzung der IC-Technologie als am weitesten verbreitete MEMS-Fertigungstechnologie unbestritten im Vordergrund. Aber im Vergleich zu Deutschland wird deutlich, daß auch die führenden Unternehmen der Informationstechnik sowie Daten- und Telekommunikationsindustrie mit ihren großen Marktanteilen über wesentlich größere Ressourcen und damit breitere Entwicklungsperspektiven verfügen als deutsche Unternehmen.
- Im Hinblick auf technologische Konzepte wird kostensenkenden Ansätzen zentrale Bedeutung zugemessen. Das bedeutet einerseits eine Präferenz für monolithische Lösungen. Andererseits wird viel Wert auf rationelle Aufbau- und Verbindungstechniken gelegt, weil hier in der Praxis die meisten Kosten anfallen. Für den amerikanischen Markt gelten als Kosten vor allem die Investitionskosten. Die Lebenskosten eines Produktes spielen in diesem Markt derzeit noch eine untergeordnete Rolle.
- Foundry-Angebote entwickeln sich in industrieller Regie und öffnen somit auch mittlere Miniaturisierungspotentiale für den Einsatz kapitalintensiver Mikrostrukturierungstechnologien.

Für Japan werden führende Aktivitätsniveaus in den Märkten

- Informationstechnik-Peripherik unter Einsatz der feinwerktechnischen Kompetenzen in Japan,
- Gebrauchsgüter wie Kameras, Uhren, elektromechanischem Spielzeug usw.,
- Feinwerk- und Präzisionstechnik sowie
- Werkzeugmaschinen für konventionelle Fertigungstechnologien gesehen.

Insgesamt lassen sich folgende Gesamteindrücke aus Japan wiedergeben:

- Die Akteurslandschaft wird von Konzernen geprägt. Deren nur begrenzt transparentes strategisches Verhalten spiegelt eine technologische Langfristorientierung wider, die sich an geschäftlichen Zukunftsvisionen - teilweise industriepolitisch angestimmt - orientiert.
- In Japan scheinen zentrale F&E-Labore der Großunternehmen teilweise noch Freiheiten langfristiger Vorlaufforschung zu haben, die in Europa und Deutschland zu Gunsten einer dezentralisierten Geschäftsfeldanbindung der F&E stark reduziert wurden. Dies gilt auch für die Nutzung von Synchrotronstrahlungs-

quellen, die sowohl für die künftige Mikroelektronik, als auch für die Mikrosystemtechnik (LIGA-Technik) langfristig zu großer Bedeutung gelangen können.

- Im Hinblick auf die zentralen Technologiekonzepte räumt Japan offensichtlich der konventionellen Miniaturisierung die weitaus größte Rolle im Vergleich mit den USA und Deutschland ein. Japan erarbeitet sich somit neben den halbleiterbasierten Fertigungstechniken ein zweites Standbein.
- Foundry-Konzepte finden in Japan nur geringen Anklang. Die Kerntechnologie wird im Unternehmensrahmen selber entwickelt.

Für Deutschland werden führende Aktivitätsniveaus in den Märkten

- Kfz-Sensorik,
- Medizintechnik und
- Industrieapplikationen erkannt.

Insgesamt begegnet man in Deutschland einer der Mikrosystemtechnik gegenüber noch reservierten Ingenieursmentalität, die sich erst vom Nutzen eines technologischen Paradigmenwechsels überzeugen lassen will:

- Die Akteurslandschaft wird von wenigen Großunternehmen und einer größeren Anzahl mittlerer Unternehmen geprägt, deren Kernkompetenz durch kundenorientiertes Applikationsengineering geprägt ist,
- Technologisch führende Miniaturisierungsentwicklungen werden vorwiegend im wissenschaftlichen Institutesektor durchgeführt, der die Aufgabe hat, den zurückhaltenden Unternehmenssektor von der Mikrosystemtechnik zu überzeugen,
- Auf Grund der mittelständischen Größenstruktur wird weniger auf großtechnologische Innovationsführung Wert gelegt, sondern auf die problemlösende Fähigkeit zur Kombination vielfältiger Technologie,
- Im Hinblick auf die zentralen Miniaturisierungstechnologien betrachten Großunternehmen die halbleiterbasierte Technologie als die derzeitig industriell relevante Fertigungstechnik, die es auszunutzen gilt. Der Institutesektor setzt gleichwertig auf nicht halbleiterbasierte Technologie.
- Foundries werden zwar im Hinblick auf die mittelständische Industriestruktur gefordert, es gibt aber noch kein akzeptiertes Konzept dafür, welches den Forderungen mittelständischer Unabhängigkeit und industrieller Kalkulierbarkeit bzw. Zuverlässigkeit entspricht.

5.3 Nationale Miniaturisierungsmuster im Vergleich

Die im Rahmen der vorliegenden Untersuchung durchgeführten ca. 40 Interviews weisen in ihren Aussagen eine sehr hohe Konvergenz auf, so daß Rückschlüsse auf nationale Miniaturisierungsmuster getroffen werden können. Diese können bei der Stichprobengröße unter wissenschaftlichen Aspekten nicht als repräsentativ bezeichnet werden, durch die hohe Konvergenz der Aussagen ist allerdings davon auszugehen, daß die Miniaturisierungsmuster bei einer repräsentativen Untersuchung nur geringfügig angepaßt werden müßten. Dies gilt insbesondere, weil die Eindrücke Innovationsmuster weitgehend bestätigen, die auch sonst von diesen Ländern bekannt sind (vgl. Kapitel 6). Es werden zunächst die festgestellten Gemeinsamkeiten referiert, dann Unterschiede plakativ herausgehoben und abschließend die Merkmale der nationalen Technologiepolitik beschrieben.

5.3.1 Gemeinsamkeiten

In allen drei Ländern ist keine euphorische Haltung von großen Unternehmen gegenüber der Mikrosystemtechnik zu spüren. Miniaturisierungspotentiale werden auf breiter Front erkannt. Technische Lösungen für Miniaturisierungsprobleme werden jedoch nicht unter dem Gesichtspunkt der Einsatzmöglichkeiten für innovative Technologie geprüft, sondern unter dem Aspekt der technisch-wirtschaftlich günstigsten Lösung. Die Unternehmen wollen sich noch nicht mit einer Technik profilieren, wenn deren Miniaturisierungsmöglichkeiten weit über den Bedarf hinaus weisen, wenn sie technisch und kostenmäßig noch erhebliche Risiken enthält und wenn sie gegenüber bewährten technischen Lösungen noch keine durchschlagenden Vorteile bietet. Dies reflektiert die Feststellung der vorhergehenden Kapitel, daß die Mikrosystemtechnik noch nicht zu einer industrieweit relevanten Technologie ausgereift ist.

In allen drei Ländern werden medizintechnische Miniaturisierungspotentiale (Instrumente, Implantate) mit Nachdruck verfolgt. Die Ursache liegt vor allem darin, daß der medizintechnische Markt in allen Ländern als Eintrittsmarkt für miniaturisierte Produkte angesehen wird, da Mikrosysteme hier eine hohe Wertschöpfung generieren, demzufolge vergleichsweise hohe Preise für mikrotechnische Komponenten marktakzeptabel sind. Die Möglichkeit der Erzielbarkeit höherer Preise kann vor allem damit begründet werden, daß die Gesundheit stark im gesellschaftlichen Bewußtsein verankert ist. Hier werden hochwertige Technologieentwicklungen mit öffentlicher Förderung vorangetrieben, die über die Dominanz halbleiterbasierter Produktentwicklungen für die Mikro-Miniaturisierung hinausweisen.

5.3.2 Unterschiede

Abbildung gibt plakativ eine Übersicht über die Innovationsstrategien wieder, wie sie aus den einzelnen Länderberichten hergeleitet werden kann. Dabei wird der Hauptschwerpunkt der Miniaturisierung der einzelnen Länder auf einer Skala von 1 bis 3 aufgetragen. Die Vergabe der 3 erfolgt nur, wenn die Schwerpunktsetzung der Innovationsstrategie schon zu breiterem Markterfolg geführt hat. Die Einordnung im Schaubild symbolisiert somit gleichzeitig den Entwicklungsstand der unterschiedlichen Strategiebereiche.

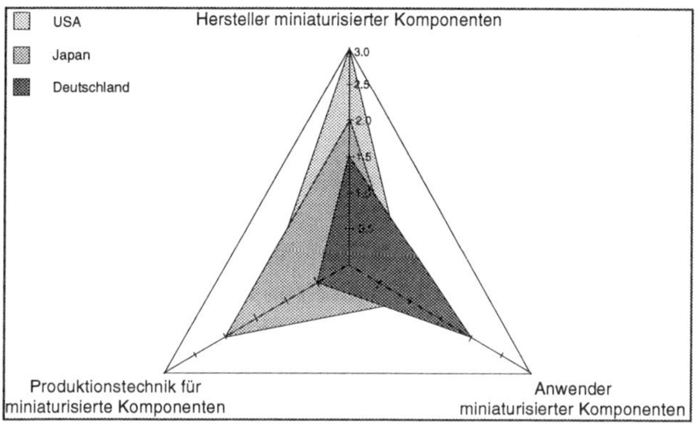

Abbildung 20: Innovationsstrategien in den USA, Japan und Deutschland

Die Darstellung aus Abbildung 20 ist eine zusammengefaßte Überspitzung der in Abbildung 19 aufgezeigten Miniatuisierungsschwerpunkte. Dadurch ergibt sich folgender Eindruck:

- Die USA profilieren sich als führend in der Herstellung von MEMS-Massenteilen, d.h. strategischen Vorprodukt-Bauelementen als den Rohstoffen der High-Tech-Industrie. Damit haben die USA derzeit die Führungsposition in dem Schrittmacheranwendungsgebiet der Mikrosystemtechnik.
- Japan profiliert sich mit langfristigen Vorlaufentwicklungen für die Mikro-Fabrikationstechnik der Zukunft.
- Deutschland profiliert sich mit vielfältigen Applikationsentwicklungen, die produktmäßig ausreifen werden, wenn sich die Mikrosystemtechnik zur Querschnittstechnologie entwickelt haben wird und die entsprechenden Vorprodukte und Fabrikausrüstungen kostengünstig beschafft werden können.

Die hier zugespitzten Miniaturisierungsmuster werfen spontan einige Fragen auf. Die Breite der US-Aktivitäten ist angesichts der Wirtschaftsstärke des Landes am ehesten nachvollziehbar. Die offensichtliche Zurückhaltung Japans im Bereich der halbleiterbasierten, massenproduzierten MEMS-Bauelemente steht andererseits nicht unbedingt im Einklang mit traditionellen japanischen Industrieschwerpunkten wie der Mikroelektronik, der Informationstechnik und der Gebrauchsgüterindustrie. Die USA setzen hier seit Jahren wesentlich deutlichere Akzente. Deutschland kann hingegen auf keine ausgeprägt deutliche Schwerpunktsetzung der Innovationsstrategie verweisen wie etwa die USA. In Kapitel 6 ist zu klären, ob diese fehlende Ausrichtung im Einklang mit typisch deutschen Stärken oder Schwächen steht, oder ob daraus Handlungsbedarf resultiert.

Im nächsten Abschnitt wird eine vergleichende Übersicht über die nationale Technologiepolitik der drei Länder skizziert. Darin wird sich zeigen, daß die hier plakativ dargestellten Miniaturisierungsmuster durchaus in den technologiepolitischen Schwerpunktsetzungen wiedererkannt werden können.

5.3.3 Nationale Technologiepolitik im Vergleich

Die wichtigsten Förderprogramme und zugehörigen Förderbudgets sind den Länderkapiteln zu entnehmen. Dabei ist sicher zu berücksichtigen, daß in allen untersuchten Ländern indirekte Förderungen und versteckte Subventionierungen existieren. Auffällig ist jedoch, daß Deutschland im Verhältnis zu seiner Größe das höchste Fördervolumen hat.

Ähnlich wie in den USA setzt sich das Förderbudget aus mehreren Blöcken zusammen:

(1) Projektförderprogramm auf Bundesebene

(2) wissenschaftliche Sonderförderprogramme der Wissenschaftsorganisationen

(3) institutionelle Förderung auf Bundesebene

(4) institutionelle Förderung auf Landesebene

(5) Projektförderung auf Landesebene

Charakteristisch für Deutschland ist die Dualität von Bundes- und Länderförderung. In ihrem Ergebnis existiert de facto eine Länderkonkurrenz um die Ansiedlung von Instituten in Schlüsseltechnologien, die die Gefahr unkoordinierter Förderung von Doppel- und Nachentwicklungen in sich birgt und insgesamt das Budget aufbläht.

Die Verteilung der Fördermittel auf Grundlagenforschung und angewandte Forschung ist nicht leicht zu erkennen. In Japan und Deutschland gilt, daß anfangs der neunziger Jahre vorwiegend Grundlagen- bzw. Technologieforschung gefördert wurde. Nach nunmehr ca. zehn Jahren hat sich der Förderschwerpunkt deutlich auf die Anwendungsentwicklung verschoben.

Auch die technologischen Schwerpunkte scheinen sich deutlich zu unterscheiden. Liegt in den USA der Akzent auf der Entwicklung von Basistechnologie für halbleiterbasierte Mikrostrukturierungstechniken, so wurden und werden in Deutschland gerade in den letzten Jahren Verbundprojekte auf unterschiedlichster technologischer Basis gefördert. In Japan hingegen konzentriert sich die Förderung auf nichthalbleiterbasierte Miniaturisierungstechniken mit vorrangig präzisionsmechanischem Hintergrund.

Deutliche Unterschiede weisen auch die Zielgruppen der geförderten Akteure auf. Während in Japan vorwiegend die *Großindustrie* gefördert wird, werden die Fördergelder in den USA zu einem wesentlichen Teil zur Subventionierung neugegründeter Technologieunternehmen eingesetzt. Aber auch Großunternehmen und nationale Forschungseinrichtungen profitieren erheblich. In Deutschland fließt ein großer Teil der Förderung an die mittelständische Industrie. Die Institute erhalten neben den Geldern aus Verbundprojekten zusätzliche Drittmittel aus den Töpfen der Grundlagenforschungsförderer, wie z.B. der Deutschen Forschungsgemeinschaft. Unter Beachtung der weiteren Feststellung, daß die Initiative für Verbundforschungsprojekte häufiger von den Instituten als von der Industrie ausgeht, ist es erklärbar, daß die deutsche Technologiekompetenz in der Mikrosystemtechnik vorwiegend im Institutesektor und nicht in der Industrie liegt.

Die Branchenschwerpunkte der Förderprogramme unterscheiden sich bis auf die Medizintechnik, die in allen drei Wirtschaftsräumen gleichermaßen gefördert wird, erheblich. Hier reflektieren sich auch die nationale Wirtschaftsstruktur und nationale politische Prioritäten. So bildet in Deutschland der Umweltschutz und periphere Branchen einen Schwerpunkt mikrosystemtechnischer Aktivitäten, der so in den anderen beiden Wirtschaftsräumen nicht existiert. In Japan werden die Themen der geförderten Forschung auf dem Gebiet des Micromachining von der Energiewirtschaft stark beeinflußt. Darin spiegelt sich die Rohstoffarmut Japans und der hohe Anteil an nuklearer Energieerzeugung wider.

In Japan wird strategische Vorlaufforschung industrieübergreifend durch das MITI koordiniert. Das bedeutet nicht primär eine Einschränkung für unternehmerische F&E (beispielsweise über die Begünstigung von Fördergeldern für nationale Förderprogramme). Das bedeutet entsprechend der japanischen Mentalität wohl primär eine *strategische Abstimmung der wichtigsten Akteure*, die den Einzelakteuren Sicherheit für ihre Planungen gibt. Trotz dieser strategischen Abstimmung konnte das japanische Förderprogramm nicht den Eindruck hinterlassen, daß anwendungsnahe Produktentwicklungen gefördert werden, die den Markt für japanische Unternehmen erschließen können. Vielmehr kann die Ausrichtung sehr stark an den Interessen der Hauptsponsoren festgemacht werden. Die Unternehmen erhalten durch die Beteiligung am Förderprogramm in erster Linie einen Know-how Vorsprung, der aber nur dann in Nutzen umgesetzt werden kann, wenn sich das Unternehmen ausserhalb des Förderprogramms in der Miniaturisierung engagiert.

Für die USA hingegen ist die Unabhängigkeit der eigenen Industrie bei der Herstellung von Hochtechnologieprodukten ein ganz wesentlicher Schwerpunkt der nationalen Sicherheitspolitik. Die Mikrosystemtechnik wird hier als der Mikroelektronik verwandte, strategische Schlüsseltechnologie gesehen. Die Begrenzung der Förderung der Mikrosystemtechnik auf militärische Anwendungen würde jedoch zu geringen Stückzahlen und hohen Kosten führen. Daher wird die Mikrosystemtechnik für zivile Anwendungen gefördert, um Preis- und Wettbewerbsvorteile auch für militärische Anwendungen zu erzielen, so daß Dual-Use-Forschungen sehr viel stärker als in Japan und Deutschland die Forschungslandschaft dominieren.

Die militärstrategischen Hintergrundziele der Technologieförderung in den USA manifestieren sich auch darin, daß der amerikanische Projektträger der mikrotechnisch relevanten Förderprogramme die dem Verteidigungsministerium zugeordnete DARPA (Defence Advanced Research Project Agency) ist. Thematisch schlägt sich dieser militärische Hintergrund u.a. in der Förderung biotechnischer und Luft- und Raumfahrtanwendungen nieder.

Zusätzlich verfügt der amerikanische Projektträger DARPA und mit ihm das Verteidigungsministerium über eine eigens zur internationalen Technologiebeobachtung dienende Einrichtung (Asian Technology Information Program/ European Technology Information Program), u.a. mit der explizit formulierten und eigens finanzierten Aufgabe eines ständigen Monitorings europäischer und japanischer Entwicklungen auf dem Gebiet der Mikrosystemtechnik. Mitarbeiter des Micromachine Centers in Japan erfüllen eine ähnliche Funktion. Ein adäquates systematisches und interessierten Industrievertretern zugängliches Technologiemonitoring existiert für das Gebiet der Mikrosystemtechnik in Deutschland nicht.

Für Deutschland bleibt festzuhalten, daß es in den Vergleichsländern eine Art strategischer Moderation der Mikrosystemtechnik-Entwicklung gibt, die in Deutschland nicht existiert. Diese strategische Moderation könnte neben dem Konzentrationseffekt für die Fördermittel vor allem einen Beitrag zur Entwicklung und internationalen Durchsetzung von nationalen *Industriestandards* leisten. Dieser Moderationsrahmen ist für Deutschland umso wichtiger, da die deutsche Industriestruktur interdisziplinäres Arbeiten und instituts- bzw. unternehmensübergreifende Kontakte nicht gerade fördert. Darauf ist in den Empfehlungen noch einzugehen.

5.4 Marktpotentiale und Barrieren der Marktdurchdringung

Die Darstellung der künftigen Schwerpunkte der Miniaturisierung kann leicht zu übertriebenen Markterwartungen führen. Es ist das Problem der meisten Marktstudien, daß sie Angaben zum Marktpotential und zur zeitlichen Marktdurchdringung meist vorwiegend aus Einschätzungen der Anbieterseite bzw. interessierter Experten gewinnen. Das führt systematisch zu quantitativen Scheingenauigkeiten und Überschätzungen. Deswegen werden in diesem Abschnitt einmal nur *Größenordnungen der Miniaturisierungspotentiale und der zeitlichen Marktdurchdringung* abgeschätzt. Zum anderen werden die Einflüsse von konkurrierenden technischen Lösungen und andere *Diffusionsbarrieren* in die Schätzung einbezogen.

5.4.1 Diffusionsbarrieren typisierter Fallbeispiele

Die Schätzungen wurden vom Untersuchungsteam nach der Erfahrung aus allen Interviews gemeinsam vorgenommen. Sie werden hier an typisierten Fallbeispielen (vgl. Kapitel 2 „Untersuchungskonzeption") erläutert, um die Ergebnisse im Sinne von Plausibilitätskontrollen nachvollziebar aufzubereiten. Die Typisierung ist zu verstehen als Zusammenfassung verschiedener, realer Interviewfälle, mit der zweierlei erreicht werden soll. Der Blick soll auf das Wesentliche gelenkt werden und der einzelne Interviewfall soll anonymisiert werden.

Abbildung 21 weist aus, in welcher Reihenfolge der *Markteintritt* bzw. die erste Phase der Marktdurchdringung der in einen Rahmen gesetzten typisierten Fallbeispiele erwartet werden. Dabei wird zwischen dem kurzfristigen (Zukunftshorizont ca. zwei Jahre), dem mittelfristigen (Zukunftshorizont ca. fünf Jahre) und dem langfristigen Markteintritt (Zukunftshorizont über fünf Jahre) unterschieden. Diese Zeitwerte sind nicht prognostisch, sondern als Anhaltspunkte einer Reihenfolge zu verstehen.

Weiterhin wird das *erwartete Marktpotential* in der Periode der ersten Marktdurchdringung angegeben. Es wird unterschieden nach Querschnitts-Massenmärkten, Massen-Einzelmärkten, Hochwert-Nischenmärkten und Spezialmärkten. Querschnittsmärkte bezeichnen branchenübergreifendes Marktpotential, wie es bei Mikroelektronik-Chips geläufig ist. Massen-Einzelmärkte bezeichnen Marktpotentiale, die sich als Massenpotential nur auf eine Branche beziehen, wie dies bei Airbag-Sensoren der Fall ist. Hochwert-Nischenmärkte z.B. sind im Fall von medizintechnischen Geräten und Instrumenten anzutreffen, die zumindest in der ersten Phase der Marktdurchdringung für den Gebrauch in der Vielzahl von Kliniken, aber nicht bei der Masse der Patienten bestimmt sind. Spezialmärkte unterscheiden sich von Hochwert-Nischenmärkten in der Regel durch höheren Wert und wesentlich niedrigere Stückzahl und kundenspezifische Anfertigung. Dies ist z.B. bei Fertigungsanlagen für Mikrosysteme zu erwarten.

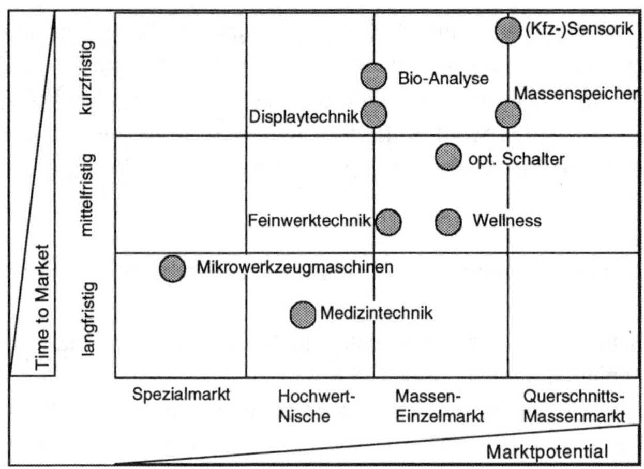

Abbildung 21: Marktpotentiale der Miniaturisierung an Fallbeispielen

Die Betrachtung von Diffusionsbarrieren ist das entscheidende Hilfsmittel, um den häufig unrealistischen Prognose-Optimismus zu vermeiden. Abbildung 22 enthält einen Überblick darüber, welche Fallbeispiele mit welchen *Diffusionsbarrieren* bei der Marktdurchdringung rechnen müssen. Diffusionsbarrieren resultieren zunächst aus der Konkurrenzsituation zwischen der betrachteten neuen Technologie, den bisher angewandten Lösungen und sich eventuell parallel dazu entwickelnder anderer Techniken. Dabei ist wichtig, daß die Vorteile einer neuen Technologie so groß sind, daß es gerechtfertigt scheint, das Risiko ihres Einsatzes einzugehen. Daneben ist zu berücksichtigen, in welchem Reifezustand sich eine neue Technik gegenüber bewährter Technologie befindet und inwieweit dies durch Referenzen belegt ist. Ein weiteres Diffusionshemmnis kann durch das Umfeld verursacht werden. Insbesondere gilt es abzuklären, welcher Änderungs- und Lernaufwand durch die Einführung einer neuen Technologie verursacht wird. Wichtig ist auch, mit welcher Marktmacht Innovationen am Markt durchgesetzt werden. In etablierten Branchen können nur Marktführer Innovationen durchsetzen und Industriestandards als „dominant design" etablieren. Von der Existenz dieses „dominant designs" ist es abhängig, inwieweit sich Imitatoren diesen Innovationen anschließen und so die Chancen der erfolgreichen Marktdurchdringung erhöhen.

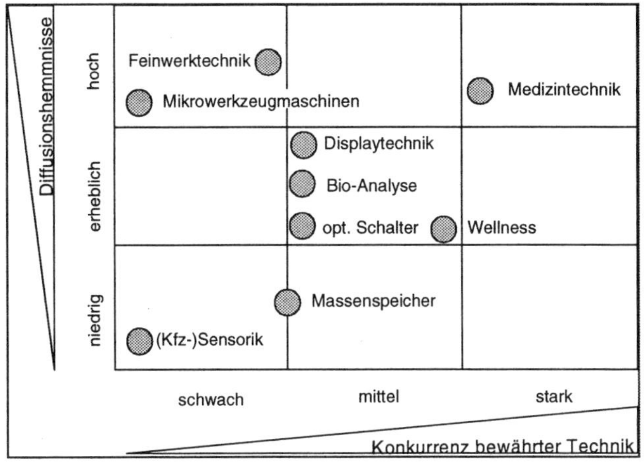

Abbildung 22: Diffusionsbarrieren

Kraftfahrzeugsensoren

Marktpotential und erste Marktdurchdringung: Kraftfahrzeugsensoren (Beschleunigung, Druck) haben sich aufgrund der in Kapitel 5.2.1 dargestellten Vorteile als Massenprodukte am Markt durchgesetzt. Das derzeitige Wachstum wird sich mittelfristig fortsetzen. Eine Marktsättigung ist nicht zu prognostizieren, da viele derzeit in Fahrzeugen eingesetzte Mikrosysteme nicht konventionelle Technologie substituieren, sondern vor allem zu neuer Funktionalität führen. Nach Einschätzung vieler Industrievertreter sind noch erhebliche Potentiale für neue oder revolutionär verbesserte Funktionalitäten im Kraftfahrzeug vorhanden. Wesentliche Motivation ist dabei nicht unbedingt die Nachfrage durch den Kunden, sondern sind Auflagen und Bestimmungen des Gesetzgebers.

Es ist nicht auszuschließen, daß sich aus Kraftfahrzeugsensoren auch Querschnittspotentiale und Spin-off-Produkte in anderen Märkten entwickeln, wenn diese Mikrosysteme preislich so günstig angeboten werden, wie es bei anwendungsspezifischen Komponenten für andere, kleinere Branchen nicht möglich wäre. Es ist aber mittelfristig nicht zu erwarten, daß diese Spin-off-Produkte das Volumen des Kraftfahrzeugzuliefermarktes für Mikrosysteme übersteigen.

Mittelfristig werden sich zunächst dominante Designs für die am Markt am meisten nachgefragten Mikrosysteme ausbilden. Die anwendergetriebene Durchsetzung von Standards für Schnittstellen, Spezifikationen und Testverfahren kann den Transfer mikrosystemtechnischer Produkte in Spin-off-Märkten erheblich beschleunigen und ihre querschnittshafte Anwendbarkeit mit der Folge höherer Stückzahlen und niedrigerer Preise befördern. Beispiele für solche Querschnittsanwendungen könnten generell im Maschinenbau liegen. Mikrosysteme auf der Basis von Vibrationssensoren könnten Verschleißanzeigen liefern, die es ermöglichen, von der präventiven zur prediktiven Wartung bis hin zum Teleservice überzugehen und neben der Vermeidung von Maschinenausfällen und unnötigen Stillstandszeiten die Wartungskosten erheblich zu senken. Umgekehrt wird auch die Kraftfahrzeugindustrie durch die Applikation branchenfremder Mikrosysteme, insbesondere aus den Bereichen Multimedia, Informationstechnik und Kommunikation von der Standardisierung profitieren. Beispiele hierfür sind Displays, GPS-Systeme usw.

Diffusionsbarrieren: Als größte Diffusionsbarriere im Automobilbau wird die Kundenakzeptanz und die Produkthaftung gesehen. Sicherheitsrelevante Funktionen fordern zuverlässige Systeme mit Selbstdiagnosefähigkeit. Auch von z.B. Komfortfunktionen wird Zuverlässigkeit gefordert. Durch die Strategie, neue Technologie als Alleinstellungsmerkmal im Hochpreissegment einzuführen, führen Fehlfunktionen zu großen Imageproblemen. Es darf auch nicht übersehen werden, daß durchaus Konkurrenz durch die konventionell miniaturisierte Technik besteht. Im Automobil sind sowohl in den Türen, in den Spiegeln, in den Beleuchtungsräumen etc. Raumreserven vorhanden, die konventionell miniaturisierte Lösungen zulassen. Hauptmotivation für den Einsatz der Mikrotechnik ist letztlich die mögliche Preisreduzierung und die bei Technologiereife erzielbare Zuverlässigkeit. Diffusionsbeschleunigend wirkt hingegen, daß sowohl Entwurfs- als auch Produktionstechnologie heute weitgehend beherrscht und evolutionär weiterentwickelt werden.

Informationstechnische Peripherik (Schreib-/ Leseköpfe, Projektionsdisplays)

Marktpotential und erste Marktdurchdringung: Die etablierte Technik im Bereich Massenspeicher stößt aufgrund der sich exponentiell vergrößernden Speicherdichte zunehmend an Grenzen, so daß nicht nur verbesserte Speichermedien, sondern neue Systemlösungen entwickelt werden müssen. Dabei ist zunächst mit halbrevolutionären Innovationen zu rechnen, die bewährte Zugriffstechnologie mit zusätzlichen Positioniersystemen aufrüstet. Mittelfristig muß ein neuer Weg der Datenspeicherung eingesetzt werden. Hier handelt es sich um schon reife und weiter wachsende Massen-Einzelmärkte (Informationstechnik-Peripherik, Unterhaltungselektronik).

Diffusionsbarrieren: Der absehbare Generationensprung zu Schreib-/ Leseköpfen mit zusätzlichen Positioniersystemen beinhaltet auch technologisches Neuland. Diffusionsbarrieren ergeben sich weniger aus prinzipieller technologischer Konkurrenz zu bewährter Technologie, sondern aus den technologischen Herausforderungen einer neuen Technologie. Es ist damit zu rechnen, daß diese Barrieren kurz- bis mittelfristig überwunden werden. Auf längere Sicht ist zu erwarten, daß die heutige elektromagnetische und optische Massenspeichertechnologie trotz zunehmendem Einsatz der Mikrosystemtechnik nicht mehr mit den Integrationsfortschritten der Mikroelektronik mithalten kann. Langfristig ist deswegen mit revolutionären Innovationen bei den Speichermedien zu rechnen. Dazu existieren heute bereits verschiedene technologische Optionen. Deren Durchsetzung am Markt wird allerdings sehr hohe Barrieren überwinden müssen. Neben die technologischen Risiken tritt das Einführungsrisiko einer neuen Technologie. Diese ist vor allem durch die enge Vernetzung der IT-Technologie begründet. Diese Vernetzung drückt sich in den Standardisierungsbemühungen der Branche aus. So ist beispielsweise kürzlich eines der marktbeherrschenden Unternehmen mit einem hochminiaturisierten, für tragbare Aufzeichnungs- und Kommunikationsgeräte entwickelten Massendatenspeicher auf den Markt getreten, der einen in diesen Geräten für andere Komponenten weitverbreiteten geometrischen und elektrischen Schnittstellenstandard nutzt. Inkompatible Subsysteme werden deshalb nur dann Markterfolg haben, wenn sie in Stand-Alone Produkten in den Markt eingeführt werden können, oder Vorteile aufweisen, die die Anschaffung eines Neusystems rechtfertigen. Unternehmenskonsortien, die Standards definiert haben, bilden eine starke Macht, die dieser Branche ihre Spielregeln aufzwingen kann.

Neben den schon lange miniaturisierten Schreib-/ Leseköpfen beginnen sich derzeit revolutionär neuartige *Projektionsdisplays* auf der Basis der Laserprojektion am Markt durchzusetzen. Dabei existieren zwei konkurrierende mikrotechnische Ansätze: Bei einer der Lösungen erfolgt die Strahlablenkung mittels eines halbleiterbasierten Mikrosystems. Das strahlablenkende Mikrosystem wurde in fünfzehnjähriger Entwicklungszeit mit großem finanziellen Aufwand von Grund auf entwickelt, in die Produktion überführt und ist bereits als Produkt erhältlich. Die konkurrierende Lösung besitzt bei einem ähnlichen Systemaufbau ein vollkommen anders realisiertes Strahlablenksystem, das vorerst mittels konventioneller Präzisionsbearbeitung realisiert werden kann (vgl. Kapitel 4.1.3). Beide Unternehmen erschließen zunächst den Hochwert-Nischenmarkt für Projektoren und Fernsehgeräte. Welches der beiden Produkte sich gegen das andere bzw. gegenüber alternativen und herkömmlichen Technologien durchsetzen wird, ist noch nicht entschieden. Hier wird die Antwort auf die Frage eines „dominant design“ entscheidend werden, insbesondere, wenn es um den Transfer der Produkte in die großen Massenmärkte der Daten- und Fernsehbildschirme gehen wird. Dabei wird die herkömmliche Röhrentechnologie ziemlich sicher abgelöst werden. Inwieweit sich dann eine Variante des Laserdisplays oder ein Flüssigkristall-Display oder eine andere Alternative durchsetzen wird, ist heute noch nicht abzuschätzen.

Biomedizinische Analysechips

Marktpotential und Marktdurchdringung: In der Biomedizin geht es um Massen-Einzelmärkte, falls Technik am Patienten eingesetzt wird. Erst die Miniaturisierung eröffnet das breite Marktpotential. Es gibt keine konventionellen Alternativen.

Biomedizinische Chips für die Analyse von Körperflüssigkeiten, -ausdünstungen und Genmustern haben derzeit das Stadium der Marktreife erreicht. Sie durchdringen den Forschungsmarkt und werden dann die Märkte von Kliniken und Medizin-Labors, beides Hochwert-Nischenmärkte, erschließen. Der Durchbruch zum Massenmarkt, evtl. sogar zum Massen-Querschnittsmarkt (Universal-Chips der Alltags-Biosensorik) kann erst langfristig erwartet werden, weil hierfür erhebliche Barrieren zu überwinden sind.

Diffusionsbarrieren: Am Beispiel der Gentechnik läßt sich gut beschreiben, welche Entwicklungsstufen zum Massenmarkt führen.

Derzeit ist es gelungen, makroskopisch ablaufende technische Prozesse in *miniaturisierte Prozesse* in taschenrechnergroße Reaktoren zu überführen. Dies ist der entscheidende Schritt von Spezialmärkten (große F&E-Labors) zu Hochwert-Nischenmärkten. Kostenreduktion, Prozeßbeschleunigung und Automation sind die treibenden Kräfte. Die entscheidende Hürde für Massenanwendungen sind behördliche Zulassungsverfahren, die lange Zeit in Anspruch nehmen und erhebliche Finanzrisiken beinhalten. Daneben darf nicht vergessen werden, daß die Substitution der Makroprozeßtechnik eine Dezentralisierung der Anwendungstechnik mit sich bringt. Damit werden etablierte Geschäftsbeziehungen und Organisationsroutinen in Frage gestellt. Dezentrale Anwender müssen neu lernen, mit der Analytik umzugehen. Das führt zu außertechnischen Barrieren der Marktdurchdringung (Beharrungskräften), die nicht zu unterschätzen sind.

Der Schritt zur *Miniaturisierung* birgt noch weitere, verschärfte Hemmnisse. Die Miniaturisierung wird durch die notwendigen Mindestmengen der zu analysierenden Stoffe beschränkt. Diese sind notwendig, um zu gewährleisten, daß im Ausgangsmaterial (z.B. Blut) eine ausreichende Menge der nachzuweisenden Substanz vorhanden ist. Dies bedeutet aber auch, daß für die Miniaturisierung nur beschränkt die siliziumbasierten Techniken zum Einsatz kommen werden, da in den geforderten Abmessungen Silizium als Werkstoff zu teuer ist. Im Falle eines gerade auf dem Markt eingeführten siliziumbasierten Blutanalysestreifens zeigt sich dieses Kostenproblem deutlich. Kunststoffspritzgußteile könnten hier eine Lösung des Problems ermöglichen und diffusionsbeschleunigend wirken.

Zusätzlich besteht seitens der Mediziner erhebliche Skepsis, ob der mögliche Einsatz durch den Patienten nicht zu Fehlbedienungen führt. In diesem Fall kämen Produkthaftungsansprüche auf die Hersteller zu, die im Extremfall sogar existenzbedrohend sein können. Hier wird deutlich, daß die neue Technik erst einen langen Erfahrungsvorlauf braucht, ehe sie ihr prinzipiell vorhandenes Massenmarktpotential ausschöpfen kann.

Optische Telekommunikation

Marktpotential und Marktdurchdringung: Eine wesentliche Motivation für die Miniaturisierung nachrichtentechnischer Komponenten und Systeme ist die dadurch geschaffene Möglichkeit, sehr viele parallele Funktionsträger auf kleinstem Raum unterzubringen. Diese Anforderung wird vor allem in der Telekommunikation gestellt. Dadurch rechtfertigen sich auch Mehrkosten miniaturisierter Systeme gegenüber konventionellen Systemen. Eine Leistungssteigerung ist durch gesteigerte Genauigkeit bei der Ankopplung der Signalleitungen und gesteigerte Empfindlichkeit der Sensoren zu erwarten. Für die optische Signalübertragung und Signalverarbeitung besteht die Möglichkeit - ähnlich der elektronischen - standardisierte Funktionsträger zu entwickeln. Die Miniaturisierung wird hier einen wesentlichen Beitrag liefern, da der Bauraum und die Kosten auch bei der Integration unterschiedlichster optischer Funktionen in einem Baustein vertretbar bleiben.

Diffusionsbarrieren: Für Telekommunikationsnetze werden höchste Anforderungen an die Zuverlässigkeit gestellt. Stillstandszeiten führen zu sehr hohen Kosten. Eine Diffusionsbarriere stellt daher in diesem Bereich vor allem die geforderte Zuverlässigkeit dar, die für Mikrosysteme über die Lebensdauer noch schwer erreichbar ist. Umfassende und zeitlich ausgedehnte Erprobung und Standardisierung der Test- und Prüfverfahren werden deswegen für den breiten Einsatz vorausgesetzt. Angesichts dieser Anforderungen ist davon auszugehen, daß konventionelle Technologie nur langsam substituiert werden kann.

Feinwerktechnik

Marktpotential und Marktdurchdringung: Feinmechanische Präzisionstechnik im Mikromaßstab kann in Konsumgütern wie Kameras, in Elektronik-Spielzeugen mit Bewegungsfunktionen sowie generell in informationstechnischen Peripheriegeräten massenhaftes Einsatzpotential finden. Sie wird darüber hinaus z.B. in Form von Mikro-Spritzgußkomponenten auch in größeren Stückzahlen gefertigte miniaturisierte Subsysteme wie Kleinstmotoren, -getriebe usw. hervorbringen. Der kurzfristigen Marktdurchdringung stehen jedoch erhebliche Barrieren entgegen.

Diffusionsbarrieren: Feinwerktechnik im Mikromaßstab beinhaltet nicht nur konventionell evolutionäre Miniaturisierung. Es werden neue Verfahren, Materialien, Entwurfs- und Produktionsstandards gebraucht, die bislang kaum vorliegen und noch viel Vorlaufforschung erfordern.

Mikrowerkzeugmaschinen

Marktpotential und Marktdurchdringung: Die Komplexität miniaturisierter Produkte wird in Zukunft steigen. Dabei nehmen Anwendungsspezifität und Geometrievielfalt zu, so daß davon auszugehen ist, daß planare Massenfertigungsverfahren für derartige Bauteile nicht mehr wirtschaftlich sind. Langfristig können Werkzeugmaschinen aus dem konventionellen Fertigungsbereich eine Problemlösung bieten, sofern sie den Anforderungen genügen, die die Mikrostrukturierung mit sich bringt.

Diffusionsbarrieren: Eine erhebliche Diffusionsbarriere wird in den derzeit fehlenden Anwendungen für komplexe Mikrobauteile in kleinen bis mittleren Stückzahlen gesehen. Schon heute müssen Werkzeugmaschinenhersteller, die im Präzisionssegment tätig sind, den Markt regelrecht bearbeiten, um ihre Produkte abzusetzen. Für den Einsatz von Mikrowerkzeugmaschinen fehlt aufgrund der fehlenden Eckdaten der Verfahren, Materialien sowie Entwurfs- und Produktionsstandards das gesamte Umfeld.

Mikro-Aktoren

Marktpotential und Marktdurchdringung: Kurzfristig besteht für Mikroaktoren nur eine geringe Nachfrage. Auszunehmen sind dabei Schreib-/ Leseköpfe für Festplattenlaufwerke sowie Schalt- und Koppelelemente. In der Spielzeugindustrie kann über den notwendigen Miniaturiserungsmaßstab keine allgemeingültige Aussage getätigt werden. Langfristig ist damit zu rechnen, daß Mikroaktoren als Querschnitts-Massenbauelemente genutzt werden. Allerdings ist der Entwicklungspfad dorthin noch unklar.

Diffusionsbarrieren: In der Regel wird Mikro-Aktorik mit Leistungsfunktionen in Verbindung gebracht und dann verworfen, weil nicht genügend Kraft übertragen oder Leistung aufgebracht werden kann. Es gibt noch wenig Bewußtsein für eine mechanische Aktorik, die vergleichbar zu Relais, nur Steuerungs- und Regelungsfunktionen für übergeordnete Leistungsmechanik ausübt.

Eine zusätzliche Diffusionsbarriere für miniaturisierte Aktoren stellt der Sachverhalt dar, daß zwischen miniaturisierten konventionellen Aktoren (z.B. elektromagnetischen Aktoren) und elektrostatischen sowie Festkörperaktoren eine antriebstechnische Lücke klafft, in der ein entscheidender Kraft-Wegbereich bis heute nicht mit industrietauglichen Antrieben abgedeckt werden kann. Keiner der in den vergangenen Jahren bearbeiteten sogenannten neuen Antriebe hat bislang diese Lücke mit industriell akzeptablen Lösungen schließen können.

5.4.2 Entwicklungsschwellen der Miniaturisierung, Schrittmacher und Überraschungspotentiale

Die für einzelne Fallbeispiele in Kapitel 5.4.1 angegebenen Miniaturisierungspotentiale illustrieren, daß die Miniaturisierung derzeit noch auf vielen Einzelpfaden verläuft und Einzel-Erfolgsbeispiele hervorbringt. Mit Miniaturisierung werden derzeit noch keine Basistechnologien wie mit der Mikroelektronik assoziiert. Das gilt auch für den Begriff der Mikrosystemtechnik. Auch in den Interviews für diese Untersuchung überwog eindeutig das Bewußtsein, daß Mikrosystemtechnik das Zusammenspiel einer Vielfalt von Einzelansätzen beinhaltet. Es gab wenig Hinweise auf Ansätze zur Herauskristallisierung von Basistechnologien, die z.B. der Mikrosystemtechnik zum plötzlichen, breiten Marktdurchbruch als Querschnittstechnologie verhelfen würde. Dementsprechend gab es auch *keine Hinweise auf Überraschungspotentiale*, die den Technologiewettbewerb zwischen den untersuchten Ländern sprunghaft auf breiter Front radikal verändern würden.

Schrittmacher der künftigen Miniaturisierung lassen sich demgegenüber durchaus identifizieren. Es sind dies:

- die *Automobil-Sensorik* (auf der Basis halbleiterbasierter Mikrostrukturierungstechniken) mit absehbarer Ausstrahlung auf den Maschinenbau im engeren bis hin zur Konsumgüterindustrie im weiteren Sinne. Die Hauptakteure der halbleiterfertigenden Industrie werden diese Entwicklung treiben. Die Schrittmacher-Eigendynamik erwächst daraus, daß eine Basistechnologie für Massenbauteile, verfügbar ist, die vor allem über die Erschließung neuer Märkte in wirtschaftlichen Erfolg umsetzbar ist. Dabei werden sich modulare Klassen insbesondere von Beschleunigungssensoren in Verbindung mit intelligenter Signalaufbereitung durchsetzen. Längerfristig werden sich für Applikationen in mittleren Märkten neue Miniaturisierungspotentiale eröffnen.
- *Schreib-, Leseköpfe* zur Abtastung von Speichermedien, die für neue Speicherprinzipien mit hohen Speicherdichten entwickelt werden und fast ausschließlich auf mikrosystemtechnischen Ansätzen basieren, stellen eine weitere Schrittmacheranwendung dar. Auch diese Bauteile werden als technologische Basis auf halbleiterbasierte Prozesse zurückgreifen.
- die *biochemische Analytik*, die nicht nur in der Genanalyse oder in der Bestimmung von Krankheitsbildern Einsatz finden wird, sondern auch zur Überwachung des gesunden Menschen in Form einer Wellness-Monitoring-Funktion eingesetzt werden kann. Durch das Abzielen auf den gesunden Menschen wird die massenhafte Anwendung erst ermöglicht. Diese biochemischen Sensoren können in einem weiteren Schritt auf die umweltbezogene Sensorik ausstrahlen.

Die Vielfalt der sich über die Schrittmacher eröffnenden Anwendungsperspektiven steht im Kontrast zu der eher nüchternen Einschätzung künftiger Miniaturisierungspotentiale in heutigen Expertengesprächen. Dies ist als Reflex auf die häufig verfrühten Erwartungen zu werten, die von Marktstudien geweckt worden sind. Im Kern zeigt sich jedoch ein durchaus typisches Entwicklungsmuster, wonach eine neue, komplexe Basistechnologie dann durchbricht, wenn verschiedene Technologielinien ausreifen und zusammenwirken. Solche Entwicklungen brauchen allein *technologische Vorlaufzeiten von mehr als 10 bis 15 Jahren.* Und dann muß sich ein solches neues Technologie-Paradigma erst gegen das bestehende im Wettbewerb durchsetzen, was je nach der Durchsetzungsmacht und den Innovationsstrategien der beteiligten major player länger oder kürzer dauern kann.

Der *Marktdurchbruch* von Basistechnologien der Mikrosystemtechnik mit querschnittshaften Anwendungspotentialen wird wegen der beschriebenen Diffusionsgesetze in fünf bis sieben Jahren erwartet.

6. Empfehlungen

Der Ländervergleich im Kapitel 5 hat wichtige Erkenntnisse zum Entwicklungsstand der Miniaturisierung bzw. der Mikrosystemtechnik, zu den Miniaturisierungspotentialen sowie zu den Unterschieden in der Ausrichtung zwischen den USA, Japan und Deutschland offenbart.

Für die Ableitung des Handlungsbedarfs im Bereich der Miniaturisierung ist es notwendig, die Rahmenbedingungen und Industriestruktur Baden-Württembergs bzw. Deutschlands zu beachten und die für die Miniaturisierung typischen Charakteristika zu ermitteln. Diese Faktoren stellen die Bewertungsgrundlage für das Potential der Miniaturisierung aus deutscher Sicht dar und werden im folgenden Kapitel behandelt.

6.1 Bewertungsgrundlagen für Miniaturisierungspotentiale

6.1.1 Charakterisierung des deutschen Innovationssystems und Industrieprofils

Vergleichende Untersuchungen zu nationalen Innovationssystemen, insbesondere Vergleiche zwischen den USA und Deutschland, beschreiben die institutionelle Arbeitsteilung zwischen Wissenschaft und Industrie bei der Entwicklung einer neuen Technologie. Dabei zeigt sich oftmals, daß neue Technologie in Deutschland stärker im Rahmen öffentlich finanzierter, angewandter F&E (Institutesektor) entwickelt wird als in den Vergleichsländern. Dies geht zu Lasten des industriellen Engagements. Die überdurchschnittliche Stärke des Institutesektors geht dabei mit einer *Schwäche des Innovationssystems insbesondere bei risikoreichen, revolutionären Technologieentwicklungen* einher [vgl. ABRAMSON 1997, S. 25]. Deutsche Unternehmen verfolgen oft die Strategie, Entwicklungen des Institutesektors nicht direkt zu übernehmen, sondern anderen Akteueren die Risiken des Einstiegs in eine neue, revolutionäre Technologie zu überlassen, nach Etablierung eines „dominant design“ dann aber schnell nachzuziehen und eine verbesserte, weiterentwickelte Technik anzubieten. Die Identifikation derartiger „Frühe-Folger-Strategien“ legt immer nahe, die eigene Strategie daraufhin zu prüfen, ob nicht eine problematische Überlassung von Innovationsinitiative an den Institutesektor vorliegt. In diesem Fall könnte die Industrie Gefahr laufen, ein zukünftiges Marktsegment vorzeitig an die weltweite Konkurrenz zu verlieren.

Die *Berichterstattung der Bundesregierung „Zur Technologischen Leistungsfähigkeit Deutschlands (1997)“* [BMBF 1997] charakterisiert Deutschland als besonders stark in den traditionellen Hochtechnologieindustrien (Kfz, Chemie und Pharma, Elektrotechnik, Maschinenbau, Telekommunikation und Umwelttechnik). Schwächen werden bei Feinmechanik und Optik, der Datentechnik bzw. der Multimediatechnik insgesamt sowie bei elektronischen Konsumgütern identifiziert. In der Biotechnologie wird einerseits ein substantieller Rückstand gegenüber den USA und andererseits eine starke Aufholposition diagnostiziert.

Als generelle Tendenz kommt zum Ausdruck, daß Deutschland, gemessen an den Patentaktivitäten, bei Spitzentechnologie nur zweit- und drittrangig in Erscheinung tritt, dagegen bei System- bzw. Anwendungstechnologie vielfach Spitzenpositionen einnimmt. Als Spitzentechnologie werden vor allem die Basis- und Querschnittstechnologie für Komponenten bzw. industrielle Vorprodukte klassifiziert. System- und Anwendungstechnologie wird in der Regel nur zur höherwertigen Technologie gerechnet. Die Spitzenkompetenz in der Systemtechnik bildet sich in Patenten weniger ab. Diese Tatsache allein besagt aber noch nicht, daß Deutschland deswegen einen technologischen Aufholbedarf hätte. Deutschland ist nach der technologischen Berichterstattung der größte Importeur für Spitzentechnologie, also High-Tech-Komponenten, am Weltmarkt. Das belegt, daß hier zumindest große Kompetenzen im Umgang mit Spitzentechnologie angesiedelt sind.

In der technologischen Berichterstattung der Bundesregierung wird das deutsche Innovationssystem beschrieben als

(1) Tausendfüßler, der sich als ganzes nur evolutionär und beständig vorwärts bewegt, hinter dessen einzelnen Schritten jedoch viele kleine technologische Revolutionen stehen,

(2) kooperatives Konsensmodell, welches im Zusammenwirken vieler, oft mittelständischer Akteure in Wertschöpfungsnetzen aus vielen radikalen Komponenteninnovationen inkrementelle Anwendungsinnovationen formt.

Die Schlußfolgerung aus diesen Charakterisierungen heißt, daß die traditionelle Überlassung der Führungsrollen in der Spitzentechnologie für Massen-Bauelemente nicht von vornherein als Schwäche mißverstanden werden darf, die automatisch Handlungsbedarf anzeigt. Handlungsbedarf ist nur gegeben,

- wenn die deutsche Position im Zeitverlauf zurückfällt,
- wenn schwache deutsche Positionen mit der mittelständischen Industriestruktur und ihrer Schwäche bei der Anpassung an technologische Umbrüche in Verbindung stehen und
- wenn Rückstandsgefahren aus der typisch deutschen Innovationsschwäche beim Übergang vom Institutesektor (Entwicklung von enabling technologies) in die industrielle Innovation (Anwendungsentwicklung) entstehen.

Das *Industrie- und Innovationsprofil* von Baden-Württemberg und Deutschland in bezug auf die Miniaturisierung weist, gemessen an der Patentaktivität, Schwerpunkte

- in der Kfz-Industrie,
- im Maschinen- und Anlagenbau,
- in der Elektrotechnik unter Einschluß der Datenverarbeitung, Telekommunikation, der audiovisuellen Technik und der Halbleitertechnik und
- in der Instrumententechnik unter Einschluß von Messen und Regeln und der Medizintechnik

auf [IFO 1995]. Schwächer vertreten sind in Baden-Württemberg (abweichend vom Gesamtbild in Deutschland) die Chemie sowie die Prozeß- und Anlagentechnik für die Grundstoffchemie. Auch die Pharma- und Biotechnik sowie neue Materialien sind unterdurchschnittlich vertreten.

6.1.2 Charakteristika der Miniaturisierung im Vergleich zu Diffusionsmustern revolutionärer Technologie

Für die Herleitung der Handlungsempfehlungen müssen die Kerncharakteristika der Minaturisierung bestimmt werden. Miniaturisierung ist nach heutigem Stand der Technik gekennzeichnet durch:

- diskontinuierliche Innovationssprünge anstelle inkrementeller Verbesserungen,
- hohe Komplexität und damit einhergehende Interdisziplinarität,
- Anwendungsspezifität (daher ist die Beherrschung einer Vielzahl von Techniken für die Eröffnung eines breiten Anwendungsgebietes notwendig),
- lange Entwicklungszeiten für ein Produkt und hoher Aufwand für die Beherrschung der Fertigungsprozesse,
- fehlende industriell relevante Fertigungsprozesse.

Die Miniaturisierung in Richtung Mikrosystemtechnik weist somit typische Charakteristika einer neuen Technologie auf. Um eine Einschätzung der Diffusion dieser neuen Technologie zu erhalten, bieten sich Erkenntnisse aus der Diffusionsforschung an.

In Anhang 4 werden daher miniaturisierungsrelevante Diffusionsmuster und Innovationsstrategien in der Industrie aus der Diffusionsforschung referiert. Sie bieten Indikatoren für die Diagnose an, in welchem Entwicklungsstadium sich eine neue Technologie befindet und ob sie schon kurz vor oder noch weit vor dem Marktdurchbruch ist. In den Interviews wurden diese Erfahrungswerte aus der Literatur um spezifisch miniaturisierungsbezogene Einschätzungen von fachkompetenten Industrievertretern ergänzt.

Als Ergebnis ist festzuhalten, daß insbesondere bei revolutionären Technologieentwicklungen außerhalb evolutionär gewachsener Trajektorien (Technologie- und Anwendungskompetenzen) mit *Vorlaufzeiten bis zum erfolgreichen Markteintritt von ca. 15 Jahren* zu rechnen ist – dies ist insbesondere auch an der Mikroelektronik (mit viel längeren Vorlaufzeiten: Entwicklung ungefähr seit Kriegsende, Marktdurchbruch in den sechziger Jahren, Massenmarkt in den siebziger Jahren) zu studieren gewesen. Die Mikrosystemtechnik weist die Charakteristika einer revolutionären Technologie ebenfalls auf. Daher ist zu prüfen, an welchem Punkt der Lebenszykluskurve sie sich gerade befindet.

6.2 Gesamtbewertung der Miniaturisierungspotentiale aus deutscher Sicht

In diesem Abschnitt werden Antworten auf die zentralen Fragen der Studie gegeben. Ziel ist es, eine Ausgangsplattform für Empfehlungen zu schaffen, die sich sowohl an Wirtschaft und Wissenschaft als auch an die Politik richten. Ausgangsfragen waren:

(1) Wie ist die noch fehlende Entwicklungsreife der Mikrosystemtechnik nach ca. zehnjähriger Förderung zu werten? Bestehen wichtige Diffusionsbarrieren? Gibt es dazu spezifisch deutschen Handlungsbedarf?

(2) Sind Schrittmacherprodukte und -technologien zu erkennen, bei denen die technologische Wettbewerbsposition Deutschlands gefährdet ist?

(3) Wie ist die führende Position anderer Länder in vielen Miniaturisierungsschwerpunkten zu werten? Besteht hier Handlungsbedarf?

6.2.1 Allgemeine Einschätzung

Zur Erläuterung der allgemeinen Einschätzungen ist die Einordnung der identifizierten Anwendungsgebiete aus Kapitel 5 in die Produktlebenszykluskurve hilfreich (Abbildung). Diese Kurve teilt den Innovationsprozeß in acht unterschiedliche Phasen ein, die mit der Phase der wissenschaftlichen Forschung beginnen und mit der Phase der Reife und Differenzierung des Produktes enden. Diesen Phasen sind die Anwendungsgebiete der Miniaturisierung zugeordnet Das eingezeichnete Dreieck deutet dabei aus Sicht des Untersuchungsteams den weltweiten Schwerpunkt der derzeitigen Aktivitäten in den jeweiligen Anwendungsgebieten an. Die Kurven zur Forschungs- und Entwicklungsaktivität werden aus den Patentaktivitäten der Akteure in den jeweiligen Phasen ermittelt.

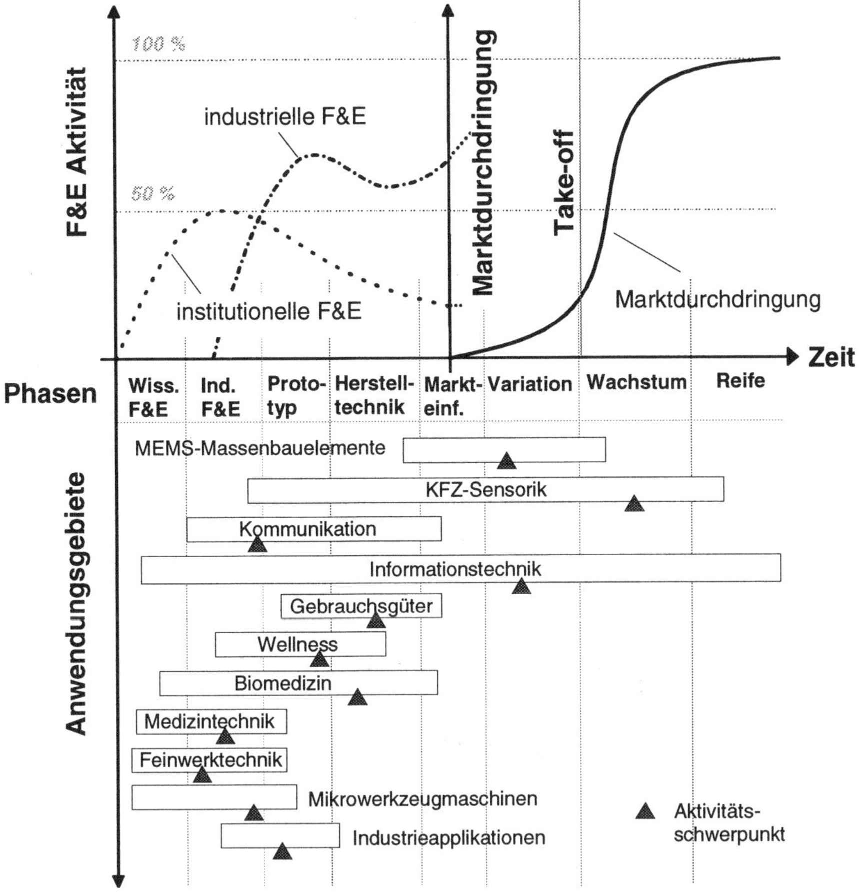

Abbildung 23: Zuordnung der Anwendungsgebiete zur Produktlebenszyklus-kurve

Anhand dieser Abbildung läßt sich der Stand der Miniaturisierung/ Mikrosystem-technik weltweit beschreiben durch

- den Übergang von der Institute-Forschung in die industrielle Forschung,
- einige wenige herausragende Schrittmacherprodukte (i.d.R. Sensoren), die als Mikroelektronik-Derivate bezeichnet werden können [SPC 1998],
- erste Anzeichen für eine breitere Anwendung.

Aufgrund dieser Feststellungen ist es nachvollziehbar, warum es derzeit nur eine sehr beschränkte Anzahl von konkreten Produkten gibt. Dennoch kann als ***zentrales Ergebnis der Studie*** festgehalten werden, daß die Miniaturisierung auch in der Breite eine kontinuierliche Entwicklung nehmen wird. Mit einem sprunghaften

Marktdurchbruch innerhalb der nächsten drei bis fünf Jahre ist aber insbesondere bei Produkten für kundenspezifische Märkte noch nicht zu rechnen.

Durch die Ergebnisse der Studie läßt sich für Deutschland folgendes Bild zeichnen:

- Starke Institutsaktivität, gefördert von Bund, Land und Region. Insbesondere die Bundesländer versuchen, diese Schlüsseltechnologie mit Hilfe von Fördermaßnahmen auf ihrem Hoheitsgebiet zu etablieren.
- Sehr große Breite der Forschungsarbeiten, im internationalen Vergleich konkurrenzfähig und in vielen Bereichen führend,
- sehr anwendungsnahe Weiterentwicklung im Rahmen der Institutsforschung,
- Zurückhaltung der Industrie gegenüber der Übernahme von Forschungsergebnissen aus der Hochschul- und Institutslandschaft. Als Gründe wurden besonders häufig angeführt:
  - fehlende konkrete Anwendungen der entwickelten Prototypen,
  - Enttäuschung über Fehlschläge bei Entwicklungsversuchen,
  - kein Return of Investment innerhalb der nächsten fünf Jahre zu erwarten,
  - unzuverlässige, schlecht verfügbare oder zu teure Produktionstechnik,
  - mangelndes Augenmerk auf die Zuverlässigkeit von Prozessen und Produkten.

Im Vergleich zu Deutschland lassen sich in den USA und Japan folgende Unterschiede festhalten:

(1) Visionäre Forschung an den Instituten (sehr grundlagenorientiert),

(2) großes Interesse der Industrie an den Forschungsarbeiten (vor allem in den USA),

(3) schnelle Adoption von Forschungsergebnissen durch die Industrie,

(4) sehr viel stärkeres industrielles Engagement und bessere Kommunikation,

(5) höhere Risikobereitschaft (s. Spin-offs, Start-ups, vor allem in den USA),

(6) langer Atem,

(7) konkretere Anwendung, sobald die Forschungsergebnisse in die Industrie transferiert werden (Leitprodukt, das mit sehr hoher Wahrscheinlichkeit einen Markt besitzt),

(8) Industrielle Schwerpunkte in der Mikroelektronik und Informationstechnik, die für die Integration mikrosystemtechnischer Produkte besonders geeignet sind (vor allem in den USA).

Die Rollenverteilung der Akteure in den Vergleichsländern ist also offensichtlich differenzierter. Während sich die Institute der Grundlagenforschung und den Visionen zuwenden, ist die Industrie dafür verantwortlich, daß marktrelevante Anwendungen gefunden werden.

6.2.2 Bewertung der Branchen- und Anwendungscluster aus deutscher Sicht

Als Grundlage für die folgenden Aussagen dient das Ergebnis der vergleichenden Länderbetrachtung:

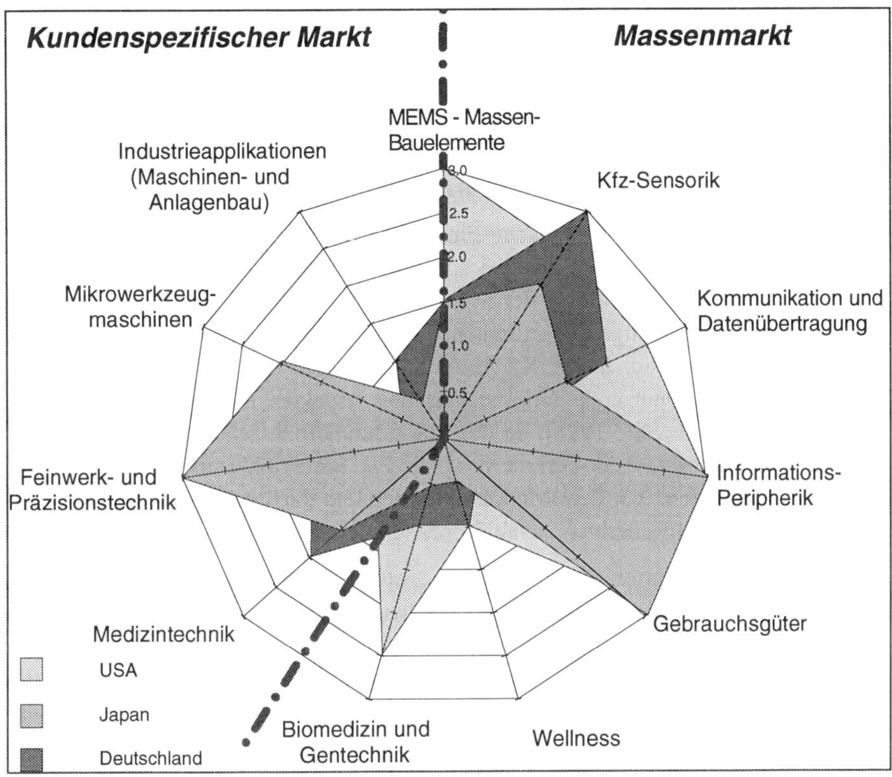

Abbildung 24: Miniaturisierungsschwerpunkte im Vergleich

Ohne Beachtung der spezifischen Stärken und Schwächen Deutschlands lassen sich insbesondere in den Massenmarktanwendungen Schwachstellen identifizieren. Unter Beachtung der in Kapitel 0 dargestellten Randbedingungen ergibt sich jedoch eine deutlich relativierte Aussage:

Deutschland verfügt in der Summe über eine gute Ausgangsposition zur Nutzung der Miniaturisierungspotentiale. Diese gute Ausgangsposition liegt hauptsächlich im Forschungsbereich und in der Großindustrie begründet. Für die gute Ausgangsposition sprechen folgende Tatsachen:

- In allen drei Vergleichsländern hat sich trotz ca. zehnjähriger Förderung für die Mikrosystemtechnik noch keine industriell relevante Technologie mit ausreichenden Stückzahlen außerhalb der halbleiterbasierten Mikrostrukturierung durchgesetzt. Nach heutiger Einschätzung wird zur Etablierung einer derartigen Technologie noch längerer Atem notwendig sein.
- In den USA, Japan und Deutschland werden zwar unterschiedliche Miniaturisierungsschwerpunkte gesetzt, was sich auch in unterschiedlichen Miniaturisierungsstrategien der major player und der unterschiedlichen Ausrichtung der staatlichen Technologiepolitik zur Förderung der Miniaturisierung zeigt. Aber diese Unterschiede entsprechen überwiegend der traditionellen Spezialisierung dieser Länder am Weltmarkt.

Diese Kernaussagen können weiter konkretisiert werden:

- Die inzwischen eigendynamische Entwicklung der Mikrosensorik insbesondere in der Kfz-Industrie zeigt an, daß schnelle Fortschritte nur aufbauend auf der derzeitigen Basistechnologie der Mikroelektronik (IC-Technologie) zu erwarten sind. In dieser wichtigen Schrittmacheranwendung sind deutsche Großunternehmen derzeit führend. In der Kfz-Branche ist in den nächsten Jahren allerdings nur noch mit einem unter mikrotechnischen Aspekten moderaten Marktwachstum zu rechnen [SPC 1998], da der Marktdurchbruch schon stattgefunden hat. Die Informationstechnik-Peripherik sowie die Biomedizin und Gentechnik stehen hingegen kurz vor dem Marktdurchbruch und dürften bald die Kfz-Industrie als Hauptschrittmacherbranche ablösen.
- Die derzeitige Führung in der Informationstechnik-Peripherik sowie bei den Gebrauchsgütern wird eher im Ausland gesehen. Diese Branchen gehören aber auch nicht zu den traditionellen Stärken Deutschlands. Diese liegen in anderen Gebieten, z.B. belegt die deutsche Industrie den Spitzenplatz in der Kfz-Sensorik sowie in der Medizintechnik. In den traditionell starken Branchen wird also keine Gefahr gesehen, zurückzufallen.
- Die strategische Überlassung der technologischen Führung bei der Entwicklung von Basistechnologie für Massenvorprodukte bzw. Bauelemente der Mikrosystemtechnik, insbesondere auf dem Gebiet der halbleiterbasierten Mikrostrukturierung, steht mit der deutschen Differenzierung im internationalen Technologiewettbewerb im Einklang. Deutschlands Profilierung bei der Entwicklung komplexer Anwendungssysteme setzt ausgereifte Einzeltechnologien voraus – quasi als Vorprodukt-Rohstoffe. Schnittstellenkompetenz als früher Folger der Vorprodukt-Technologieentwicklung ist ausreichend [BMBF 1997].

- Die breite Kompetenz in Deutschland in bezug auf sehr viele Miniaturisierungsschwerpunkte bietet die Voraussetzung zur wirtschaftlichen Nutzung der Miniaturisierungspotentiale im künftigen Wettbewerb.

Ob sich diese breite Kompetenz auch in eine wirtschaftlich gute Ausgangsposition transferieren läßt, wird innerhalb der nächsten Jahre von den deutschen Unternehmen und deren Innovationsbereitschaft entschieden.

Die für Deutschland als kritisch eingestuften Miniaturisierungspotentiale, bei denen Handlungsbedarf gesehen wird, markieren Schwächen des deutschen Innovationssystems. Hier läuft man in Deutschland Gefahr zurückzufallen, obwohl es sich um Anwendungs- und Technologiebereiche mit traditionell starker deutscher Stellung handelt:

- Die Gefahr, insbesondere gegenüber Japan in Rückstand zu geraten, besteht in der *Präzisions- und Feinwerktechnik.* In Deutschland wird weniger häufig als in Japan erkannt, daß die Feinwerktechnik durchaus weiterführende Antworten auf die Herausforderungen der Miniaturisierung bietet. Die Stärke der hier vorwiegenden mittelständischen Industriestruktur bei der Anpassung an Kundenwünsche ist gleichzeitig verbunden mit der Schwäche bei der vorausschauenden Anpassung an technologische Umbrüche (vgl. das Schicksal der Uhrenindustrie bei der Durchsetzung der Mikroelektronik).
- Die Rückstandsgefahr für die Feinwerktechnik läßt sich auf den *Werkzeugmaschinenbau* ausweiten. Die Feinwerktechnik benötigt weltweit Produktionsmaschinen, die den Größenordnungssprung miniaturisierter Bauteile erst ermöglichen. Die Japaner zeigen deutliche Zukunftsperspektiven für die konventionellen Fertigungstechniken spanender und formgebender Werkstückbearbeitung, der Montage und der Prozeßautomation auf. Dabei wird seit ca. 10 Jahren sehr intensiv an der Erfüllung der Anforderungen für den Mikrobereich gearbeitet.
- Gefahren, in Rückstand zu geraten, werden ansonsten vor allem im dynamischen Innovationsfeld der *Biomedizin und Gentechnik* gesehen: Hier steht weniger der Technologierückstand, sondern der unterentwickelte Handlungswille im Vordergrund. Es entsteht der Eindruck, daß deutsche Unternehmen zwar technologisch mit den USA mithalten können, die deutschen Unternehmen aber nicht offensiv im Markt agieren. Dabei wird eine Strategie des „bewußt nicht erster sein" verfolgt, um z.B. Hindernisläufe bei der Genehmigung neuester biomedizinischer Produkte durch die Aufsichtsbehörden anderen Akteuren zu überlassen. Es ist zwar richtig, daß der „frühe Folger" erheblichen Aufwand sparen kann, es besteht aber die Gefahr, den richtigen Zeitpunkt zu verpassen, um auf dem Markt präsent zu sein. Diese Gefahr ist in der Mikrotechnologie deswegen besonders hoch, weil ein großer Teil des Aufwands nicht im Erwerb des technischen Know-hows für die Funktionsfähigkeit des Produktes, sondern in der Beherrschung der Fertigungsprozesse liegt.

Neben diesen Umsetzungsaspekten kann ein Innovationsrückstand identifiziert werden. In den USA finden die strategischen Anwendungsentwicklungen in technologieorientierten Start-up-Unternehmen statt, hinter denen „major players" aus der Großindustrie stehen. Corporate Venture Capital (CVC) charakterisiert die günstigen Rahmenbedingungen dort. Dagegen besteht in Deutschland die für das deutsche Innovationssystem typische Gefahr, daß anwendungsbezogene Technologieentwicklungen zu lange im Institutesektor verharren. Diese Beharrungstendenz wird durch großzügige Bundesfördermittel und durch die Länderkonkurrenz im Förderbereich der Mikrosystemtechnik noch stabilisiert.

- Miniaturisierung kann im Maschinen- und Anlagenbau helfen, den industrieweiten Trend zur Dezentralisierung zu unterstützen. Mikrosysteme für solche Industrieapplikationen sind typischerweise anwendungsspezifisch zu entwickeln. Anwendungsspezifische Mikrosystementwicklungen sind bisher jedoch mit hohen Entwicklungskosten, langer Entwicklungsdauer und hohen Produktkosten verbunden. Neue mikrosystemtechnische Ansätze, die sich organisch in das technische Umfeld der Unternehmen des Maschinen- und Anlagenbaus einfügen, kombinieren Sensorik mit Intelligenz. Der Einsatz von miniaturisierten intelligenten autonomen Systemen könnte insbesondere dem deutschen Maschinen- und Anlagenbau helfen, sich auf unter Druck geratenen Märkten zu behaupten.

Für die Branche *Kommunikationstechnik und Datenübertragung* und somit auch die Telekommunikation reicht das Datenmaterial der Studie für eine abgesicherte Aussage nicht aus. Dennoch gibt es deutliche Hinweise, daß mikrosystemtechnische Entwicklungen diesen Markt in naher Zukunft erheblich beeinflussen können. Das in den vergangenen zwei Jahren sprunghaft angestiegene Kommunikationsaufkommen im Privatanwenderbereich erfordert kleinere, bessere, schnellere und leichtere Produkte und Systeme zur optischen Datenübertragung. Auf dem Markt für Mobiltelefone und persönlichen, elektronischen Assistenten (z.B. Organizern) mit Internetzugang herrscht weiterhin ein immenser Miniaturisierungsdruck, der mikromechanisch realiserten Komponenten der Nachrichtentechnik ein erhebliches Potential eröffnet. Hier sollten Produktentwicklungen amerikanischer Unternehmen sehr genau beobachtet werden, um nicht unverhofft in einen technologischen Rückstand zu geraten.

Zusammenfassend wird Handlungsbedarf für die wettbewerbsgerechte Nutzung der industriellen Miniaturisierungspotentiale dort diagnostiziert, wo auch die klassischen Schwächen des deutschen Innovationssystems liegen:

- bei der *Anpassungsschwäche mittelständischer Industriezweige* an die Anforderungen sprunghaften (revolutionären) Technologiewandels als Kehrseite der Stärke bei inkrementellen Innovationen. Das betrifft den Maschinen- und Anlagenbau, die Feinwerktechnik und die Werkzeugmaschinenbranche,

- beim Übergang technologischer F&E-Verantwortung vom wissenschaftlichen Institutesektor („enabling“ Basistechnologie) zur Industrie (Anwendungstechnologie). Das betrifft zum Beispiel die Biotechnologie.

6.3 Handlungsempfehlungen für das Innovationsmanagement und die Technologiepolitik

Die aus der Gesamtbewertung der Miniaturisierungspotentiale aus deutscher Sicht gewonnenen Handlungsempfehlungen zielen auf eine *Konzentration* vorhandener Ressourcen für die anwendungsnahe Technologieentwicklung, auf die in Kapitel 0 genannten kritischen Anwendungs- und Technologiefelder und auf eine Akzentverlagerung *von der Technologie- zur Innovationsförderung.* Nachdem die kritischen Anwendungs- und Technologiefelder aus der Gesamtbewertung hervorgegangen sind, werden nachfolgend Empfehlungen zu

- kritischen Technologieentwicklungen und
- innovationspolitischen Fördermöglichkeiten

zusammengestellt.

6.3.1 Technologische Empfehlungen

Die technologieorientierten Empfehlungen lassen sich in halbleiterbasierte und konventionelle Techniken unterteilen. Die Empfehlungen orientieren sich entlang der Technologiekette und greifen zum einen die Innovationsbarrieren auf, die technischen Bezug haben und in den Interviews und der erweiterten Untersuchung angeführt wurden. Die Empfehlungen beziehen die Ergebnisse aus Kapitel 5.4 ein.

6.3.1.1 Empfehlungen zu halbleiterbasierten Techniken

Branchen, in denen halbleiterbasierte Mikrotechniken zu miniaturisierten Produkten führen, sind die Automobilzulieferindustrie, die Kommunikationstechnik und Datenübertragung, die Informationstechnik-Peripherik sowie die Biomedizin und Gentechnik.

Bei halbleiterbasierten und insbesondere bei monolithisch integrierten Mikrosystemen gestaltet sich der Wettbewerb vorrangig unter Kostengesichtspunkten. Monolithisch integrierte Mikrosysteme werden in Zukunft nur von denjenigen Unternehmen markterfolgreich hergestellt werden, die finanziell in der Lage sind, hohe Risiken einzugehen und kontinuierlich über einen langen Zeitraum größere Summen zu investieren. Die Innovationsbarrieren der halbleiterbasierten Techniken liegen vor allem in der äußerst kostenaufwendigen Produktionstechnik, der komplexen und damit teuren Überleitung prototypischer Entwicklungen in den Produktionsprozeß sowie in Ausbeute-, Zuverlässigkeits- und Qualitätssicherungsproblemen.

Für deutsche und europäische Unternehmen mittlerer Größe ist die fablose Fertigung der meistversprechende Weg zu halbleiterbasierten Mikrosystemen. Bei einer fablosen Fertigung erfolgen Entwurf, Marketing und Vertrieb im eigenen Unternehmen, die Strukturierung hingegen bei externen Dienstleistern (Foundries). Voraussetzung für eine fablose Fertigung ist eine gute Infrastruktur, insbesondere der ungehinderte Zugang zu Foundries sowie der Wettbewerb der Foundries untereinander. Eine solche Infrastruktur existiert in den USA, nicht aber in ausreichendem Maße in Deutschland und Europa.

Zu jeder nachgefragten Technologie sollten wenigstens zwei Foundries bereitstehen, um potentielle Interessenskonflikte zu vermeiden und eine Second Source zu sichern. Foundries sollten zwingend professionelle Unternehmen sein. Maßstab für den Grad der Professionalität sollten Unternehmen wie Cronos IMS in den USA sein. Forschungsinstitute sind hierfür nicht geeignet.

Für den Ausbau der Foundrystruktur könnte auf die Ergebnisse des Europractice-Verbundes als Grundlage zurückgegriffen werden. Es sollte eine einheitliche Schnittstelle zu den Foundries, beinhaltend Designvorgaben, Spezifikationen und Testverfahren, geschaffen werden. Ganz wesentlich ist ein durchgängiges, rechtlich für die Nutzer der Foundry akzeptables Qualitätssicherungskonzept.

Die gesamte Wertschöpfungskette sollte von Beginn an in den Innovationsprozeß einbezogen werden. Derzeitiges Haupthemmnis für siliziumbasierte Mikrosysteme ist das Fehlen zuverlässiger Packagingkonzepte und -technologien. Insbesondere die mechanische, optische, fluidtechnische Kopplung des Mikrosystems an die Makrowelt erfordert erheblichen zusätzlichen Forschungs- und Entwicklungsaufwand. Geförderte industrielle Verbundprojekte, die eine Entwicklung halbleiterbasierter Mikrosysteme zur Aufgabe haben, sollten zwingend ein produkttaugliches Packaging beinhalten.

Modularisierung von Mikrosystemen und Standardisierung von Schnittstellen sind ein Lösungsansatz zur Überwindung des Stückzahl-Kosten-Problems. Insbesondere für mittelständische Systemanwender mit kleinen und mittleren Seriengrößen (Maschinen- und Anlagenbau, Industrieapplikationen) könnte sich so die Verfügbarkeit von miniaturisierten intelligenten Systemen zu marktakzeptablen Preisen deutlich verbessern.

6.3.1.2 Empfehlungen zu konventionellen Mikrotechniken

Die konventionellen Fertigungsverfahren Ur-/ Umformen, Abtragen und Trennen sind gegenüber den halbleiterbasierten Mikrostrukturierungsverfahren deutlich unterentwickelt. Fast alle befinden sich zur Zeit noch in der Grundlagenforschung. In Deutschland ist gegenüber diesen Fertigungsverfahren eine deutliche Skepsis bezüglich der Anwendungsrelevanz zu bemerken.

Die Studie hingegen hat Anwendungen identifiziert, zu deren Fertigung konventionelle Verfahren von Vorteil sind. Dazu sind z.B. Kunststoffdisposals für Analysechips zu zählen, die durch Mikrokunststoffspritzguß wirtschaftlich gefertigt werden können. Anwendungsgebiete für den Einsatz konventioneller Mikrotechniken sind die Präzisionstechnologie und Feinwerktechnik, die Biomedizin und Gentechnik/ Wellness sowie die Sparte der Koppelelemente.

Insbesondere im Bereich der Industrieapplikationen sowie des Maschinen- und Anlagenbaus hat sich gezeigt, daß, mit sehr wenigen Ausnahmen, halbleiter- bzw. festkörperbasierte Aktoren nicht die geforderten Kraft-Weg-Verläufe zur Verfügung stellen können. Hier besteht erheblicher industrieller Bedarf nach miniaturisierten, feinwerktechnischen (mikromechatronischen) Lösungen.

Während konventionelle Fertigungstechniken in Deutschland fast ausschließlich im Institutesektor erforscht werden, hat in Japan der Übergang in die industrielle Forschung schon vor einigen Jahren stattgefunden. Dazu werden abtragende, trennende und umformende Werkzeugmaschinen an die Anforderungen der Mikrotechnik angepaßt und weiterentwickelt. In diesem Umfeld ist die deutsche Industrie gefordert, neue, bessere Maschinenentwicklungen entsprechend den Anforderungen mikrostrukturierter Bauteile zu konstruieren, um in diesem Marktsegment, in dem die deutsche Industrie traditionell eine starke Position aufweist, nicht unaufholbar in Rückstand zu geraten.

Die Erfahrungen, die bei den halbleiterbasierten mikrosystemtechnischen Produkten vorliegen, zeigen, daß sich im Anschluß an die Beherrschung der Produktionstechnik die Hauptinnovationsbarrieren in Richtung Werkstoffe und Zuverlässigkeit verlagern. Daher sollte frühzeitig darauf geachtet werden, daß insbesondere die Werkstoffwissenschaften eingebunden sind, die von Beginn an das Einsatzverhalten eines Bauteils mitbetrachten und Erkenntnisse über mikrotaugliche Materialien bereitstellen.

Wie im Länderkapitel Japan gezeigt wurde, beobachten japanische Unternehmen mit Interesse die LIGA-Technik. Die deutsche Industrie steht dieser Fertigungstechnik hingegen äußerst kritisch gegenüber. Das Untersuchungsteam hat den Eindruck, daß die LIGA-Technik für ganz bestimmte Anwendungen benötigt wird- insbesondere im Aktorbereich - und daher den Sprung in die industrielle Anwendung schaffen wird. Allerdings ist hierzu noch ein Zeithorizont von mindestens 5-10 Jahren zu veranschlagen. Dabei ist es wichtig, daß die Kosten für das Verfahren deutlich reduziert werden. Hier bieten sowohl UV-Lithographie-basierte Ansätze (Poor Man's LIGA) als auch die Belichtung mehrerer hintereinanderliegender Substrate (Stacked Exposures) Potentiale zur Kostenreduzierung.

6.3.2 Innovationspolitische Empfehlungen

Politische Handlungsempfehlungen lassen sich kaum isoliert für Handlungsfelder wie hier die technologische Miniaturisierung entwickeln. Sie wirken immer nur im Rahmen des gewachsenen politischen Handlungssystems. Deswegen wird darauf verzichtet, operative Einzelvorschläge zu entwickeln. Vielmehr werden Leitmotive für die Entscheidungsverantwortlichen in Industrie und Politik entwickelt. Sie sollen diese dabei unterstützen, die in dieser Untersuchung zu Miniaturisierungspotentialen festgestellten Defizite vor allem in der anwendungsnahen Innovation zu überwinden. Diese Leitmotive lassen sich zu folgenden Stichworten zusammenfassen, die anschließend erläutert werden:

- Stärkung der industriellen Verantwortung für anwendungsnahe, strategische Technologieentwicklungen,
- Akzentverlagerung von der Technologieförderung zur Innovationsförderung im anwendungsnahen Bereich,
- Moderation strategischer Technologie- und Innovationsförderung.

6.3.2.1 Stärkung der industriellen Selbstverantwortung für die Nutzung der Miniaturisierungspotentiale

In dieser Studie hat sich der Eindruck ergeben, daß die Zurückhaltung der deutschen Industrie gegenüber der Mikrosystemtechnik im Einklang mit den typisch deutschen Traditionen im Technologie-Wettbewerb steht. Aufgrund der Charakteristik der Mikrosystemtechnik und der Miniaturisierung als revolutionäre Technologie kann die Zurückhaltung aber zu ähnlichen Konsequenzen wie in der Mikroelektronik führen.

Zu einem nicht unbedeutenden Teil ist die Zurückhaltung der Industrie auf institutionalisierte Fehlsteuerungsmechanismen in der deutschen Technologieförderlandschaft zurückzuführen, die Fehllenkungen von Förderressourcen in dieser Schlüsseltechnologie bewirkt haben:

- Die Wissenschaftsgläubigkeit des deutschen Fördersystems führt gerade bei industrieller Zurückhaltung z.B. gegenüber der Mikrosystemtechnik zu Fehlreaktionen. Anstatt die anwendungsnahe Förderung im Institutesektor strikt nach der Industrie auszurichten, legitimieren die Institute mit eigenständigen Demonstratoren ihre Anwendungsorientierung und versuchen damit, die Industrie zu überzeugen, obwohl dadurch eher Fehlentwicklungen an der Industrie bzw. am Markt vorbei gefördert werden. Dadurch wird gleichzeitig das industrielle Verantwortungsbewußtsein für strategische Technologieentwicklungen unterminiert.

- Die Entwicklung von Anwendungsbeispielen in Verbundprojekten führt in vielen Fällen nicht zum Erfolg, weil z.B. der Endanwender oder die Genehmigungsbehörden nicht in das Projekt integriert sind. Eine elementare Voraussetzung für den Erfolg ist die Kenntnis *aller* Anforderungen an ein Produkt. Diese Anforderungen wie auch Leitprodukte können aber nur von der Industrie identifiziert und benannt werden und müssen in der kompletten Wertschöpfungskette bearbeitet werden.
- Die Länderkonkurrenz um die Ansiedlung von Instituten auf dem Gebiet der Mikrosystemtechnik erhöht für die anwendungsnahe Technologieentwicklung die institutionelle Breiten-Förderung zu Lasten einer strategischen Konzentration auf kritische Miniaturisierungsprojekte. Dadurch wird der Blick für die Förderungswürdigkeit konventioneller Miniaturisierungstechnologie getrübt, was gerade den strategischen Stärken Deutschlands zuwider läuft. Das japanische Beispiel belegt dieses Aufmerksamkeitsdefizit in Deutschland. Die Länder sollten bei der Investition in Forschungseinrichtungen die Industriestruktur stets in Betracht ziehen. Ohne das adäquate industrielle Hinterland wird die Umsetzung von Forschungsergebnissen in die industrielle Praxis erheblich behindert.

Die wichtigste Empfehlung lautet daher, die anwendungsnahe Technologieförderung wesentlich stärker in die industrielle Verantwortung überzuleiten. Das erfordert normalerweise auch, daß diese Förderung stärker vom finanziellen Engagement der Industrie abhängig gemacht wird. Bei mangelnder Resonanz der Industrie sollte der Mut aufgebracht werden, die Förderung auf die Bereiche mit substantieller industrieller Eigenbeteiligung zu begrenzen.

Zur Überführung der anwendungsnahen Technologieförderung in die industrielle Verantwortung bedarf es vor allem der Offenheit und des Engagements der Industrie, die

(1) die Forschungsarbeiten der Institute aktiver beobachten und den Instituten frühzeitig Feedback über deren Ausrichtung geben sollte, da hier der Grundstein für den späteren Markterfolg gesetzt wird,

(2) den Markt aktiv nach relativ risikoarmen, miniaturisierten Leitprodukten untersuchen (z.B. Schreib-/ Leseköpfe für Festplattenlaufwerke) und Visionen zu realistischen Endprodukten erzeugen muß,

(3) die Initiative zur Initiierung von Verbundprojekten ergreifen sollte,

(4) in Kooperationsprojekten, sei es in bilateraler oder auch öffentlich geförderten Verbundprojektkonstellationen, Kompetenzen unterschiedlichster Branchen nutzen sollte, anstatt aus Furcht vor Know-how-Verlust Kontakte zu meiden,

(5) in Kooperationsprojekten das notwendige Commitment an den Tag legen und Ergebnisse von den Partnern auch einfordern sollte.

Aus diesem Appell lassen sich Kriterien für die Struktur und Auswahl von öffentlich geförderten Verbundprojekten sowie deren Überwachung herleiten:

- Projekte müssen in Phasen mit nachvollziehbaren Projektergebnissen unterteilt werden.
- In den Verbundprojekten sollten Partner aus allen Phasen des Produktlebenszyklusses vertreten sein (Entwicklung, Marketing, Anwendung etc.).
- Verbundprojekte sollten über ein Leitprodukt verfügen, das von der Industrie definiert wird. Für dieses Leitprodukt muß ein Marktbedarf aufgezeigt werden.
- Verbundprojekte müssen ergebnisorientiert überwacht werden. Dabei sollte ein bestimmter Prozentsatz der Fördersumme bis zum Ergebnisnachweis zurückgehalten werden. Dabei ist es jedoch notwenig, einen Modus zu finden, der das Eingehen notwendiger Risiken nicht bestraft.
- Für jedes Verbundprojekt sollte eine projektbegleitende Steuerung und Bewertung durch externe Industrievertreter stattfinden. Es ist dazu notwendig, einen Modus zur Vermeidung kritischen Know-how-Abflusses zu finden.

Aus der Forderung nach der Überführung der anwendungsnahen Technologieförderung in mehr industrielle Verantwortung ergeben sich an die Institute folgende Empfehlungen:

(1) Der Schwerpunkt der Forschungsarbeiten sollte bei visionären Aufgabenstellungen mit Anwendungsbezug liegen (mittel- bis langfristige Forschung), die im Idealfall von der Industrie angeregt sein sollten.

(2) Die Bindung der mittelständischen Industrie an die Institute sollte intensiviert (Kontakte, Forschungsmonitoring etc.) werden, da die Stärke des Mittelstands bei inkrementellen Innovationen einhergeht mit einer nicht immer hinreichenden Eigenkompetenz zur vorausschauenden Anpassung an revolutionäre technologische Sprünge.

(3) Die Institute sollten Zurückhaltung bei der Entwicklung von „Pseudo-Anwendungen" üben, über deren Marktrelevanz nur unzureichende Erkenntnisse vorliegen. Eine ganze Anzahl dieser Demonstratoren hat in der Industrie eher für Skepsis gegenüber der Anwendungsrelevanz der Mikrosystemtechnik gesorgt.

(4) Institute sollten Doppelentwicklungen vermeiden, die schon in die industrielle Forschung übergegangen sind. In diesen Bereichen haben sich meistens schon

Industriestandards etabliert, gegen die sich eine Institutsentwicklung nur in seltenen Ausnahmefällen durchsetzen wird. Noch viel kritischer sollten Nachentwicklungen (d.h. Institutsentwicklungen zu bereits industriell vermarkteten mikrotechnischen Produkten) gesehen werden.

(5) Die Institute sollten bei Dienstleistungsangeboten mehr Glaubwürdigkeit und Termintreue zeigen. Der Vertrauensverlust der Industrie in institutsangelagerte Dienstleistungsangebote ist erheblich.

6.3.2.2 Akzentverlagerung von der Technologieförderung zur Innovationsförderung im anwendungsnahen Bereich

Die Untersuchung hat ergeben, daß vielfach nicht Technologiedefizite, sondern Innovationsdefizite zum Engpaß für die Nutzung von Wettbewerbspotentialen der Miniaturisierung werden. Es ist deswegen nicht hinreichend, künftige Förderkonzepte der technologischen Miniaturisierung an verstärkte Anwendungsorientierung zu binden. Vielmehr ist eine konzeptionelle Ausdehnung auf Innovationsförderung notwendig.

Es wird empfohlen, das amerikanische Beispiel technologieorientierter Unternehmensgründungen, deren Finanzierung und Einbindung in strategische Kooperationen mit größeren Unternehmen zu imitieren. In Deutschland gibt es inzwischen in Verbindung mit Bemühungen zur Entwicklung eines Venture-Kapitalmarktes vielseitige Initiativen auf diesem Gebiet. Die institutionellen Voraussetzungen für die Imitation des amerikanischen Beispieles sind also gegeben. Empfohlen wird deswegen die Nutzung dieser günstigen Voraussetzungen für strategische Projektinitiativen in den kritischen Miniaturisierungsfeldern.

Anknüpfungspunkte für solche *Gründungsinitiativen* können im Bereich der Institute der Großforschungseinrichtungen, der Fraunhofer-Gesellschaft und der Universitäten gesucht werden. Hier fehlen noch Referenzen für Erfolgsmodelle, die den deutschen Verhältnissen Rechnung tragen (z.B. die im Vergleich zu den USA unterschiedliche Wertschätzung gegenüber dem Mut von Gründern zum Mißerfolg). Insbesondere ist hier auf das Modell des *„Corporate Venturing" (CVC)* hinzuweisen. Die Einbindung von Gründungsinitiativen in ein kooperatives Netzwerk zwischen Institute-Herkunft und industriellen Interesseträgern könnte hier Perspektiven bieten.

Darüber hinaus sind auch rein unternehmerische Initiativen zu fördern. Das gilt insbesondere für die Etablierung *von Foundries.* Bei Forschungsinstituten angelagerte Foundries stoßen wegen mangelnder industrieakzeptabler Zuverlässigkeit vor allem bei der Einhaltung von Terminen auf industrielle Bedenken. Bei Großunternehmen angelagerte Foundries erwecken Ängste vor dem Verlust der Unabhängigkeit und vor Know-how-Abfluß. In Deutschland haben die Foundrykonzepte zum Teil den

Anschein, lediglich der besseren Auslastung und damit einer günstigeren Finanzierung der Fertigungsanlagen zu dienen. Ein erfolgreiches Foundrykonzept sollte aus Sicht des Untersuchungsteams das ausschließliche Geschäftsziel haben, mit Mikrostrukturierung im Kundenauftrag finanziell erfolgreich zu sein. Dazu sind unabhängige Unternehmen notwendig. Foundries in mittelständischer Regie bieten jedoch große Investitionsrisiken. Dafür gilt es Lösungen zu finden.

6.3.2.3 Moderation strategischer Technologie- und Innovationsförderung

Die oben skizzierten Empfehlungen werfen Fragen auf, die durch die gewachsenen Institutionen des politischen Fördersystems (Verbände der Wirtschaft, Forschungsorganisationen, Ministerien und Projektträger) möglicherweise nicht ausreichend beantwortbar sind. Die Empfehlung, Verantwortung und Finanzierung bei strategischer, anwendungsnaher Technologieentwicklung stärker zur Industrie zu verlagern, stößt an Systemgrenzen zwischen Politik und Wirtschaft. Die Empfehlung zur Akzentverlagerung von Technologie- zu Innovationsförderung stößt auf klassische Ressort-Zuständigkeitsgrenzen der Technologie- und Wirtschaftspolitik.

Die Untersuchung hat darüber hinaus erkennbar gemacht, daß sowohl in Japan als auch in den USA ein indirekter Rahmen für eine strategische Moderation des Miniaturisierungsprozesses mit langem Atem besteht, den es in Deutschland nicht gibt. In den USA ist dies das strategische Interesse der Verteidigungspolitik an der technologischen Führung der US-Industrie in militärisch wichtigen Basistechnologien (Konzept der Dual-Use-Technologieförderung). In Japan ist dies das traditionelle Zusammenwirken von Großindustrie und dem Industrie- und Handelsministerium MITI. Zusätzlich existieren zwischen den einzelnen Einrichtungen verbesserte Informationsnetzwerke, was z.T. aber auch in der jeweiligen Industriestruktur begründet liegt.

In Deutschland fehlt ein derartiger Rahmen für die Moderation, da es eine Vielzahl von Akteuren mit unterschiedlichen Aufgabenbereichen gibt. Umso wichtiger ist es, daß die existierenden Einrichtungen (Gesprächskreise innerhalb der Verbände, Projektträger etc.) einen grenzüberschreitenden Austausch moderieren. Das deutsche Innovationssystem verfügt über deutliche Defizite bei der Kommunikation zwischen allen Beteiligten (sowohl der Industrie branchenübergreifend, als auch der Institute untereinander und bilateral zwischen Instituten und Industrie). Dazu ist insbesondere auch die industrielle Initiative einzufordern.

Deshalb sollte das Land Baden-Württemberg beispielsweise gemeinsam mit den Industrie- und Handelskammern eine zeitlich begrenzte „Initiative Miniaturisierung“ durchführen. An dieser Initiative sollte zunächst die Industrie teilhaben, die genaue Kriterien darüber aufstellt, welche Anforderungen sie hat. Was sollen beispielsweise die Institute zuarbeiten? Was kann die Industrie selbst? Welche Art der

Technologie wird gebraucht? Durch diesen Einbezug sollte ein ausreichendes Commitment geschaffen werden.

Das Modell der auf dieser Initiative basierenden Verbundprojekte könnte sich dem sogenannten „AIF-Modell“ [AIF 1997, ABRAMSON 1997] anlehnen. Damit wäre es ein Bottom-Up Prozeß, der von der mittelständischen Industrie selbst getragen wird. Landesregierung oder IHK könnten die Moderationsrolle übernehmen. Öffentliche Fördergelder werden nur dann vergeben, wenn die von der Industrie selbst aufgestellten Kriterien eingehalten werden und es sich um Teile von Verbundprojekten handelt, die auf andere Weise nicht finanziert werden können. Es werden grundsätzlich nicht alle Projekte mit öffentlichen Mitteln gefördert, sondern die Industrie muß sich stark selbst beteiligen. Die Initiative sollte insbesondere die mittelständische Industrie ansprechen.

Folgende Aufgaben müßten dabei von den Einrichtungen des Landes Baden-Württemberg oder der IHK wahrgenommen werden:

- Moderation eines strategischen Diskurses über Stand, Perspektiven und kritische Engpässe der Miniaturisierung (z.B. mittelständische Branchen, kritische Technologie- und Innovationsprojekte, kritische Standardisierungsprojekte usw.).
- Entwicklung eines strategischen Moderationsrahmens insbesondere für die Zielgruppe mittelständischer Branchen im Hinblick auf potentiell revolutionäre Technologiesprünge
  - in Anlehnung an verbesserte Grundlagen zur Vorausschau und Bewertung technologischer Lebenszyklen im Hinblick auf deren Anwendungs- und Marktreife,
  - mit strategischen Stärken- und Schwächen-Einschätzungen des deutschen Innovationssystems als Basis für die Konzentration von Förderaktivitäten,
  - mit operationalen Kriterien für die Überführung der Technologie-Verantwortung aus dem wissenschaftlichen Bereich in die Industrie.
- Verständigung über Kriterien, welche strategischen Technologieentwicklungen als anwendungsnah gelten und von daher eng an industrielle Initiative und Finanzierung gekoppelt werden sollten.
- Erarbeitung von Anforderungen, welche die Industrie an sich selbst und an die Institute stellt.
- Verständigung über für Deutschland angemessene strategische Konzentrationsmöglichkeiten der Technologieförderung, um eine unterkritische Breitenförderung anwendungsnaher Technologieentwicklung zu vermeiden.
- Initiierung von industriellen, wissenschaftlichen und regionalen Selbstorganisations-Initiativen zur unternehmerischen Nutzung von Miniaturisierungspotentialen.

- Moderation von Standardisierungsinitiativen im für Deutschland entscheidenden Bereich der Miniaturisierungs-Architekturen und der Systemtechnologie (z.B. Aufbau, Montage, Packaging).

Literaturverzeichnis

[ABRAMSON 1997] Abramson, H. N.; Encarnação, J.; Reid, P.P., Schmoch, U. (Hrsg.): *Technology Transfer Systems in the United States and Germany. Lessons and Perspectives*, National Academy Press, Washington D.C., S. 25 bzw. S. 332ff.

[AIF 1997] Arbeitsgemeinschaft industrieller Forschungsvereinigungen „Otto von Guericke" e.V. (Hrsg.) (1997): *Industrielle Gemeinschaftsforschung*, Köln, S. 12ff.;

[BMBF 1997] BMBF, (Hrsg.) (1997): *Zur technologischen Leistungsfähigkeit Deutschlands, Aktualisierung und Erweiterung 1997*. Bonn.

[BRYZEK 1995] Bryzek, J. (1995): *The Sensor based MEMS Market: An underachiever?*, Sensor Business News, Washington, 1995

[BRYZEK 1998] Bryzek, J. (1998): *Converting MEMS Technology into Profits* In: Smith, J. H. (Hrsg.): Micromachining and Microfabrication Process technology IV. SPIE Volume 3511. Bellingham, WA (US): SPIE, 1998, S. 40 - 47

[BÜTTGENBACH 1993] Büttgenbach, S.(1993) : *Mikromechanik. Einführung in Technologien und Anwendungen.* Stuttgart: B.G. Teubner,

[CUHLS 1998] Cuhls, K., Blind, K., Grupp, H. (1998*):* *Delphi '98, Studie zur globalen Entwicklung von Wissenschaft und Technik*. Karlsruhe, 1998

[EDDY 1998] Eddy, D.S.; Sparks, D.R. (1998): *Application of MEMS Technology in Automotive Sensors and Actuators.* In: Proceedings of the IEEE 86 (1998) 8, S. 1747 - 1755

[ESASHI 1988] Esashi, M.; Sugiyama, S.; Ikeda, K.; Wang, Y.; Miyashita, H.: *Vacuum-Sealed Silicon Micromachined Pressure Sensors.* In: Proceedings of the IEEE 86 (1998) 8, S. 1627 - 1639

[ELOY 1998] Eloy, J.C., Wicht, H., Fontanell, S., Breniaux, F.: *New Aspects in MST/ MEMS Markets - Evaluation of the world market and position of Europe*. Symposium Microsystem Technology, November 19-14, Productronica 97, München.

[FAN 1995] Fan, L.-S.; Ottesen, H.H.; Reiley, T.C.; Wood, R.W. (1995): *Magnetic Recording Head Positioning at Very High Track Densities Using aMicroactuator-Based Two-Stage Servo System:* In: IEEE Trans. Industrial Electronics 42 (1995) 3, S. 222 - 233

[GERLACH 1997] Gerlach, G.; Dötzel, W. (Hrsg.) (1997): *Grundlagen der Mikrosystemtechnik.* München: Hanser, 1997

[GRACE 1999] Grace, R. (1999): *MEMS/ MST for automotive applications.* In: Micromachine Devices 4 (1999) 1, S. 1 - 4

[HEUBERGER 1989] Heuberger, A (1989).: *Mikromechanik: Mikrofertigung mit Methoden der Halbleitertechnologie.* Berlin: Springer, 1989

[HORNBECK 1995] Hornbeck, L. J. (1995): *Projection Displays and MEMS: Timely Convergence for a Bright Future.* In: Markus, K. (Hrsg.): Micromachining and Microfabrication Process Technology. SPIE Volume 2639. Bellingham, WA (US): SPIE, 1995, S. 2

[HUISING 1996] Huising, J.H. (1996): *The Future of Sensors and Actuators. Special Issue.* Sensors and Actuators A56 (1996) 1

[IFO 1995] ifo Institut für Wirtschaftsforschung (Hrsg.) (1995): *Der Wirtschafts- und Forschungsstandort Baden-Württemberg – Potentiale und Perspektiven.* ifo Studien zur Strukturforschung 19/ I. München.

[KESSEL 1998] Kessel, P.F.v.; Hornbeck, L.J.; Meier, R.E.; Douglass, M.R.: *A MEMS-Based Projection Display* In: Proceedings of the IEEE 86 (1998) 8, S. 1687 - 1704

[KLOCKE 1996] Klocke, F.; Weck, M.; Fischer, S.; Özmeral, H.; Schröter, R.; Zamel, S. (1996): *Ultrapräzisionsbearbeitung und Fertigung von Mikrokomponenten.* In: Industriediamantenrundschau (1996) 3

[KRÄNERT 1998] Kränert, J.; Deter, C.; Gessner, T.; Dötzel, W. (1998): *Laser Display Technology* In: Proc. MEMS 98. 11th Annual International Workshop on Micro Electro Mechanical Systems. Piscataway, NJ (US): IEEE, 1998, S. 99 - 104

[LANG 1998] Lang, W. (1998): *Reflexions on the future of microsystems.* In: Sensors and Actuators. Zur Veröffentlichung akzeptiert.

[MADOU 1997] Madou, M. (1997): *Fundamentals of Microfabrication.* Boca Raton, FL (US): CRC Press, 1997

[MAREK 1998] Marek, J. (1998): *Microsystems in Automotive Applications.* In: Reichl, H.; Obermaier, E.: Proc. Micro Systemtechnologies 98. 6th Int. Conf. on Micro Electro, Opto, Mechanical Systems and Components. Berlin: VDE, 1998, S. 43 - 49

[MARSHALL 1997] Sid Marshall (1997): *MEMS market data: Another case of sorry-wrong number?.* In: Micromachine Devices 2 (1997) 8, S. 6 - 7

[MASTRANGELO 1998] Mastrangelo, C.H.; Burns, M.A.; Burke, D.T. (1998): *Microfabricated Devices for Genetic Diagnostics.* In: Proceedings of the IEEE 86 (1998) 8, S. 1769 - 1787

[MENZ 1997] Menz, W.; Mohr, P.(1997): *Mikrosystemtechnik für Ingenieure. 2. erweiterte Auflage.* Weinheim: VCH, 1997

[MICROSYSTEMS 98] *The Commercialization of Microsystems 98* – Conference. September 13 – 17, San Diego, California, USA.

[MST 1998] *Market Analysis for Microsystems 1996 - 2002 - A NEXUS task force report (executive Summary)* (1998). MST-News 3/ 98, Teltow, Berlin, Wilburton (UK).

[NRC 1997] National Research Council (Hrsg.) (1997): *Microelectromechanical Systems. Advanced Materials and Fabrication Methods.* Washington, DC (US): National Academy Press, 1997

[PICRAUX 1998] Picraux, S.T.; McWorther, P.J.(1998): *The broad sweep of integrated microsystems.* In: IEEE Spectrum 35 (1998) 12, S. 24 - 33

[REICHL 1988] Reichl, H. (Hrsg.) (1988): *Hybridintegration. Technologie und Entwurf von Dickschichtschaltungen.* 2., überarbeitete Auflage. Heidelberg: Hüthig.

[REICHL 1998] Reichl, H. (Hrsg.) (1998): *Direktmontage. Handbuch über die Verarbeitung ungehäuster ICs.* Berlin: Springer.

[SAWADA 1998] Sawada, K. (1998): Microcutting by Nano Machine. Proc. International Machine Tool Conference Osaka 1998

[SCHÜNEMANN 1998] Schünemann, M.; Grosser, V.; Leutenbauer, R.; Bauer, G.; Schaefer, W.; Reichl, H. (1998): *A Highly Flexible Design and Production Framework for Modularized Microelectromechanical Systems.* In: Proc. MEMS 98. 11th Annual International Workshop on Micro Electro Mechanical Systems. Piscataway, NJ (US): IEEE, 1998, S. 597 - 602

[SPC 1994] System Planning Corporation (1994): *MicroElectroMechanical Systems (MEMS) - An SPC Market Study.* Arlington, Virginia, USA.

[SPC 1998] System Planning Corporation (1998): *MEMS 1998: Emerging Applications and Markets.* Arlington, Virginia, USA.

[SIEMENS] Hausunterlagen der Siemens AG

[SPEKTRUM 1998] Spektrum der Wissenschaft (1998): *Dossier Mikrosystemtechnik.* Heidelberg.

[WECHSUNG 1998] Wechsung, R, Eloy, J.C. (1998): *Market Analysis for Microsystems - an interim report from the NEXUS task force.* 4th World Micromachine Summit April 29 - May 1, Melbourne Australia.

[WISE 1998] Wise, K.D. (Hrsg.) (1998): *Special Issue: Integrated Sensors, Microactuators and Microsystems (MEMS).* Proceedings of the IEEE 86 (1998), Nr. 8

[YAZDI 1998] Yazdi, N.; Ayazi, F.; Najafi, K. (1998): *Micromachined Inertial Sensor.* In: Proceedings of the IEEE 86 (1998) 8, S. 1747 - 1755

[ZÖFEL 1992] Zöfel, P. (1992): *Statistik in der Praxis.* Verlag Gustav Fischer, 3.Auflage, Stuttgart, Jena.

Anhang 1

Die Entwicklung der Miniaturisierung im Spiegel von Patentanmeldungen

Autoren:
R. Bierhals, U. Schmoch (ISI)

Experteneinschätzungen:
H. Kergel (Projektträger Mikrosystemtechnik, VDI/VDE-IT)
M.P. Schünemann (IPA) R. Bierhals (ISI), V. Hüntrup (wbk)

Inhaltsverzeichnis Seite

1. Zielsetzung, Methodik

Der Mikrotechnik werden im folgenden die Patentanmeldungen zugeordnet, denen eine mikrogeometrische Formung bzw. Strukturierung zugrunde liegt. Dazu gehören neben der Mikromechanik z.B. auch die Mikrooptik und Mikrofluidik, sofern sich die Erfindung mikrogeometrischer Gestaltung bedient. Zwischen Miniaturisierungs- und Mikrotechnik wird insofern nicht streng unterschieden, als Miniaturisierung als eine Entwicklung zur Mikrotechnik verstanden werden kann.

Zur Vorbereitung von Interviews zu „Miniaturisierungspotentialen aus der Sicht der Industrie“ wurden *„statistische Patentrecherchen“* durchgeführt. Damit wurden die folgenden Ziele verfolgt:

- Feststellung von Stand und *Entwicklungsdynamik* der Miniaturisierung (inklusive Mikromechanik, -optik, -fluidik usw.) getrennt nach Herstelltechnologie wie
  - konventioneller Fertigungstechnik für die Miniaturisierung (Mikrozerspanen, Spritzgießen usw.),
  - Technologie der Mikroelektronik und
  - speziell für Mikromechanik, -optik usw. entwickelte Technologie außerhalb der für die Mikroelektronik üblichen Technologiestandards,
- Ermittlung erkennbarer Anwendungsschwerpunkte der Anmeldetätigkeit zur Früherkennung von potentiellen *Schrittmacherprodukten*,
- Ermittlung von wichtigen *Akteure*n für die Entwicklung der Miniaturisierung auch im Hinblick auf die Auswahl von Interviewpartnern,
- *Internationaler Vergleich* der Entwicklungen in Deutschland, den USA und Japan.

Der Miniaturisierung werden dabei im folgenden die Patentanmeldungen zugeordnet, deren mikrogeometrische Formung funktionsbestimmend ist. Dazu gehören neben der Mikromechanik auch die Mikrooptik und Mikrofluidik, sofern sich die Erfindung mikrogeometrischer Formung bzw. Strukturierung bedient. Zwischen konventioneller Miniaturisierung und Mikrosystemtechnik wird hier nicht streng unterschieden, da Miniaturisierung als eine Entwicklung zur Mikrosystemtechnik verstanden werden kann.

Grundlage für die statistischen Patentrecherchen ist die *internationale Patentklassifikation (IPC)*. Dabei tritt die Schwierigkeit auf, daß es in der IPC keine gesonderten Klassenzuordnungen für Mikrotechnik gibt. Vielmehr werden entsprechende Patentanmeldungen den Klassen zugeordnet, die sich von ihrer technischen Disziplin oder vom Anwendungsgebiet her ergeben. Mikrotechnik-Anmeldungen finden sich prinzipiell quer über alle Klassen.

Zur Überwindung dieser grundlegenden Schwierigkeit wurde eine besondere *Suchstrategie* mit den Elementen

- Eingrenzung auf *Mikrotechniken im Titel,*
- *Positivliste* aus IPC-Klassen, in der nach Expertenurteil die meisten Mikrotechnik-Anmeldungen zugeordnet werden (dabei wurden auch Klassen ausgeschlossen, in denen vorwiegend Mikroelektronik, -chemie und –biologie klassifiziert werden, die nicht im Vordergrund dieser Recherche stehen),
- ausschließende *Negativliste* von irreführenden (Negativ-) Suchwörtern wie Mikroskop, Mikrobe usw.

Die Resultate wurden einem mehrfachen *Expertenurteil* unterzogen und somit validiert. Es kann davon ausgegangen werden, daß über 80 % der so gesuchten Anmeldungen tatsächlich mikrogeometrischen Technikobjekten (insb. Mikromechanik und –optik) im Sinne dieser Studie zugehören. Sie werden im folgenden *„gesuchte Mikro-Patentanmeldungen"* genannt.

Um die Recherche auf qualitativ hochwertige, d.h. weltmarktfähige Patentanmeldungen zu begrenzen, wird in der statistischen Patentrecherche nur nach den erfahrungsgemäß wichtigeren Anmeldungen an den *„großen" Patentämtern* in den USA (USPTO) und in Europa (EPA) gesucht. Es kann damit gerechnet werden, daß hier die wichtigsten Anmeldungen aus allen Weltregionen (nicht nur USA und Europa) zusammenkommen, was sich auch bestätigt hat.

Anhang 1-1 enthält die *Rangfolge der Anmelder aus Deutschland, den USA und Japan,* bezogen auf die Summe der Anmeldungen am USPTO und am EPA in den Jahren 1994 und 95. Es zeigt ein gewisses Übergewicht amerikanischer Anmelder (180) und deutscher Anmelder (96) sowie eine gewisse Unterrepräsentierung japanischer Anmelder (44). Diese Verteilung ist nicht unplausibel, wird aber auch durch die Auswahl der Recherche-Patentämter mitbestimmt sein.

2. Ergebnisse

Die Ergebnisse schlagen sich in den folgenden Grafiken nieder. Sie reflektieren zwei unterschiedliche Analyseschritte:

(1) Patentstatistische Analyse nach zeitlicher Entwicklungsdynamik und Erfindungsschwerpunkten der Mikrotechnik i.w.S.,

(2) Anwendungs- und Technologieschwerpunkte der Mikrotechnik-Erfindungen (thesenartige Expertenzuordnung der Patentanmeldetitel zu Produkt- und Herstelltechnologien, Anwenderbranchen und Anmeldertypen).

2.1 Patentstatistische Analyse

Der beschleunigte Anstieg der Patentanmeldeaktivität in der Miniaturisierung ab Ende der achtziger Jahre (Abbildung 1) läßt, trotz der Trendbrüche in Verbindung mit den wirtschaftlichen Strukturwandlungen dieser Zeit (Zusammenbruch des Ostblocks), auf ein weltweit *zunehmendes Interesse der Industrie* an konventioneller Miniaturisierung- und Mikrosystemtechnik schließen. Damit ist Ende der neunziger Jahre und Anfang des nächsten Jahrhunderts zunehmend mit Markteinführungen und –durchbrüchen von Schrittmacherprodukten der Miniaturisierung zu rechnen.

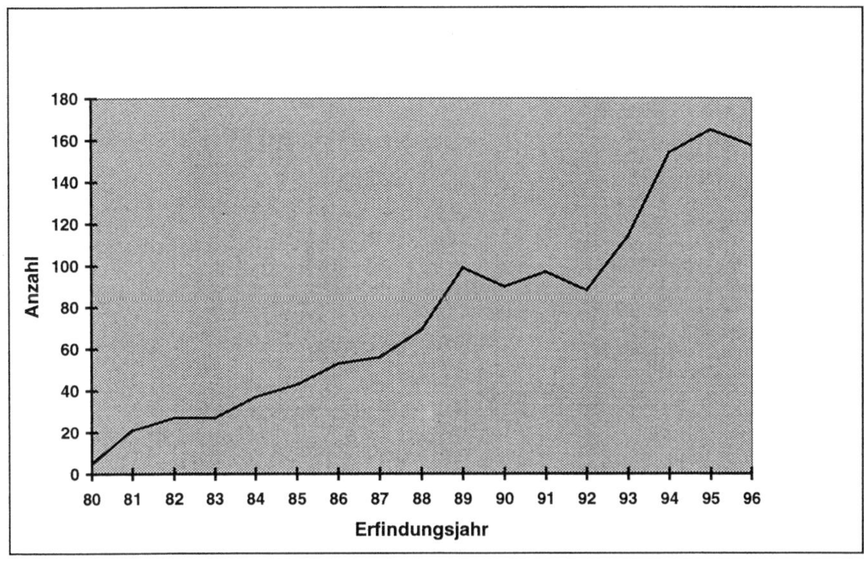

Abbildung 1: Patentanmeldungen zur „Miniaturisierung" am Europäischen Patentamt

Eine nach Abschluß der Untersuchungen ergänzend durchgeführte Patent- und Publikationsrecherche (vgl. Anhang 3-3) untermauert diese Annahme: Sie weist seit 1989 eine deutlich zunehmende Publikationsaktivität aus, die sich von dem bis dahin überwiegenden Gleichlauf mit der Patentaktivität löst. Für Deutschland ist dieser Trend besonders stark ausgeprägt. Es ist anzunehmen, daß der auffällige Publikationsanstieg durch weltweit zunehmende Förderaktivitäten ausgelöst wurde. Dabei setzte diese Entwicklung in den USA im Vergleich zu Deutschland schon einige Jahre früher ein. Es ist damit zu rechnen - bis jetzt aber noch nicht deutlich nachweis bar -, daß sich dieser dynamische Publikationsvorlauf einige Jahre später, d.h. um die Jahrhundertwende, mit einem Anstieg der Patentanmeldungen fortsetzt und daß wiederum drei bis fünf Jahre später (ca. 2003) mit einem breiteren Durchbruch mikrotechnischer Produktinnovationen am Markt zu rechnen ist.

Deutliche *Schrittmacherbereiche* der Erfindungstätigkeit sind die Patentklassen der elektronischen Bauelemente, optischen Bauelemente, Sensoren und der Medizintechnik mit den dahinter zu vermutenden Märkten der Informationstechnik, der Telekommunikation, der Fahrzeug- und der Medizintechnik (Abbildung 2).

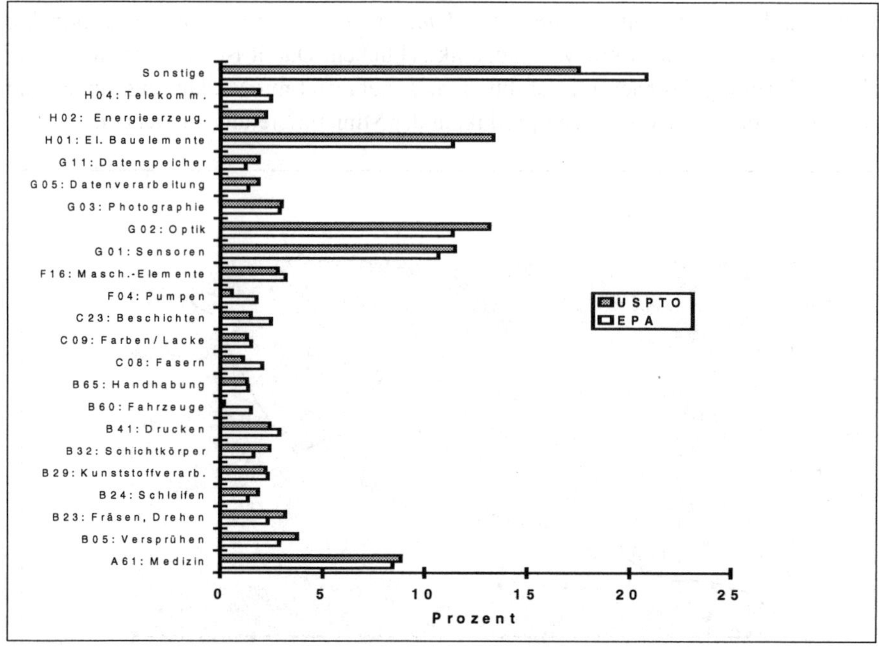

Abbildung 2: Anzahl der Patentanmeldungen am Europäischen Patentamt (EPA) und dem US-amerikanischen Patentamt (USPTO) nach Patentklassen 1994/1995

Die Miniaturisierung wird kurz- und mittelfristig eine Technologie mit begrenzter, aber zunehmender Anwendungsbreite in einigen Schrittmacherlinien sein. Längerfristig wird sie sich zu einer Querschnittstechnologie entwickeln.

Die Anhang 1-1 mit je einer „Anmelder-Rangliste“ für die USA, Japan und Deutschland weist die *wichtigsten Akteure* in der Entwicklung der Miniaturisierung aus. Die folgenden Anmelder wurden identifiziert:

- Unter den deutschen Anmeldern sind neben den Spitzenreitern aus Elektro- und Fahrzeugtechnik auch Institute maßgeblich vertreten. Vertreter der Nachrichten- bzw. Kommunikationstechnik sowie der Chemie- und Pharmabranche erscheinen ebenfalls in der Spitzengruppe mit mehr als einer Anmeldung. Ansonsten wurden knapp 100 Anmelder in Deutschland identifiziert.
- Bei den amerikanischen Anmeldern wurden 180 gefunden. Es dominierten industrielle Anmelder aus der Elektronik- und Informationstechnik, der optischen und

der medizintechnischen Industrie, ebenfalls gefolgt von Akteuren aus einem breiten Querschnitt der Industrie. Auch hier spielen Institute eine sichtbare Rolle, wenn auch in geringerem Umfang als in Deutschland.

- Unter den japanischen Anmeldern dominieren Akteure aus der optischen, medizintechnischen und drucktechnischen Industrie. Institute spielen keine erkennbare Rolle. Insgesamt wurden 44 Anmelder identifiziert.

2.2 Erfindungsschwerpunkte der Miniaturisierung – eine Experteneinschätzung

Patentstatistische Analysen eignen sich primär für Trend- und Verteilungsanalysen nach den Patentklassen. Da diese jedoch nach Technikkriterien und nicht nach wirtschaftlichen Kriterien gegliedert sind, sind wirtschaftliche Analysen nur indirekt und grob durchführbar. Deswegen wurde nach einem Weg gesucht, die Patentanalyse mit Hilfe von Fachexperten vertiefend zu interpretieren, um daraus Hinweise für die Führung von Interviews abzuleiten.

Im vorliegenden Zusammenhang ist die Frage nach Schrittmacherprodukten und Märkten sowie nach wettbewerbsentscheidender Technologie vordringlich zu stellen. Auf diese Frage hin werden nachfolgend die 194 hier zu Grunde liegenden EPA-Patentanmeldungen aus den Jahren 1994 und 1995 (Titel) einer vertiefenden Experteneinschätzung unterzogen. In den Abbildungen 3 bis 5 wird das Ergebnis dieser Titelanalyse wiedergegeben. Daraus sind die *Patentierungsschwerpunkte* erkennbar, verbunden mit der Experteneinschätzung, welche Anwendungsgebiete (=Produkttechnologien) mit welchen Herstellverfahren für welche Anwenderbranchen im Mittelpunkt der Erfindungstätigkeit stehen.

Die *Validität* dieser Expertenbeurteilung ist notwendigerweise begrenzt. Die Charakterisierung der Anmeldungen nach Produkttechnologie (z.B. Mikromechanik, -optik), nach Herstelltechnologie (z.B. Siliziumtechnik versus konventioneller Miniaturisierung) oder nach der wahrscheinlichen Anwendungsbranche (z.B. Kfz-Industrie) nur auf der Basis der Titel erfordert Insider-Expertise. In vielen Fällen ist dies aus dem Titel allein nicht möglich. Bei über zwei Dritteln der 194 Anmeldungen erschien es den Experten jedoch möglich, die Einschätzung nach den vorgegebenen Kriterien durchzuführen. Unter der Annahme, daß Fehlcharakterisierungen gleichverteilt auftreten, ist zu erwarten, daß die Ergebnisse größenordnungsmäßig realistisch liegen. Sie sind jedoch nicht als abgesicherte Untersuchungsergebnisse zu interpretieren. Vielmehr sind sie als thesenartige Hinweise zu interpretieren, die in den empirischen Interviews zu verfolgen und nachzuprüfen sind.

Anhang 1-2 veranschaulicht das Verfahren durch einen auszugsweisen, exemplarischen Überblick über drei Titel der gesuchten Mikro-Patentanmeldungen und deren Charakterisierung durch Experten anhand vorgegebener Merkmale.

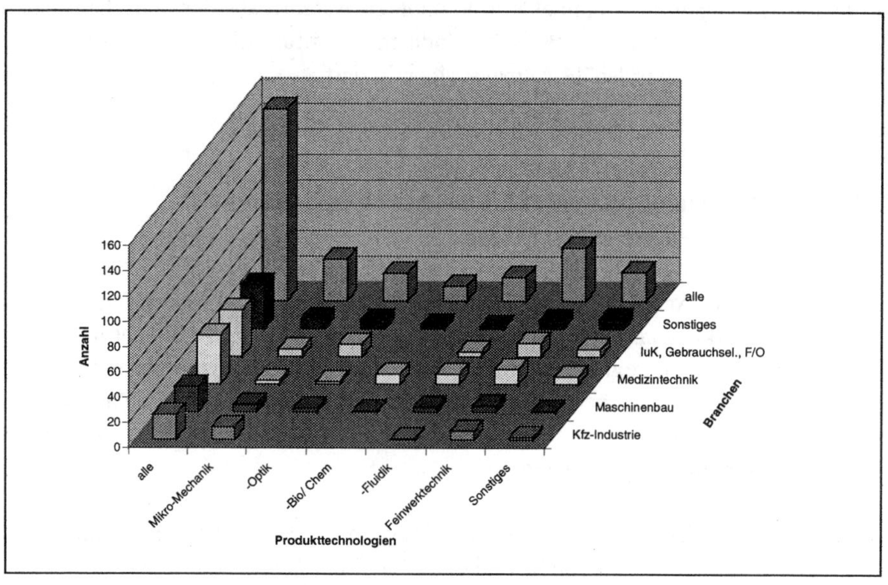

Abbildung 3: Zuordnung von 108 Produkterfindungen (1994/95) zu Anwendungsgebieten und Branchen (Mehrfach-/ Nichtzuordnungen möglich)

Gegenüber der patentstatistischen Erkennung von kürzerfristigen Schrittmachermärkten und längerfristigen Querschnitts-Marktpotentialen lassen sich hier vertiefende Technologie-Cluster in unterschiedlichen Branchen bzw. Märkten feststellen (Abbildungen 3 und 4):

- *Kfz-Industrie:* Als Anwendungsgebiet überwiegt die Mikromechanik vor der konventionellen Feinwerktechnik. Die Siliziumtechnologie dominiert als Herstelltechnologie vor konventioneller Miniaturisierungstechnik.
- *Maschinenbau:* Die wichtigsten Anwendungstechnologien sind, wie bei der Kfz-Industrie, die Mikromechanik und die Feinwerktechnik. Im Unterschied zur Kfz-Industrie steht bei den Herstelltechnologien die Nicht-Siliziumtechnologie im Vordergrund.
- *Medizintechnik:* Als Anwendungsgebiet dominiert die Feinwerktechnik vor der Mikrofluidik und der Mikro-Biochemie. Als Herstelltechnologie dominieren konventionelle Miniaturisierung und Nicht-Siliziumtechnologie.
- *Informations- und Kommunikationstechnik (IuK), Gebrauchsgüterelektronik (Gebrauchsel.), Feinmechanik/Optik (F/O):* Hier haben Mikrooptik und Feinwerk-

technik vor der Mikromechanik ungefähr gleiches Gewicht. Bei den Herstelltechnologien dominieren die Nicht-Silizium- und die konventionelle Miniaturisierungstechnologie klar vor der Siliziumtechnologie.

- *Sonstige Anwendungsmärkte*: Dies betrifft u.a. Märkte für Meßgeräte, für Miniaturisierungs-Produktionsgüter, für Dienstleistungsmaschinen (z.B. Identifikationsleser). Es ergibt sich eine ähnliche Gleichgewichtigkeit der Anwendungsgebiete Mikromechanik, -optik und Feinwerktechnik bei einer Dominanz von Nicht-Silizium- und konventioneller Miniaturisierungstechnologie als Herstelltechnologie vor der Siliziumtechnologie.

Das breite Anwendungs- und Produktspektrum der Miniaturisierungserfindungen läßt darauf schließen, daß Mikrotechnik-Produkte durchaus nicht nur für Massenmärkte, sondern auch für spezialisierte Nischenmärkte mit dafür angepaßter Technologie entwickelt werden (starke Marktpotentiale in Spezialanwendungen und Marktnischen).

Abbildung 4 zeigt, daß bei der Herstelltechnologie für die 108 Mikro-Produkterfindungen entgegen den Erwartungen aus der Erfahrung mit den bisherigen Schrittmachern „Mikrosensoren“ die streng an der Mikroelektronik orientierte Siliziumtechnik nicht dominiert. Wesentlich mehr Patentanmeldungen zu Mikroprodukten lassen auf Herstelltechnologie in der Tradition konventioneller Miniaturisierung oder unabhängig von der Mikroelektronik entwickelter Mikrostrukturierungstechnologie schließen.

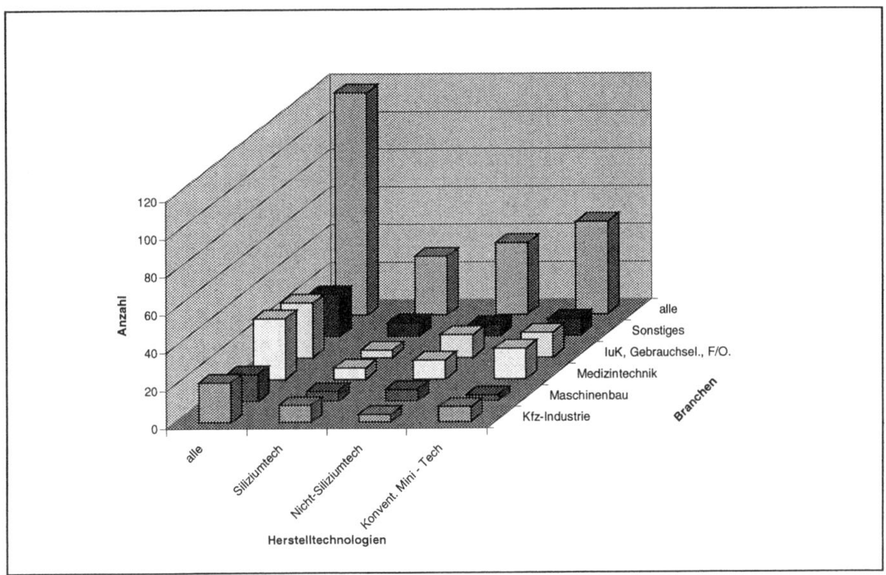

Abbildung 4: Zuordnung von 108 Produkterfindungen (1994/95) zu Herstelltechnologie und Branchen (Mehrfach-/ Nichtzuordnungen möglich)

Die Herkunft der Patentanmeldungen nach Firmen und Instituten in Abbildung 5 macht deutlich, daß

- in der Kfz-Industrie und den Industrien für Informations- und Kommunikationstechnik (IuK), Gebrauchsgüterelektronik und Feinmechanik/Optik industrielle Erfindungen weit gegenüber wissenschaftlichen Erfindungen aus Instituten dominieren. Hier sind somit gute Voraussetzungen für „Schrittmacher-Innovationen“ gegeben.
- im Maschinenbau und der Medizintechnik Erfindungen aus Instituten einen relativ hohen Anteil haben. Hier ist somit mit größerem Zeitvorlauf bis zum Markteintritt zu rechnen.

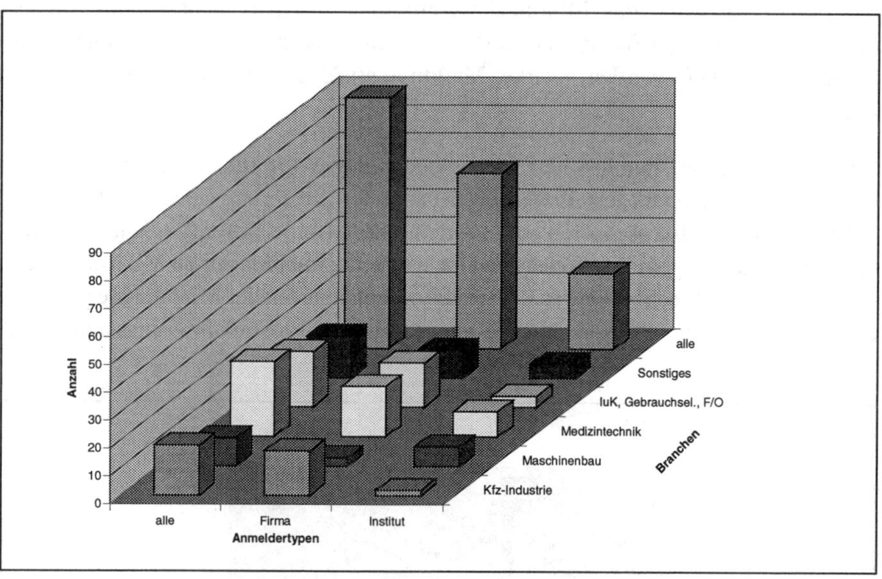

Abbildung 5: Zuordnung von 108 Produkterfindungen (1994/95) zu Anmeldertypen und Branchen (Mehrfach-/ Nichtzuordnungen möglich)

Anhang 1-1 Anmelder-Rangliste „Mikrotechnologien“

Deutsche Anmelder:
96 Anmelder deutscher Herkunft am Europäischen- (EPO) und Amerikanischen Patentamt (USPTO)-
155 Anmeldungen (in 1994/95)

1	15	BOSCH GMBH ROBERT
2	13	SIEMENS AG
3	9	FRAUNHOFER GES FOERDERUNG ANGEWANDTEN
4	4	FORSCHUNGSZENTRUM KARLSRUHE GMBH
5	3	DAIMLER-BENZ AG
6	3	HAHN-SCHICKARD-GES ANGEWANDTE FORSCHUNG
7	3	HEINZL J
8	3	INST PHYSIKALISCHE HOCHTECHNOLOGIE EV
9	3	LANG V
10	3	MANNESMANN AG
11	2	ANT NACHRICHTENTECHNIK GMBH
12	2	BOEHRINGER MANNHEIM GMBH
13	2	BUERKERT GMBH & CO KG
14	2	FORSCHUNGSZENTRUM JUELICH GMBH
15	2	FORSCHUNGSZENTRUM ROSSENDORF EV
16	2	GOETZEN R
17	2	INST MIKROTECHNIK MAINZ GMBH
18	2	KERNFORSCHUNGSZENTRUM KARLSRUHE GMBH
19	2	PHILIPS PATENTVERWALTUNG GMBH
20	2	ZEISS FA CARL
21	1	ACR AUTOMATION IN CLEANROOM DRESDEN GMBH
22	1	ARNOLD M
23	1	AS RUSSIA COSMIC RES INST
24	1	BARTRAM F
25	1	BECKHAUSEN K
26	1	BOEHRINGER INGELHEIM INT GMBH
27	1	BOEHRINGER INGELHEIM KG
28	1	BRAUN AG
29	1	BRISKA M
30	1	CHERRY MIKROSCHALTER GMBH
31	1	CMS MIKROSYSTEME GMBH CHEMNITZ
32	1	DAIMLER-BENZ AEROSPACE AG
33	1	DAIMLER-BENZ AEROSPACE AIRBUS GMBH
34	1	DANFOSS AS
35	1	DEUT TELEKOM AG
36	1	DEUT THOMSON-BRANDT GMBH

37	1	DILAS DIODENLASER GMBH
38	1	DODUCO DUERRWAECHTER GMBH & CO EUGEN
39	1	EASTMAN KODAK CO
40	1	EBEST G
41	1	EHWALD R
42	1	EILENTROPP KG
43	1	GEHM U
44	1	GERISCH R
45	1	GERLACH T
46	1	GES SCHWERIONENFORSCHUNG MBH
47	1	GRAUER T
48	1	GROHMANN ENG TECHNOLOGIE-ENTWICKLUNG
49	1	HEIMANN OPTOELECTRONICS GMBH
50	1	HENGSTENBERG W
51	1	HENTZE J
52	1	HERTZ INST NACHRICHTENTECH BERLIN HEINRI
53	1	HOECHST AG
54	1	HOMMEL B
55	1	IND TECHNOLOGY RES INST
56	1	ITT AUTOMOTIVE EURO GMBH
57	1	JAEHRIG H
58	1	JONAS J
59	1	KEIANDEANU JAPANESE CO LTD
60	1	KEMMLER M
61	1	KIEKERT AG
62	1	KLEE D
63	1	KLEINDIEK S
64	1	KNOLL AG
65	1	KUEPPER L
66	1	LANGER M
67	1	LEICA AG
68	1	LITEF GMBH
69	1	LUMOS TRADING & INVESTMENTS CORP
70	1	MAHR GMBH
71	1	MERCEDES-BENZ AG
72	1	MEYER D
73	1	MONTBLANC SIMPLO GMBH
74	1	MUELLER M
75	1	PETZOLD J
76	1	PRIMED HALBERSTADT MEDIZINTECHNIK GMBH
77	1	ROEHM GMBH
78	1	RUSTIGE GMBH & CO KG BERNHARD
79	1	SALIM R
80	1	SARTORIUS AG

81	1	SICK GMBH OPTIK-ELEKTRONIK ERWIN
82	1	SIEFKER H
83	1	SOERING GMBH
84	1	SOFT GENE GMBH
85	1	TECH-IN GMBH
86	1	TECHNOGLAS NEUHAUS GMBH
87	1	TEMIC TELEFUNKEN MICROELECTRONIC GMBH
88	1	UNIV DRESDEN TECH
89	1	UNIV ILMENAU TECH
90	1	UNIV SCHILLER JENA
91	1	VIT R
92	1	WINKLER K
93	1	WITA GMBH WITTMANN INST TECHNOLOGY & ANA
94	1	WOERTHMANN R
95	1	ZEISS JENA GMBH CARL
96	1	ZIMMERMANN & JANSEN GMBH

Amerikanische Anmelder:
180 Anmelder amerikanischer Herkunft am Europäischen- (EPA) und Amerikanischen Patentamt (USPTO) - 302 Anmeldungen (1994/95)

1	30	TEXAS INSTR INC
2	15	UNIV CALIFORNIA
3	12	CHARLES STARK DRAPER LAB INC
4	8	ANALOG DEVICES INC
5	7	EASTMAN KODAK CO
6	7	HEWLETT-PACKARD CO
7	4	AT & T CORP
8	4	CHIRON VISION CORP
9	4	MASSACHUSETTS INST TECHNOLOGY
10	4	MCNEIL-PPC INC
11	4	MINNESOTA MINING & MFG CO
12	4	WHITAKER CORP
13	3	INT BUSINESS MACHINES CORP
14	3	LOCKHEED MISSILES & SPACE CO INC
15	3	MCDONNELL DOUGLAS CORP
16	3	MOTOROLA INC
17	3	NASA US NAT AERO & SPACE ADMIN
18	3	UNITED TECHNOLOGIES CORP
19	3	XEROX CORP
20	2	ALLIED-SIGNAL INC
21	2	CORNELL RES FOUND INC
22	2	CORNING INC

23	2	GALE R O
24	2	GEN HOSPITAL CORP
25	2	GENERAL ELECTRIC CO
26	2	GEORGIA TECH RES CORP
27	2	HONEYWELL INC
28	2	IBM CORP
29	2	LSI LOGIC CORP
30	2	MICROSCIENCE GROUP INC
31	2	ROHM & HAAS CO
32	2	SARNOFF RES CENT INC DAVID
33	2	TARGET THERAPEUTICS INC
34	2	UNIV CARNEGIE MELLON
35	2	UNIV CASE WESTERN RESERVE
36	2	US SEC OF ARMY
37	1	ADAGIO ASSOC INC
38	1	AEROCHEM RES LAB INC
39	1	ALCATEL NETWORK SYSTEMS INC
40	1	AMADA MFG AMERICA INC
41	1	AMERICAN TELEPHONE & TELEGRAPH CO
42	1	ANVIK CORP
43	1	ARNOLD J E
44	1	ARPAIO J
45	1	ASSOC UNIVERSITIES INC
46	1	AT & T IPM CORP
47	1	AVERY DENNISON CORP
48	1	BARLOW C H
49	1	BARNETT C K
50	1	BARTON K A
51	1	BATTELLE MEMORIAL INST
52	1	BAXTER INT INC
53	1	BEND RES INC
54	1	BIOHORIZONS INC
55	1	BIOTIME INC
56	1	BLOCK MEDICAL INC
57	1	BLUE SKY RES INC
58	1	BOEHRINGER MANNHEIM GMBH
59	1	BOSTON SCI CORP
60	1	CARDELL CORP
61	1	CENSTOR CORP
62	1	CERAM OPTEC IND INC
63	1	CERAMOPTEC IND INC
64	1	CHENG J S
65	1	CHICOPEE
66	1	CLAYTON W R

67	1	CLIO TECHNOLOGIES INC
68	1	CLUPPER H E
69	1	COMPETITIVE TECHNOLOGIES INC
70	1	COOPER IND INC
71	1	CROWN ROLL LEAF INC
72	1	CUMMINS ENGINE CO INC
73	1	DELCO ELECTRONICS CORP
74	1	DISCOVISION ASSOC
75	1	DODABALAPUR A
76	1	ELF ANTAR FRANCE
77	1	ELONEX TECHNOLOGIES INC
78	1	EXXON PRODN RES CO
79	1	FIGGIE INT INC
80	1	FONAR CORP
81	1	FORD MOTOR CO
82	1	GENERAL SIGNAL CORP
83	1	GEO-CENTERS INC
84	1	GORE & ASSOC INC W L
85	1	GRUMMAN AEROSPACE CORP
86	1	HAMILTON CO
87	1	HARRISON S T
88	1	HART J R
89	1	HARVARD COLLEGE
90	1	HAUPT C D
91	1	HERCULES INC
92	1	HIGA J
93	1	HOECHST CELANESE CORP
94	1	HOPKINS D A
95	1	HUGHES TRAINING INC
96	1	HUTCHINSON TECHNOLOGY INC
97	1	HYSITRON INC
98	1	IND METAL PROD CORP
99	1	IND TECHNOLOGY RES INST
100	1	INTERMEDICS INC
101	1	JOHNSON & JOHNSON MEDICAL INC
102	1	KEARFOTT GUIDANCE & NAVIGATION CORP
103	1	KEIANDEANU JAPANESE CO LTD
104	1	KNIPE R L
105	1	KORNHER K L
106	1	KRAFT GEN FOODS INC
107	1	LEXTRON INC
108	1	LIGHT SCI LP
109	1	LIPSETT S
110	1	LITEL INSTR

111	1	LOCKHEED MISSILES & SPACE CO
112	1	LOEB G E
113	1	MARTIN MARIETTA CORP
114	1	MEDJET INC
115	1	MESO SCALE TECHNOLOGIES
116	1	MICROFAB TECHNOLOGIES INC
117	1	MICROPUMP INC
118	1	MJB CO
119	1	MONAGAN G C
120	1	MOTOR PROD INT INC
121	1	NAT SCI COUNCIL
122	1	NORTHROP GRUMMAN CORP
123	1	OBF IND INC
124	1	OCG MICROELECTRONIC MATERIALS INC
125	1	OSRAM SYLVANIA INC
126	1	OWENS-CORNING FIBERGLAS TECHNOLOGY INC
127	1	PAGE AUTOMATED TELECOM SYSTEMS INC
128	1	PALOMAR TECHNOLOGIES CORP
129	1	PERKIN-ELMER CORP
130	1	PHYSICAL OPTICS CORP
131	1	POLAROID CORP
132	1	PRAXAIR ST TECHNOLOGY INC
133	1	PRINCE CORP
134	1	QUANTUM CORP
135	1	REFLEXITE CORP
136	1	RISEN W M
137	1	ROCKWELL INT CORP
138	1	RODEL INC
139	1	SANDIA CORP
140	1	SCHUMM B
141	1	SCIMED LIFE SYSTEMS INC
142	1	SEGALOWITZ J
143	1	SENSYM INC
144	1	SHARMA V K
145	1	SHAW L
146	1	SHEEM S
147	1	SONY TRANS COM INC
148	1	SPECTRA PHYSICS LASER DIODE
149	1	SPECTRA PHYSICS LASERS INC
150	1	STAR-WOOD INC
151	1	TAI P
152	1	TAMARACK SCI CO INC
153	1	TEKTRONIX INC
154	1	TNCO INC

155	1	TREGILGAS J H
156	1	TRW INC
157	1	TURNER R S
158	1	UNIV BRITISH COLUMBIA
159	1	UNIV CLEMSON
160	1	UNIV FLORIDA
161	1	UNIV ILLINOIS FOUND
162	1	UNIV KENT STATE
163	1	UNIV LELAND STANFORD JUNIOR
164	1	UNIV MINNESOTA
165	1	UNIV NEBRASKA
166	1	UNIV TEXAS A & M SYSTEM
167	1	UNIV TEXAS SYSTEM
168	1	US DEPT ENERGY
169	1	US SEC OF AGRIC
170	1	US SEC OF NAVY
171	1	VARIAN ASSOC INC
172	1	VAUGHN L F
173	1	WALDRUM J E
174	1	WANG J C
175	1	WATKINS JOHNSON CO
176	1	WEBB N J
177	1	WISCONSIN ALUMNI RES FOUND
178	1	WOERTHMANN R
179	1	WORLD PRECISION INSTR INC
180	1	YAMAHA CORP

Japanische Anmelder:
44 Anmelder japanischer Herkunft am Europäischen- (EPA) und Amerikanischen Patentamt (USPTO) - 60 Anmeldungen (1994/95)

1	4	CANON KK
2	3	NIKON CORP
3	2	DAINIPPON PRINTING CO LTD
4	2	EBARA CORP
5	2	HEWLETT-PACKARD CO
6	2	MACHIDA ENDOSCOPE CO LTD
7	2	MITSUBISHI ELECTRIC CORP
8	2	NIPPON CARBIDE KOGYO KK
9	2	SANKYO SEIKI MFG CO LTD
10	2	SEIKO EPSON CORP
11	2	SHARP KK
12	2	TOKYO GAS CO LTD

13	2	TOSHIBA KK
14	1	AISIN SEIKI KK
15	1	BRIDGESTONE CORP
16	1	CHISSO CORP
17	1	CHUO PRECISION IND CO LTD
18	1	DUPONT KK
19	1	FUJITSU LTD
20	1	HITACHI LTD
21	1	IBM CORP
22	1	JAPAN STEEL WORKS LTD
23	1	KEIANDEANU JAPANESE CO LTD
24	1	MATSUSHITA DENKI SANGYO KK
25	1	MATSUSHITA ELECTRIC IND CO LTD
26	1	MINOLTA CAMERA KK
27	1	MISAWA H
28	1	MITSUBISHI CHEM CORP
29	1	NEC CORP
30	1	NGK INSULATORS LTD
31	1	NIPPONDENSO CO LTD
32	1	OKI ELECTRIC IND CO LTD
33	1	PILOT INK CO LTD
34	1	SHINKO ELECTRIC CO LTD
35	1	SHINTO PAINT CO LTD
36	1	SHIOMI H
37	1	SMK CORP
38	1	SONY CORP
39	1	STARLITE KOGYO KK
40	1	SUMITOMO ELECTRIC IND CO
41	1	SUMITOMO HEAVY IND LTD
42	1	TORAY IND INC
43	1	WOERTHMANN R
44	1	YAMAHA HATSUDOKI KK

Anhang 1-2 Technisch-wirtschaftliche Merkmale von 30 Mikro-Patentanmeldung am EPA 1994 und 95 (drei exemplarische Auszüge von 194 Anmeldungen)

„EPA Patentanmeldungen 1994/95 zum Thema Mikrotechnologien“ (Drei Beispiele aus 194 Titeln)	**Produkttech.** Mikro -elektronik (e) -mechanik (m) -optik (o) -fluidik (f) -chemie © -biologie (b) Sonstiges (s)	**Herstelltech.** Siliziumtech. (Si) Nichtsilizium-tech. (N-Si) Mini (M)	**Produkt-inno-vation (P)** **Herstell-inno-vation (H)**	**Anwender-Branche** -Auto (A) -Konsum (K) -Masch.-bau (Ma) -Medizintech. (Med) -Info/Komm.-Tech. (IK) -Sonstiges (Text)	**Anmelder** -Firma (F) -Institut (I)	**Zuordnungs-sicherheit** + = sicher o = begrenzt - = unsicher
27/194 WPIL(C) Derwent Info. 1998 image TI Self contained pressure pick=up apparatus for taking of fingerprinthas matrix of micro pick=ups which consist of piezoelectric resistances fabricated by integrated circuit technology	m	Si	P	Bank, Sicherheit	F	o
36/194 WPIL(C) Derwent Info. 1998 image TI Hearing aid with microphone for subcutaneous implantation in human subject has microphone generating electric signals, based on sound waves falling on subjects ear, for amplification and retransmission to imp!anted micro:actuator to produce vibrations in inner ear fluid, simulating sound waves	m	N-Si	P	Med	F	+
63/194 WPIL(C) Derwent Info. 1998 image TI Micro mechanical appts. having movable elements that rotate using torsion hingehas hinge edges that undergo nonlinear elongation strain when element rotates, and hinge strips spaced apart so that axis of strip rotation is parallel, but offset from axis of rotation	m	(N-Si)	P	A, Luft-/ Raumfahrt	F	-

Anhang 1-3 Publikations- und Patentanmeldeaktivität zur Mikrosystemtechnik

Diese Patent- und Publikationsrecherche wurde nach Abschluß der vorliegenden Untersuchung, aber vor Berichtsabschluß, durchgeführt. Sie bietet eine ergänzende Indikatorik für die Vorausschau von Produktinnovationen auf dem Gebiet der Mikrosystemtechnik. Die Schärfe des Auseinanderlaufens speziell für Publikationen deutscher Herkunft wirft die Frage auf, ob hier Sonderfaktoren eine Rolle spielen (z.B. überdurchschnittlicher Anteil von wissenschaftlichen Instituten an Fördermitteln zur Mikrosystemtechnik, verändertes Publikations- und Patentanmeldeverhalten durch Förderaktivitäten). Diese Fragen können jedoch nicht im Rahmen dieser Untersuchung beantwortet werden.

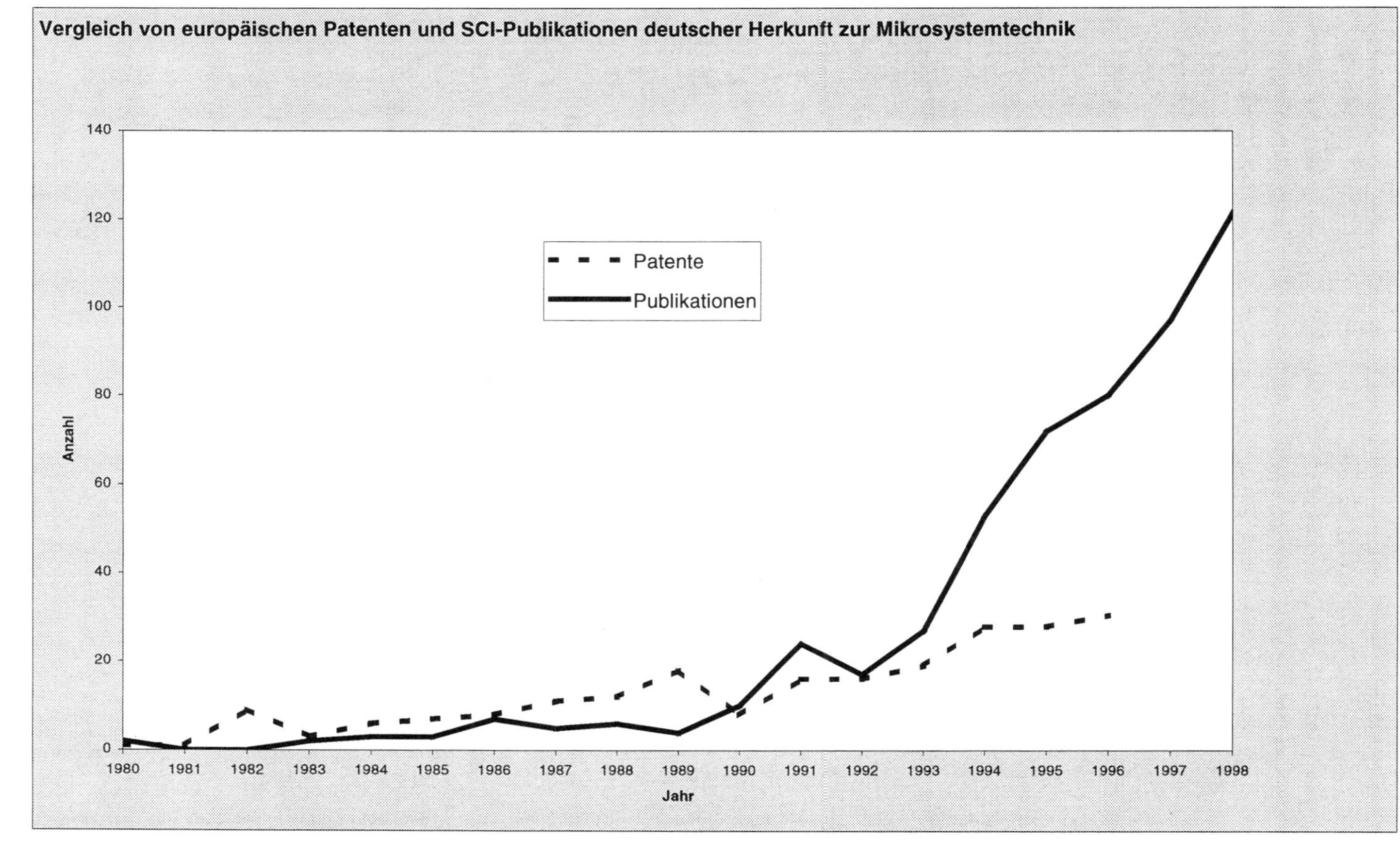

Vergleich von europäischen Patenten und SCI-Publikationen deutscher Herkunft zur Mikrosystemtechnik
Patente
Publikationen
Anzahl
140
120
100
80
60
40
20
0
1980
1981
1982
1983
1984
1985
1986
1987
1988
1989
1990
1991
1992
1993
1994
1995
1996
1997
1998
Jahr

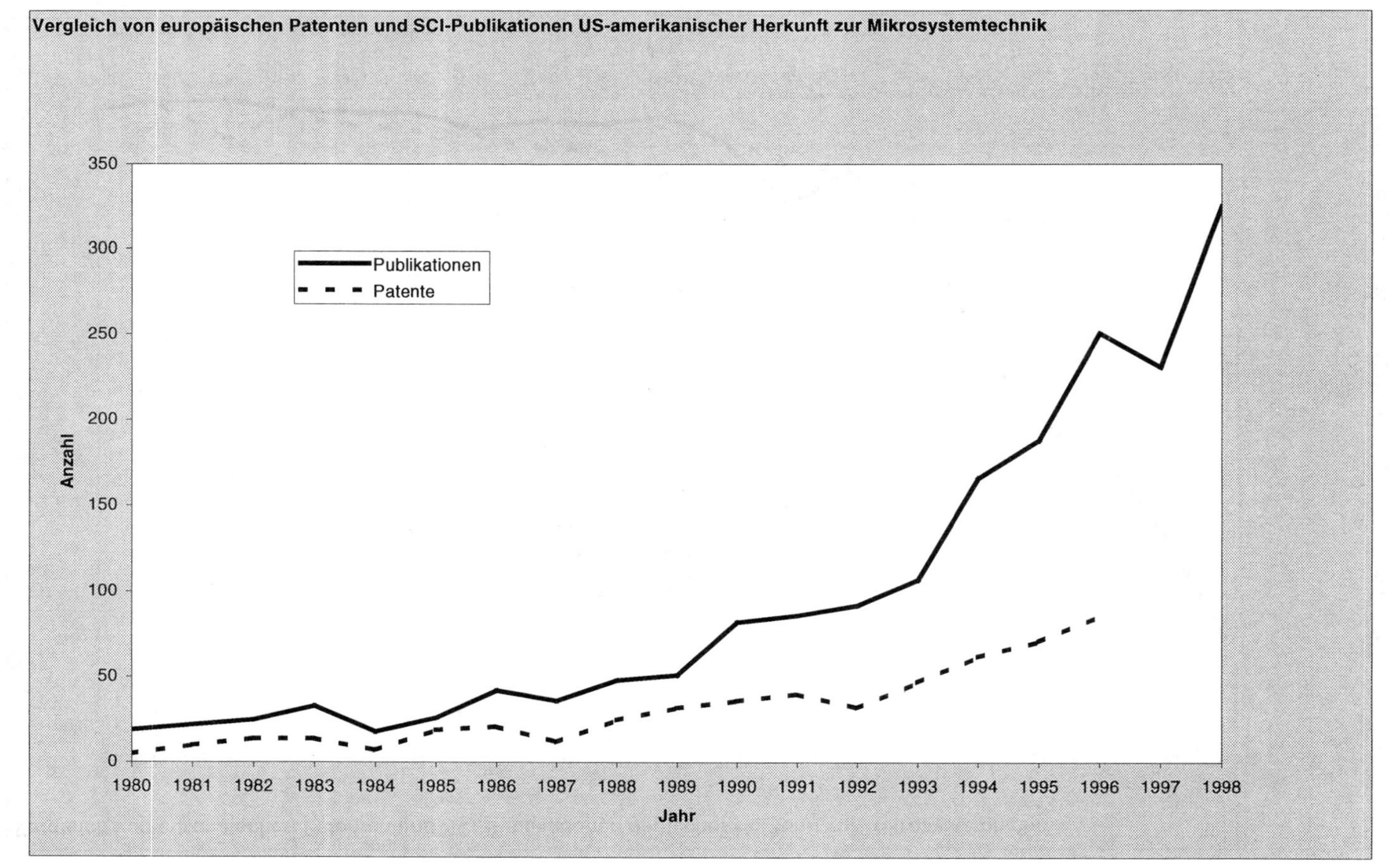
Vergleich von europäischen Patenten und SCI-Publikationen US-amerikanischer Herkunft zur Mikrosystemtechnik
Anzahl
350
300
250
200
150
100
50
0
1980
1981
1982
1983
1984
1985
1986
1987
1988
1989
1990
1991
1992
1993
1994
1995
1996
1997
1998
Jahr
Publikationen
Patente

Anhang 2

Sonderauswertung der Delphi '98 Studie im Hinblick auf die Mikrosystemtechnik

Inhaltsverzeichnis Seite

Globale Zukunftsentwicklung der Mikrosystemtechnik

Ergebnisse der *Delphi '98-Umfrage*

Auswertung im Rahmen des Projekts „Strategische Maßnahmen" des Programms Mikrosystemtechnik 1994-1999 des BMBF

VDI/VDE-Technologiezentrum
Informationstechnik GmbH
Rheinstraße 10 B
14513 Teltow

Horst Steg
Alfons Botthof
Tel.: 03328/435-117
Fax: 03328/435-216
Mail: steg@vdivde-it.de

1. Mikrosystemtechnik in Delphi'98 im Überblick

Die Delphi'98-Studie gibt einen breiten und detaillierten Einblick in aktuelles Expertenwissen über Zukunftsentwicklungen in Wissenschaft und Technik. Konkret wurden in einem mehrstufigen Selektions- und Befragungsprozeß 1070 Einzelentwicklungen aus 12 Innovationsfeldern von über 2000 Fachleuten bewertet.[1] Die bei der Umfrage gewonnenen Daten geben dabei nicht nur über die Zukunft der in der Delphi'98-Studie betrachteten Innovationsfelder Aufschluß. Sie bieten auch eine wertvolle Ressource für die Bewertung anderer wichtiger Zukunftsfelder.

Vorliegendes Papier hat das Ziel, auf der Grundlage der Delphi'98-Daten die Zukunftsentwicklung der Mikrosystemtechnik näher auszuleuchten. Dazu wurden die Mikrosystemtechnik-relevanten Einzelthesen selektiert und die entsprechenden Ergebnisse zu einem Mikrosystemtechnik-Zukunftsszenario zusammengeführt. Dieses Szenario ist natürlich keine exakte „Vorhersage“ der Zukunft. Das darin gebündelte Expertenwissen bietet jedoch Vertretern aus Wirtschaft, Wissenschaft und Politik eine Basis für zukunftsorientierte Diskussionen, Abstimmungen und Entscheidungen im Bereich der Mikrosystemtechnik.

Der Mikrosystemtechnik können in Delphi '98 insgesamt 34 Thesen zugeordnet werden.[2] Dabei sind sowohl solche Thesen zu berücksichtigen, die sich stärker auf die Technologieentwicklung konzentrieren, als auch solche, die sich mit Produktinnovationen befassen, für die die Mikrosystemtechnik einen entscheidenden Beitrag leistet. So reichen im einzelnen die untersuchten Inhalte von Entwicklungen der Basistechnologie und der Sensorik, über konkrete Mikrosystemtechnik-Anwendungen in innovativen Produkten bei z.B. Chipkarten, Dialysegeräten oder Flachbildschirmen bis hin zur Integration der Mikrosystemtechnik in komplexe Anwendungssysteme wie z.B. „intelligente Roboter“, das „intelligente Haus“ oder auch „Telematiksysteme“. Insgesamt zeigen dieses breite Spektrum und das Antwortverhalten der Befragten, daß zum einen das technologische Potential der Mikrosystemtechnik bei weitem noch nicht ausgeschöpft ist. Zum anderen wird jedoch auch deutlich, daß die weitere Zukunft vor allem im Zeichen der Mikrosystemtechnik-Diffusion in unterschiedlichste Anwendungsfelder steht. Der interdisziplinäre Charakter und die breiten Anwendungspotentiale der Mikrosystemtechnik sind daran zu erkennen, daß sich die Thesen mit Bezug zur Mikrosystemtechnik in den unterschiedlichsten Innovationsfeldern innerhalb der Delphi-Ergebnisse wiederfinden. Zwar liegt der Schwerpunkt mit insgesamt 13 Thesen im Bereich Information und Kommunikation. Davon sind jedoch 5 Thesen wichtigen IuK-Anwendungen zuzuordnen, die kein eigenes Feld innerhalb des Delphi-Reports bilden (z.B. Medizin-

---

1 Zur Organisation des Delphi-Prozesses vergleiche auch Fraunhofer-Institut für Systemtechnik und Innovationsforschung (1998), Delphi'98 - Zusammenfassung der Ergebnisse, S.9-11.

2 Vergleiche hierzu die im Anhang beigefügten Übersichten.

technik). Insgesamt verteilen sich die Thesen auf die einzelnen Delphi-Themenfelder wie folgt:

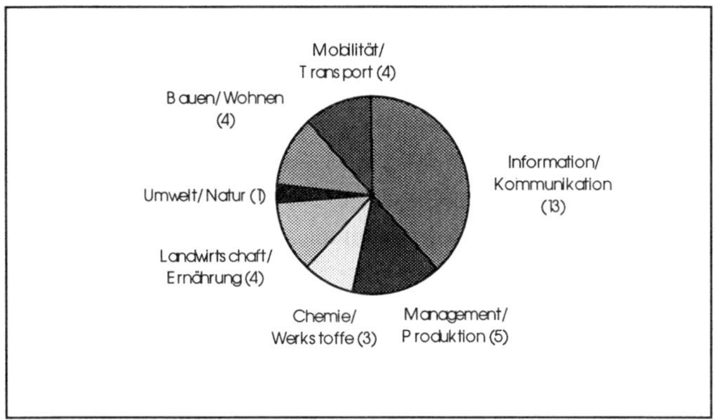

Abbildung 1: Verteilung der Delphi-Thesen zu Mikrosystemtechnik auf einzelne Delphi-Themenfelder

Aus der in Abbildung 1 dargestellten Verteilung ist jedoch keine Schlußfolgerung auf die Bedeutung der einzelnen Themenfelder und deren Relevanz als Anwendungsfelder der Mikrosystemtechnik zu ziehen. Dies begründet sich neben der o.g. Integration wichtiger, v.a. medizintechnischer Mikrosystemtechnik-Anwendungen in das Themenfeld IuK auch daraus, daß Interdependenzen zwischen einzelnen Themenfeldern bestehen. So finden sich unter den Themenfeldern Mobilität/Transport oder Bauen/Wohnen Anwendungen (z.B. Telematiksysteme, intelligente Meß- und Regelsysteme zur Heizungs- und Klimasteuerung) die von erheblicher Umweltrelevanz sind.

Nachfolgend werden die wichtigsten Ergebnisse der Delphi'98-Umfrage zur Mikrosystemtechnik näher dargestellt. Die dabei behandelten Fragenbereiche orientieren sich eng an der Struktur der Delphi-Gesamtumfrage. Diese Punkte sind:

(1) Wichtigkeit und Nutzung der technischen Entwicklung

(2) Realisierungszeitraum

(3) Internationaler Wettbewerb

(4) Folgen und Herausforderungen

(5) Erforderliche Maßnahmen

Die angegebenen Zahlenwerte der Gesamtbewertung sind Durchschnittswerte der 34 Mikrosystemtechnik-relevanten Einzelthesen. Der Durchschnitt wurde über die in Prozent errechneten Zustimmungswerte der einzelnen Thesen berechnet. Dabei wurden, soweit nichts anderes im Rahmen der folgenden Erläuterungen angegeben, die Antworten der ersten und der zweiten Fragerunde berücksichtigt. Alle Thesen wurden unabhängig von der Zahl der Antwortenden gleichstark gewichtet.[3]

2. Was bringt die Mikrosystemtechnik?

Die hohe ökonomische Relevanz der Mikrosystemtechnik wird in den Umfrageergebnissen bestätigt. Die „Wichtigkeit für die wirtschaftliche Entwicklung" hat mit 71 % das mit Abstand höchste Gewicht unter allen potentiellen Wirkungseffekten. Besonders hohe ökonomische Potentiale werden beim praktischen Einsatz von *Bauelementen, die Sensoren, Controller und Aktuatoren integrieren* (Frage 42,17: 97 % Runde 1, 99 % Runde 2) und bei der Verwendung von *intelligenten Materialien* (Frage 90,1: 95 % Runde 1, 97 % Runde 2) gesehen.[4] Die hohe ökonomische Relevanz der Mikrosystemtechnik bestätigt sich auch bei einem Vergleich mit den aggregierten Ergebnissen der gesamten Delphi-Umfrage.[5] Zwar spielt auch in der Gesamtbewertung aller Thesen die wirtschaftliche Entwicklung die entscheidendste Rolle (ca. 60 %); jedoch ergibt sich für die Mikrosystemtechnik mit 71 % ein deutlich höherer Wert.

Eine vergleichsweise niedrigere ökonomische Relevanz im Sinne einer gesamtwirtschaftlich weitreichenden und wichtigen Bedeutung ist in solchen Fällen zu verzeichnen, in denen die Entwicklungen einem wirtschaftlich eng abgrenzbaren Wirkungs- und Einsatzbereich zuzuordnen sind (z.B. bei Mikrosystemtechnik-Anwendungen, die nur eine bestimmte Branche betreffen). Ein solcher gesamtwirtschaftlich geringerer Hebeleffekt ist z.B. in folgenden Fällen zu identifizieren: *Implantierbare Dialysegeräte* (Frage 56,80), *sich selbständig im Körper bewegende Mikrogeräte* (Frage 58,81), *Mikrogeräte, die als Energiequelle das ATP im Blut nutzen können* (Frage 58,82), *Lebensmittelanalysegeräte für die Nutzung im Haushalt* (Frage 190,98), *In-situ-Meß- und Sensorsysteme für das Wassermonitoring* (Frage 206,56). Auch ist gerade bei diesen ausgewählten Fällen zu berücksichtigen, daß diese nicht nur der wirtschaftlichen, sondern auch gesundheitspolitischen und ökologischen Zielsetzungen dienen.

Daß Entwicklungen der Mikrosystemtechnik nicht ausschließlich wirtschaftlichen Zielen dienen, sondern auch in starkem Maße weitergehende Wirkungseffekte ent-

---

[3] Auf Grund der engen empirischen Basis und um Verzerrungen durch eine erforderliche Gewichtung zu vermeiden, erfolgte keine gesonderte Berücksichtigung der Fachspezialisten.

[4] Die numerische Kodierung der Fragen dient zur Identifikation der jeweiligen Frage in den beiliegenden Übersichten und im Delphi-Datenband. Die Kodierung bezieht sich auf den Delphi-Datenband und erfolgt nach folgendem Schema: Frage *Seite/ Nummer der Frage.*

[5] Vergleiche hierzu Fraunhofer-Institut für Systemtechnik und Innovationsforschung (1998), Delphi'98, Methoden und Datenband, Seite 17.

falten, wird auch durch den Wert von knapp 41 % deutlich, der im Wirkungsbereich „gesellschaftliche Entwicklung“ erreicht wird. Eine besonders hohe Bewertung erfahren dabei Entwicklungen aus den Bereichen Medizintechnik und Verkehrstechnik (z.B. *Biosensoren für medizinische Zwecke*, Frage 50,49; *implantierbare Dialysegeräte*, Frage 56,80; *persönliche Travelagents*, Frage 286,67).

Eine Bedeutung für Arbeit und Beschäftigung sehen insgesamt 25 %. Damit liegt die Arbeitsmarktwirkung der Mikrosystemtechnik auf vergleichbarem Niveau mit dem aggregierten Wert aller in der Delphi-Umfrage untersuchten Zukunftstechnologien.[6]

Eine differenziertere Betrachtung der Antworten zur Beschäftigungswirkung zeigt jedoch auch, daß gerade grundlegende Mikrosystemtechnik-Entwicklungen deutlich höhere Hebeleffekte am Arbeitsmarkt erwarten lassen. Dies wird bei gesamtwirtschaftlich bedeutsamen Entwicklungen, wie z. B. der praktische Einsatz von *Bauelementen, die Sensoren, Controller und Aktuatoren integrieren*, besonders deutlich (vgl. Frage 42,17 Runde 1: 47 %; Runde 2: 41 %). Auch ist zu berücksichtigen, daß in der Delphi-Umfrage nach Arbeitsmarktwirkungen generell, nicht jedoch nach der Richtung der Wirkung gefragt wurde. Dies ist z. B. bei Entwicklungen zu berücksichtigen, die gleichzeitig zur Arbeitsplatzsicherung und zur Prozeßrationalisierung beitragen. Dies wird bei Entwicklungen wie dem *intelligenten Roboter* deutlich (Frage 58,87: Runde 1: 49 %; Runde 2: 47 %).

Die im Bereich „Arbeit und Beschäftigung“ im Vergleich zur „wirtschaftlichen Entwicklung“ niedrigeren Wirkungseffekte bestätigen, daß innovative Technologien ein wichtiges und notwendiges, jedoch nicht hinreichendes und alleiniges Instrument zur Lösung der Problematik der Arbeitslosigkeit sind.

Eine Wichtigkeit der Mikrosystemtechnik zur Lösung ökologischer Probleme wird im Durchschnitt aller Mikrosystemtechnik-Delphithesen von 22 % gesehen. Eindeutig höhere Umweltwirkungen gehen jedoch von direkt umweltrelevanten Anwendungen aus (z.B. *Gewässermonitoring* (Frage 206,56, Runde 1: 87 %, Runde 2: 89 %), *Verbrauchssteuerung in Gebäuden* (258,44, Runde 1: 86 %, Runde 2: 88 %). Diese hohen Werte in einzelnen Bereichen zeigen, daß die Mikrosystemtechnik mit ausgewählten Anwendungen zukünftig einen wesentlichen Beitrag zur Sicherstellung von Nachhaltigkeit in Produktion und Konsum leisten kann.

Den niedrigsten Wert unter den potentiellen Wirkungsfeldern erreicht mit rund 20 % der Bereich „Erweiterung des menschlichen Wissens“. Dies zeigt, daß auch in der Mikrosystemtechnik, trotz des vorangeschrittenen Innovationsprozesses, auch weiterhin ein noch zu entwickelndes Potential vermutet wird. Gleichzeitig machen

---

6 Vergleiche hierzu Fraunhofer-Institut für Systemtechnik und Innovationsforschung (1998), Delphi'98, Methoden und Datenband, Seite 17.

die vergleichsweise geringen Wirkungseffekte in diesem Bereich jedoch auch deutlich, daß es sich bei der Mikrosystemtechnik nicht mehr um ein rein akademisches Themenfeld und ein Gebiet der Grundlagenforschung handelt.

Die insgesamt hohe Bedeutung der Mikrosystemtechnik wird dadurch gestützt, daß über alle Fragen gemittelt die Entwicklungen der Mikrosystemtechnik nur in 4,9 % der Fälle als „unwichtig“ bewertet wird.

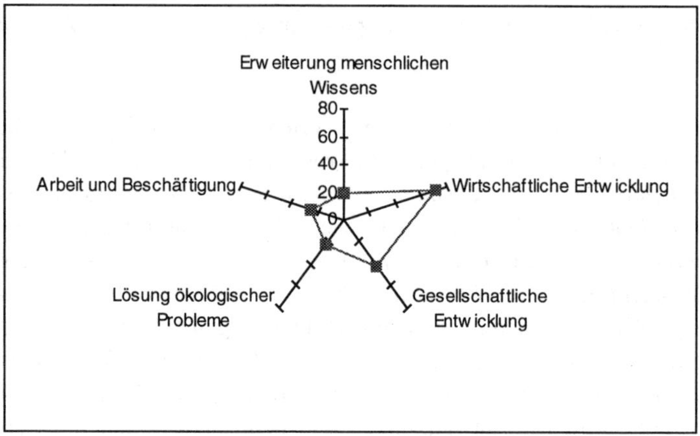

Abbildung 2: Wichtigkeit der Mikrosystemtechnik für unterschiedliche Wirkungsbereiche (in % der Antworten)

3. Der zeitliche Korridor der weiteren Mikrosystemtechnik-Entwicklung

Im Schnitt wird davon ausgegangen, daß die untersuchten Mikrosystemtechnik-Entwicklungen bis zum Jahr 2009 realisiert werden können. Die Fachspezialisten unter den befragten Experten sehen eine geringfügig frühere Umsetzung sogar bis zum Jahr 2007. Die „Optimisten“ (unteres Quartil) rechnen bereits mit einer mittleren Realisierung bis zum Jahr 2005, die „Pessimisten“ sehen eine Verwirklichung erst nach dem Jahr 2013.

An dieser Streubreite der Antworten zur zeitlichen Realisation, gemessen am Abstand zwischen unterem (2005) und oberem Quartil (2013), läßt sich erkennen, daß insgesamt noch erhebliche Unsicherheiten über den Realisationszeitpunkt der einzelnen Entwicklungen bestehen. Diese Unsicherheiten stellen jedoch kein spezifisches Charakteristikum der Mikrosystemtechnik-Entwicklung dar, sondern sind generell ein typisches Kennzeichen komplexer Innovationsprozesse.

Trotz dieser hohen Unsicherheiten bezüglich Realisationszeitpunkt erweist sich in der Gesamtbetrachtung nur ein geringer Anteil der Entwicklungen als reine Utopie. Nur ein Anteil von 3,4 % der Befragten geht im Schnitt davon aus, daß sich die untersuchten Mikrosystemtechnik-Entwicklungen nie realisieren lassen. Vergleichsweise schlechtere Umsetzungschancen werden nur bei einzelnen Entwicklungen gesehen[7]. Dies sind z.B.: *Biosensoren, die ein einziges Molekül identifizieren können* (Frage 48,48); *intelligente Roboter mit Gesichts- und Hörsinn und weiteren sensorischen Funktionen, die ihre Außenwelt selbst beurteilen und autonom Entscheidungen treffen* (Frage 58,87); *physikalische und chemische Meßverfahren zur Vorhersage von Verbraucher-Reaktionen* (Frage 184,76); *Meßgeräte zum Lebensmitteltest im Haushalt* (Frage 190,98).

Bei den oben genannten Jahreszahlen ist zu berücksichtigen, daß dabei die Werte über alle Fragen gemittelt wurden. Bei einer näheren Betrachtung zeigen die Delphi-Zeitdaten, daß die Technologieentwicklung und Diffusion in unterschiedliche Anwendungsfelder nicht sprunghaft, sondern vielmehr stetig und in kleinen Schritten erfolgt. Dieser schrittweise Entwicklungs- und Diffusionsprozeß zeigt sich auch durch folgende Verteilung der mittleren Realisationserwartungen für die in Delphi'98 untersuchten Thesen:[8]

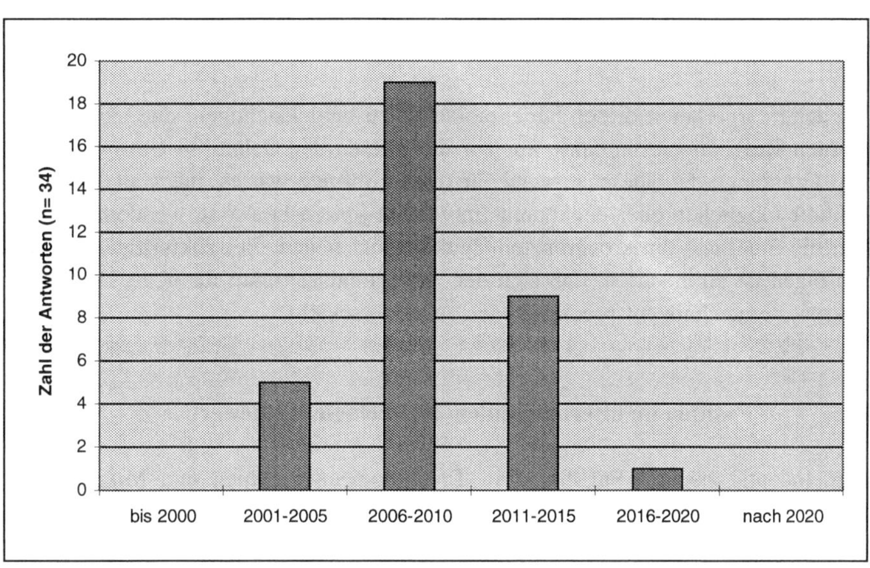

Abbildung 3: Zeitliche Struktur der weiteren Mikrosystemtechnik-Entwicklung für die in Delphi'98 untersuchten Thesen

---

7 Schlechtere Realisierungschancen wurden dann angenommen, wenn der Wert für „nicht realisierbar" in beiden Befragungsrunden 10% überstieg.

8 Ergebnisse der Runde 2. Als Bewertungszeitpunkt wurde der Wert des Medians der 2. Runde gewertet.

Mit der *praktischen Verwendung von „Bauelementen“ der Mikrosystemtechnik* wird im Mittel bis zum Jahr 2003, von Fachspezialisten bereits bis zum Jahr 2002 gerechnet. Der Großteil der untersuchten Fragestellungen befaßt sich jedoch mit weiterreichenden Produkt- und Systementwicklungen in unterschiedlichen Anwendungsfeldern der Mikrosystemtechnik. Mit deren Realisation ist erst in der darauf folgenden Zeit zu rechnen. In welcher Folge die Realisierung einzelner Entwicklungen konkret erwartet werden kann, zeigt die **Mikrosystemtechnik-Roadmap** im Anhang. Für den Großteil der in Delphi’98 untersuchten Entwicklungen ist ein weiterer Umsetzungszeitraum von ca. 10 Jahren zu erwarten.

Diese auf den ersten Blick lange Zeitdimension ist für komplexe Technologieentwicklungen durchaus nicht untypisch. Sieht man die Ergebnisse zur Mikrosystemtechnik im Kontext der Delphi-Gesamtbewertung, wird deutlich, daß die weitere Mikrosystemtechnik-Entwicklung dem allgemeinen Grundmuster entspricht. So ergibt sich z. B. auch in der Betrachtung aller Delphi-Thesen ein klarer Schwerpunkt der Realisation im Zeitraum 2006-2010. Bei einem Vergleich der zeitlichen Verteilung der Mikrosystemtechnik mit dem Gesamtrealisationsmuster aller Technologien in Delphi’98, wird jedoch auch deutlich, daß erwartet werden kann, daß sich die Mikrosystemtechnik zügiger realisieren wird. Dies ist v.a. auch auf den vorangeschrittenen Diffusionsprozeß und die inzwischen erreichte Anwendungsnähe der Mikrosystemtechnik zurückzuführen.[9]

Bei der Interpretation dieser Jahreszahlen ist zu berücksichtigen, daß sich die genannten Realisationszeitpunkte nur auf die Thesen der Delphi’98-Umfrage beziehen. Grundlage der Thesenauswahl für diese Umfrage war es, nicht alle in ferner Zukunft möglichen oder denkbaren Entwicklungen zu bewerten, sondern nur solche, die innerhalb eines begrenzten Zeitkorridors liegen. Bei zukünftigen Delphi-Umfragen ist zu erwarten, daß sich der Realisationszeitraum für neue Thesen der Mikrosystemtechnik entsprechend nach vorne verschiebt.

4. Position im internationalen Technologiewettbewerb

Der eindeutig höchste FuE-Stand in Technologieentwicklung und Mikrosystemtechnik-Anwendung wird in den USA, Japan und Deutschland gesehen. Die Ergebnisse der Delphi-Umfrage bestätigen klar das Kopf-an-Kopf Rennen der technologisch starken Nationen. Die USA führen dabei das Feld mit 67 % an, Deutschland mit 56 % und Japan mit 52 % folgen dicht dahinter. Das Kopf-an-Kopf Rennen läßt

---

9 Vergleiche hierzu Fraunhofer-Institut für Systemtechnik und Innovationsforschung (1998), Delphi’98, Methoden und Datenband, Seite 18.

sich nicht nur aus der absoluten Höhe der einzelnen Prozentwerte ableiten, sondern auch daraus, daß es bei dieser Frage häufig zu Mehrfachnennungen kommt.[10]

Andere Nationen liegen vergleichsweise abgeschlagen von der genannten Führungsspitze. Der Gruppe „anderes EU-Land" werden nur bei knapp 10 % der Antworten die stärksten FuE-Kapazitäten zugerechnet. Eine andere Nation außerhalb USA, Japan und EU wird sogar in nur 3 % der Fälle genannt.

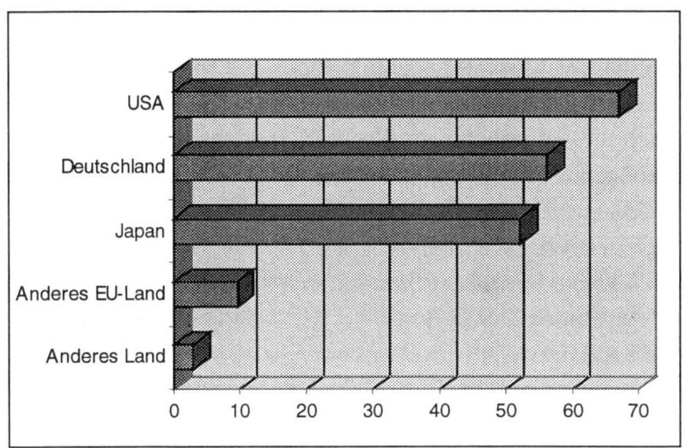

Abbildung 4: Internationaler FuE-Stand (in % der Antworten)

Die Wettbewerbsvorteile Deutschlands liegen vor allem in solchen Anwendungsfeldern, in denen Deutschland auch traditionell seine Stärken aufweisen kann: Dies zeigt sich z.B. durch besondere Stärken auf folgenden Feldern:[11] Verkehrs- und Automobiltechnik (Fragen 282,56, 292,91, 292,92), Medizintechnik (*Dialysegeräte*, Frage 56,80 und *medizintechnische Mikrogeräte*, Frage 58,81), Umwelttechnologie (*Gewässermonitoring*, Frage 206,56 und *Gebäudeklimasteuerung* Frage 258,44), Chemie (*Minireaktoren für chemische Synthese*, Frage 94,19).

Damit besitzt Deutschland für den weiteren Standortwettbewerb eine hervorragende Ausgangsposition. Dies wird bei einer Einordnung der Mikrosystemtechnik-Ergebnisse in den Kontext der gesamten Delphi'98-Umfrage um so deutlicher. Hier rangiert der Wert der Mikrosystemtechnik mit 56 % („höchster F&E-Stand in Deutschland") insgesamt im vorderen Bereich und liegt dabei z. B. noch vor den Feldern Information, Dienste oder der Biomedizin.[12]

---

10 Dies läßt sich daran erkennen, daß die Summe der genannten Prozentwerte den Wert 100 deutlich übersteigt.

11 Als Stärke wurden Ergebnisse über 75% in Runde 1 und 2 oder nur in Runde 2 gewertet.

12 Vergleiche hierzu Fraunhofer-Institut für Systemtechnik und Innovationsforschung (1998), Delphi'98, Methoden und Datenband, Seite 19.

5. Weitere Folgen der technischen Entwicklung

Bei den aus der Mikrosystemtechnik-Entwicklung und -anwendung potentiell hervorgehenden weiterreichenden Folgen läßt sich unter den möglichen Optionen eine klare Differenzierung erkennen.

Als am gewichtigsten werden mögliche Folgen und Herausforderungen auf der sozialen, kulturell-gesellschaftlichen Ebene gesehen. Mit 59 % werden hier die umfassendsten Folgewirkungen vermutet. Dieser hohe Wert macht deutlich, daß Innovationsprozesse der Mikrosystemtechnik nicht nur auf einzelne technologische Entwicklungen oder eng begrenzbare ökonomische Wirkungsfelder begrenzt sind. Sie sind vielmehr in komplexe gesellschaftliche Entstehungs- und Wirkungszusammenhänge eingebunden. Besonders hohe Werte erreichen dabei Anwendungen der Medizin/Medizintechnik und einzelne, gesellschaftlich sensiblere Entwicklungen wie z. B. *Biosensoren zur individuellen Identifikation* (Frage 48,47, Runde 1: 78 %, Runde 2: 80 %) oder *intelligente, autonom entscheidende Roboter* (Frage 58, 87, Runde 1: 85 %, Runde 2: 95 %).

Sicherheitsaspekten wird mit 40 % ebenfalls eine hohe, im Vergleich zu Wirkungen auf Gesellschaft und Kultur jedoch deutlich geringere, Relevanz zugesprochen. Entwicklungen von deutlich höherer Sicherheitsrelevanz sind dabei z.B. *Haussicherheitssysteme mit hochempfindlichen Sensoren* (Frage 50,51, Runde 1: 66 %, Runde 2: 74 %) oder *Universal ID-Kartensysteme mit kabelloser Übertragungsmöglichkeit* (Frage 52,58, Runde 1: 65 %, Runde 2: 87 %).

Eine hohe Umweltrelevanz hat der Einsatz der Mikrosystemtechnik vor allem im Zusammenhang mit umwelttechnischen Anwendungen (z.B. *In-situ-Meß- und Sensorsysteme für das Wassermonitoring* (Frage 206,56)). Insgesamt ist die Mikrosystemtechnik jedoch ökologisch neutral. Dies wird an dem niedrigen Wert von 18 % im Bewertungsbereich „Folgeprobleme für die Umwelt“ deutlich. Auch sind sonstige Folgen von insgesamt geringem Gewicht (16 %).

6. Welche Maßnahmen sind zu ergreifen ?

In der Delphi-Umfrage standen folgende Maßnahmen zur Unterstützung der weiteren Entwicklung zur Bewertung: bessere Ausbildung, Personalaustausch zwischen Wirtschaft-Wissenschaft, internationale Kooperation, FuE-Infrastruktur, Förderung durch Dritte, Regulationsänderung, Sonstiges/ andere Maßnahmen.

In diesem Bündel ausgewählter Maßnahmen erhalten die Förderung der FuE-Infrastruktur (54 %) und die Unterstützung internationaler Kooperationen (50 %) eindeutige Priorität.[13]

Vor dem Hintergrund der bereits heute hervorragenden FuE-Infrastruktur im Bereich der Mikrosystemtechnik deutet der hohe Wert von 54 % bei den geforderten Maßnahmen darauf hin, daß auch heute noch nicht alle technologischen Potentiale der Mikrosystemtechnik ausgeschöpft sind und daß für deren Erschließung und anwendungsorientierten Umsetzung eine leistungsfähige FuE-Struktur erforderlich ist. Gefragt sind Maßnahmen zur Unterstützung der FuE-Infrastruktur besonders im Bereich breit einsetzbarer Basisentwicklungen und -produkte wie z.B. *Mikrosystemtechnik-Bauelemente* (Frage 42,17, Runde 1: 64 %, Runde 2: 76 %), *flexible Displays* (Frage 48,46; Runde 1: 61 %, Runde 2: 74 %) oder *Biosensoren* (Frage 48,48; Runde 1: 63 %, Runde 2: 72 %).

Ein besonders hoher Bedarf an internationaler Kooperation wird hingegen tendenziell bei Entwicklungen gesehen, die stärker auf konkrete Anwendungen zugeschnitten sind, wie z.B. *Flachbildschirmen* (Frage 90,2; Runde 1: 69 %, Runde 2: 77 %), *Einsatz der Telekommunikation im Bereich der Verkehrstelematik* (Frage 282,56; Runde 1: 60 %, Runde 2: 78 %), *Biosensoren für medizinische Zwecke* (Frage 50,49; Runde 1: 64 %, Runde 2: 81 %).

Als bedeutend, jedoch als insgesamt weniger wichtig, werden die Förderung durch Dritte (36 %), der Personalaustausch Wirtschaft-Wissenschaft (29 %), und die Ausbildung (22 %) erachtet. Der Wert von 36 %, der in diesem Zusammenhang der Förderung durch Dritte zugemessen wird, zeigt auf, daß eine Förderung auch weiterhin als notwendig erachtet wird. Es wird jedoch auch deutlich, daß potentielle und bereits erschlossene wirtschaftliche Verwertungsmöglichkeiten essentielle Anreize entfalten, eigeninitiativ und mit eigenen Mitteln Innovationsprozesse in der Mikrosystemtechnik voranzutreiben. Ein deutlich höherer Unterstützungsbedarf durch Dritte wird hingegen noch im Zusammenhang mit der *Herstellungstechnik von Mikrostrukturen gesehen* (Frage 120,44; Runde 1: 64 %, Runde 2: 67 %). Der Personalaustausch Wirtschaft/ Wissenschaft wird vor allem in solchen Fällen als notwendig erachtet, in denen die Mikrosystemtechnik-Anwendungen direkt an industrielle Prozesse ansetzen oder in diese integriert werden. Dies wird z.B. im Zusammenhang mit *Wartungssystemen für Produktionsanlagen* deutlich (Frage 58,88; Runde 1: 51 %, Runde 2: 54 % und Frage 134,99; Runde 1: 50 %, Runde 2:47 %).

---

[13] Der hohe Wert für Maßnahmen im Bereich der F&E-Infrastruktur ist jedoch zu relativieren. Denn ein hoher Anteil der antwortenden Experten hat nach Auskunft des Fraunhofer-Instituts für Systemtechnik und Innovationsforschung einen engen Bezug zum Kontext Forschung und Entwicklung. Dadurch besteht die Möglichkeit, daß Maßnahmen in diesem Bereich überbetont wurden.

Ein Erfordernis von regulativen Maßnahmen wird vor allem in spezifischen sicherheitssensiblen bzw. sicherheitsrelevanten Bereichen gesehen. Beispiele hierfür sind z.B. *Universal-ID-Kartensysteme mit kabelloser Übertragung der Informationsinhalte* (Frage 52,58; Runde 1: 25 %, Runde 2: 21 %) oder der *Einsatz von Distanzmeldern im Straßenverkehr* (Frage 292,91; Runde 1: 30 %, Runde 2: 40 %). Insgesamt werden Regulationsänderung (11 %) oder Maßnahmen in anderen Bereichen als weniger notwendig erachtet.

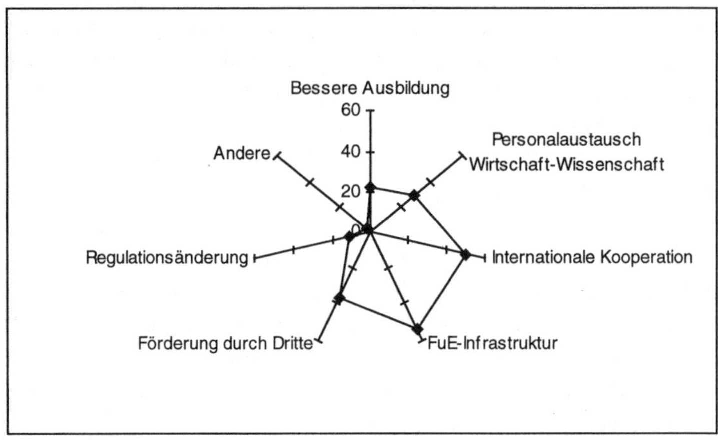

Abbildung 5: Wichtige Maßnahmen (in %)

7. Zusammenfassung und Ausblick

Mit den Delphi'98-Ergebnissen konnten wichtige Eckpunkte der weiteren Mikrosystemtechnik-Zukunft aufgezeigt werden. Nachfolgende Übersicht bietet eine Zusammenfassung der Kernergebnisse:

(1) Die Zukunft steht vor allem im Zeichen der weiteren Diffusion der Mikrosystemtechnik in Produkte und integrierte Systeme einzelner Anwendungsfelder.

(2) Die deutlich stärksten Impulse entfaltet die Mikrosystemtechnik auf die wirtschaftliche Entwicklung. Daneben besteht auch eine hohe Relevanz für andere gesellschaftliche Zielfelder (z.B. Gesundheit).

(3) Für die Bereiche Umwelt und Beschäftigung werden vergleichsweise geringere Wirkungseffekte vermutet. Hier ergeben sich deutliche Hebeleffekte vor allem durch praxisorientierte Basisprodukte (z. B. standardisierte Bauelemente/Komponenten) und ausgewählte Einzelentwicklungen.

(4) Der Entwicklungs- und Diffusionsprozeß der Mikrosystemtechnik erfolgt schrittweise und über mehrere Stufen. Für den Großteil der in der Delphi-Studie untersuchten Entwicklungen ist im betrachteten Zeithorizont mit einem Umsetzungszeitraum von ca. 10 Jahren ab heute zu rechnen.

(5) Die Streubreite der Anworten zeigt, daß die genauen Realisationszeitpunkte auf Grund der komplexen Technologie- und Produktentwicklung nicht exakt bestimmt werden können.

(6) Im internationalen Wettbewerb verfügen die USA, Deutschland und Japan deutlich über den höchsten FuE-Stand. Dabei belegen die USA klar den Platz 1, Deutschland und Japan folgen im Anschluß fast gleichauf.

(7) Die Mikrosystemtechnik-Stärken Deutschlands liegen auch weiterhin vor allem auf Anwendungsfeldern mit traditionell starker deutscher Wettbewerbsposition (z.B. Verkehrs-, Medizin- oder Umwelttechnik, Automobilbau, Chemie). Die Mikrosystemtechnik ermöglicht hier die Weiterentwicklung und Sicherung dieser Kompetenzen.

(8) Die Berücksichtigung gesellschaftlicher und sozio-kultureller Herausforderungen und Fragen ist ein wichtiges Element erfolgreicher Mikrosystemtechnik-Technologie- und Produktentwicklung.

(9) Prioritäre Aktionsfelder innerhalb des untersuchten Maßnahmenbündels sehen die Befragten vor allem auf den Gebieten FuE-Infrastruktur und internationale Kooperation.

(10) Maßnahmen im Bereich Ausbildung, Personalaustausch, Förderung durch Dritte und Regulierung sind weniger insgesamt, als vielmehr für einzelne Entwicklungen von hoher Bedeutung.

Ziel der vorliegenden Kurzstudie ist es, die Zukunftsentwicklung der Mikrosystemtechnik auf Basis der Delphi'98-Daten zu skizzieren. Hieraus lassen sich bereits erste Schlußfolgerungen für konkrete Handlungen ziehen, die von verschiedenen Akteuren (Wissenschaft, Wirtschaft und Staat) zielorientiert verfolgt und umgesetzt werden sollten. Bei der Arbeit an Delphi'98 wurde den Analysten deutlich, daß für ein differenzierteres Bild der Mikrosystemtechnik die Datenlage über die Zukunftsentwicklung zu verbreitern und zu vertiefen ist. Durch Delphi'98 für die Mikrosystemtechnik nicht beantwortbare Fragestellungen sind z.B. „Welche sozioökonomischen Zusammenhänge sollten zukünftig für eine erfolgreiche Entwicklung und Anwendung der technologischen Potentiale der Mikrosystemtechnik genutzt werden ?", „Welche positiven wirtschaftlichen Wirkungseffekte sind konkret zu erwarten?" oder „In welcher Form kann die Diffusion und Zukunftsentwicklung der Mikrosystemtechnik gefördert werden?".

Zur angesprochenen Verbesserung der Datenlage können mehrere, sich ergänzende Wege verfolgt werden:

(1) ein ergänzendes, ausführlicheres Mikrosystemtechnik-spezifisches Delphi

(2) die direkte und ausführliche Diskussion in strategischen Runden mit Mikrosystemtechnik-Experten aus Wirtschaft und Wissenschaft,

(3) eine umfangreichere und aktualisierte Verankerung von Thesen zur Mikrosystemtechnik und Mikrointegration in künftigen Delphi-Gesamtstudien.

Anhang 2-1 Mikrosystemtechnik-Roadmap

Realisierung bis ca.:	These	Frage (S., Nr.)
2003	Bauelemente, die Sensoren, Controller und Aktuatoren integrieren, finden in der Mikromaschinentechnik praktische Verwendung.	*42,17*
2003	Sehr präzise Flachbildschirme, die nicht durch elektrische Wellen gestört werden, einen niedrigen Energieverbrauch haben und ohne Braunsche Röhre arbeiten, sind weit verbreitet.	*90,2*
2003	Leistungsfähige Online-Prozeß-Sensoren werden entwickelt, um Faktoren, die die Lebensmittelqualität bestimmen, zu kontrollieren und zu überwachen.	*184,78*
2004	Physikalische und chemische Messungen werden in der Praxis eingesetzt, um Verbraucher-Reaktionen (z.B. Vorlieben für bestimmte Lebensmittel und Akzeptabilität) vorherzusagen.	*184,76*
2005	Es werden Analysesysteme auf Mikrochipbasis (HPLC/UV-Koppelung) zur Online-Überwachung in Produktionsanlagen entwickelt.	*134,99*
2006	Telekommunikationssysteme werden verbreitet eingesetzt, um eine intelligente Verkehrs- und Transportverteilung auf die verschiedenen Verkehrs- und Transportsysteme zu erreichen, um die vorhandene Infrastruktur rationeller (und rationaler) zu nutzen, den Abbau von Verkehrsspitzen zu unterstützen und den Einsatz flexibel einsetzbarer Verkehrsmittel zu begünstigen bzw. zu ermöglichen.	*282,56*
2007	Biometrische Sensoren mit vorgegebenen Mustern für Netzhaut und Fingerprints werden für die individuelle Identifizierung praktisch eingesetzt.	*48,47*
2007	Universal-ID-Kartensysteme sind weit verbreitet, deren Informationsgehalte kabellos übertragen werden.	*52,58*

2007	Ein Fernwartungssystem wird allgemein eingesetzt, mit dem Anlagen und Maschinen mit hochentwickelten und komplizierten Funktionen von außerhalb der Fabrik aus gewartet werden können.	*58,88*
2007	Intelligente Materialien (z.B. Formgedächtnisregulierungen, piezoelektrische Keramik, magnetostriktive Materialien, magneto-elektrische adhäsive Flüssigkeiten etc.) mit der Eigenschaft, sich äußeren Einflüssen anzupassen, werden zur Steigerung der Effizienz von Maschinen in größerem Umfang verwendet.	*90,1*
2007	Auf der modernen Biotechnologie basierende Techniken (z.B. Biosensoren, künstliche multifunktionale Enzyme), werden zur kontinuierlichen Überwachung von Qualitätsparametern in der Lebensmittelverarbeitung angewendet (z.B. Kontrolle des Gehalts an Mikro-Nährstoffen oder schädlichen Substanzen).	*184,77*
2007	Eine Meß-, Steuer- und Regel-Technik wird in der Praxis eingesetzt, mit der das Innenklima in Häusern unter Nutzung gespeicherter Kälte und Abwärme effektiv gesteuert werden kann.	*258,44*
2007	Sicherheitssysteme einzelner Häuser, die mit hochempfindlichen Sensoren gegen Einbruch, Schäden usw. (z.B. automatische Feuerlöschanlage) ausgerüstet sind, werden zusammengeschlossen und finden als regionale Verbundeinrichtungen allgemeine Anwendung.	*50,51*
2007	Distanzmelder in Kraftfahrzeugen, die für eine Reduzierung der kritischen Abstände sorgen und die Verkehrssicherheit und Stabilität des Verkehrsflusses erhöhen, sind weit verbreitet.	*292,91*
2008	Chipkarten werden aus Sicherheitsgründen nicht mehr eingesetzt. Die Identifikation an Automaten oder Eingangskontrollen findet biometrisch (Gesichtserkennung, Fingerprint, Hautstruktur etc.) statt.	*52,57*
2008	Die Untersuchung und Wartung von Installationseinrichtungen mit Mikromaschinen findet praktische Anwendung.	*96,30*

2008	Eine Technik wird angewendet, die die Herstellung von Mikrostrukturen mit Abmessungen bis zu 10nm effizient möglich macht.	*120,44*
2008	Es werden Meßgeräte entwickelt, mit denen im Haushalt die Frische von Lebensmitteln und der Grad ihrer Verunreinigung mit Mikroorganismen in Sekundenschnelle festgestellt werden können.	*190,98*
2008	Ein portabler Personal Travel Assistant erreicht Serienreife und ist allgemein verbreitet, so daß Verkehrsteilnehmer sich jederzeit unabhängig von Raum und gewähltem Verkehrsmittel permanent über Alternativen informieren sowie eine Buchung und Bezahlung vornehmen können.	*286,67*
2008	Auf gewöhnlichen Straßen werden Fahrer-Unterstützungssysteme eingesetzt, welche die für das Autofahren notwendigen Informationen empfangen sowie dem Fahrer Warnungen geben bzw. in den Fahrablauf eingreifen.	*292,92*
2009	Flexible, robuste (faltbare, rollbare) Displays sind verfügbar.	*48,46*
2009	Sensoren aus stabilen Materialien sind weit verbreitet, die als Implantate die Dosierung lebenswichtiger Medikamente steuern.	*126,65*
2009	Das intelligente Haus wird von Computern gesteuert und überwacht, die auf der Basis drahtloser Kommunikation miteinander kommunizieren.	*258,47*
2010	Eine Technik wird angewendet, durch die Strukturen einer Abmessung von 10nm industriell verarbeitet werden können.	*94,20*
2011	Die bisherigen Monitorstrategien für die (bio-)chemische Beschaffenheit der Grund- und Oberflächengewässer (Probenahme und Analyse der Proben im Labor) werden durch die Verfügbarkeit von (langzeitstabilen, zuverlässigen, robusten, fernkalibrierbaren, kommunikationsfähigen, energie-sparenden) feldtauglichen in-situ-Meß- und Sensorsystemen ersetzt, um die zeitliche und flächenhafte Dichte der Überwachung der Gewässer erheblich zu verbessern.	*206,56*

2011	Für medizinische Zwecke werden Ultramikro-Biosensoren auf der Basis biochemischer Reaktionen eingesetzt.	*50,49*
2011	Künstliche Dialysegeräte sind weit verbreitet, die so klein sind, daß sie implantiert werden können.	*56,80*
2012	Für die Herstellung von chemischen Spezialprodukten sind Syntheseanlagen, die aus multiplen Mini-Reaktoren (Mikrometerbereich) bestehen, im Einsatz.	*94,19*
2012	Innenausstattungsmaterialien, in die bereits Sensoren für Raumtemperatur und Luftfeuchtigkeit sowie Kontrollelemente für die Raumatmosphäre integriert sind, werden entwickelt.	*260,49*
2013	Biosensoren, die ein einziges Molekül identifizieren können, werden praktisch genutzt.	*48,48*
2013	Verschiedene Mikrogeräte, die sich selbständig im Körper bewegen können, werden in der klinischen Praxis (z.B. für die Blutdiagnose und Thrombosetherapie) angewendet.	*58,81*
2014	Elektronische Assistenzsysteme können Menschen am Gesicht erkennen, ihre Handlungen interpretieren und auf diese reagieren (das intelligente Zimmer). Dies ist vor allem für gebrechliche und behinderte Menschen eine große Hilfestellung.	*258,48*
2015	Intelligente Roboter werden eingesetzt, die über einen Gesichtssinn, einen Hörsinn und andere sensorische Funktionen verfügen, die Situation in der Außenwelt selbst beurteilen könne und autonom Entscheidungen treffen.	*58,87*
2018	Mikromaschinen für den medizinischen Bereich werden entwickelt, die als Energiequellen das ATP im Blut nutzen.	*58,82*

Anhang 2-2 Datenübersicht

These Nr.	Technologie/ Anwendung	Datenbasis: Ausgewählte Delphi-Thesen mit Bezug zur Mikrosystemtechnik **Delphi-These** (Quelle: Cuhls, Kerstin u.a. (1998): <Fraunhofer-Institut für Systemtechnik und Innovationsforschung> **Delphi '98. Studie zur globalen Entwicklung von Wissenschaft und Technik.** Methoden- und Datenband. Studie im Auftrag des Bundesministeriums für Bildung, Wissenschaft, Forschung und Technologie, Karlsruhe	Runde	Anzahl der Antworten	Fachkenntnis % groß	Fachkenntnis % mittel	Fachkenntnis % gering
17	**IuK** Basistechnologie	Bauelemente, die Sensoren, Controller und Aktuatoren integrieren, finden in der Mikromaschinentechnik praktische Verwendung.	1	136	16	29	54
			2	113	11	32	58
46	Präsentation	Flexible, robuste (faltbare, rollbare) Displays sind verfügbar.	1	128	5	30	64
			2	106	4	25	72
47	Sensorik	Biometrische Sensoren mit vorgegebenen Mustern für Netzhaut und Fingerprints werden für die individuelle Identifizierung praktisch eingesetzt.	1	140	4	30	66
			2	126	4	29	67
48	Sensorik	Biosensoren, die ein einziges Molekül identifizieren können, werden praktisch genutzt.	1	76	8	18	74
			2	75	5	15	80
49	Sensorik	Für medizinische Zwecke werden Ultramikro-Biosensoren auf der Basis biochemischer Reaktionen eingesetzt.	1	54	9	28	63
			2	51	4	20	76
51	Sicherheit	Sicherheitssysteme einzelner Häuser, die mit hochempfindlichen Sensoren gegen Einbruch, Schäden usw. (z.B. automatische Feuerlöschanlage) ausgerüstet sind, werden zusammengeschlossen und finden als regionale Verbundeinrichtungen allgemeine Anwendung.	1	171	5	35	61
			2	142	3	29	68
57	Sicherheit	Chipkarten werden aus Sicherheitsgründen nicht mehr eingesetzt. Die Identifikation an Automaten oder Eingangskontrollen findet biometrisch (Gesichtserkennung, Fingerprint, Hautstruktur etc.) statt.	1	186	6	28	66
			2	145	6	28	67
58	Sicherheit	Universal-ID-Kartensysteme sind weit verbreitet, deren Informationsinhalte kabellos übertragen werden.	1	128	9	27	64
			2	108	6	26	68
80	**IuK-Anwendung** Mensch-Maschine-Kommunikation	Künstliche Dialysegeräte sind weit verbreitet, die so klein sind, daß sie implantiert werden können.	1	85	4	19	78
			2	81	1	15	84
81	Mensch-Maschine-Kommunikation	Verschiedene Mikrogeräte, die sich selbständig im Körper bewegen können, werden in der klinischen Praxis (z.B. für die Blutdiagnose und Thrombosetherapie) angewendet.	1	91	5	20	75
			2	85	1	18	81

Wichtigkeit für %						Zeitraum				Höchster FuE-Stand %					Wichtige Maßnahmen %							Folge-probleme %			
Erweiterung menschlichen Wissens	wirtschaftliche Entwicklung	gesellschaftliche Entwicklung	Lösung der ökologischen Probleme	Arbeit und Beschäftigung	unwichtig	Q_1	Median	Q_2	nie realisierbar (in %)	USA	Japan	Deutschland	anderes EU - Land	anderes Land	bessere Ausbildung	Personalaustausch Wirt.-Wiss.	internationale Kooperation	F&E-Infrastruktur	Förderung durch Dritte	Regulationsänderung	anderes	Umwelt	Sicherheit	soziale, kulturell - gesellschaftliche	andere
14	97	29	23	47	0	2002	2005	2009	0	61	62	75	2	3	31	44	55	64	40	1	0	13	23	51	33
8	99	25	18	41	0	2002	2005	2008	0	50	53	80	1	1	21	35	62	76	32	1	0	12	22	78	14
18	80	33	8	44	4	2006	2010	2015	0	52	88	14	4	3	24	30	49	61	37	4	2	24	17	60	21
8	92	22	4	45	2	2007	2011	2014	0	38	93	11	1	0	12	21	55	74	19	2	1	14	10	90	10
11	60	59	7	37	4	2003	2006	2012	1	87	42	36	11	5	26	31	53	61	33	14	0	3	63	78	8
7	67	70	3	30	3	2004	2007	2010	1	90	35	37	6	2	15	19	64	66	21	10	0	1	66	80	5
46	61	31	46	20	6	2008	2012	2019	15	70	37	52	13	5	33	30	57	63	37	7	0	33	42	67	13
40	77	23	36	10	3	2009	2013	2017	10	85	24	51	6	6	18	17	68	72	31	5	0	22	50	82	4
48	65	63	21	19	0	2008	2012	2017	0	80	30	57	9	9	33	29	64	60	40	9	0	10	35	80	20
46	58	72	6	10	0	2008	2012	2015	0	84	20	57	9	5	28	12	81	58	26	0	0	13	13	97	6
5	61	70	7	30	6	2003	2007	2013	1	81	35	56	11	5	20	36	34	44	37	19	8	7	66	70	7
4	69	73	5	22	6	2004	2007	2011	0	80	26	60	3	2	9	27	37	54	29	14	6	5	74	82	2
11	76	67	5	30	3	2005	2009	2014	4	86	45	40	9	4	24	32	56	53	34	23	2	2	58	69	9
3	82	71	4	21	4	2007	2009	2013	3	91	40	30	3	2	17	23	67	53	29	15	2	1	71	76	6
7	74	59	3	30	9	2003	2008	2014	4	83	48	40	11	3	16	38	54	40	28	25	5	2	65	65	5
2	78	59	2	17	7	2005	2008	2011	2	82	44	38	6	2	9	21	71	37	22	21	2	0	87	70	3
18	32	87	5	21	1	2008	2011	2016	2	65	34	66	3	4	27	25	59	54	46	7	1	0	26	82	13
11	29	89	4	16	1	2008	2011	2015	1	56	19	88	3	4	17	19	71	59	49	1	0	0	21	94	8
30	44	75	4	19	0	2008	2014	2022	4	75	50	64	5	3	35	26	56	60	49	4	1	2	33	71	18
22	41	91	3	14	0	2010	2014	2018	4	73	28	77	1	4	21	12	56	72	47	3	0	0	33	91	11

These Nr.	Technologie/ Anwendung	Delphi-These	Runde	Anzahl der Antworten	Fachkenntnis % groß	Fachkenntnis % mittel	Fachkenntnis % gering
82	**IuK-Anwendung** Mensch-Maschine-Kommunikation	Mikromaschinen für den medizinischen Bereich werden entwickelt, die als Energiequellen das ATP im Blut nutzen.	1	50	10	22	68
			2	47	2	13	85
87	Mensch-Umwelt-Kommunikation	Intelligente Roboter werden eingesetzt, die über einen Gesichtssinn, einen Hörsinn und andere sensorische Funktionen verfügen, die Situation in der Außenwelt selbst beurteilen können und autonom Entscheidungen treffen.	1	169	11	32	57
			2	140	6	31	64
88	Mensch-Umwelt-Kommunikation	Ein Fernwartungssystem wird allgemein eingesetzt, mit dem Anlagen und Maschinen mit hochentwickelten und komplizierten Funktionen von außerhalb der Fabrik aus gewartet werden können.	1	181	9	37	54
			2	141	6	36	57
1	**Management & Produktion** Neue Werkstoffe	Intelligente Materialien (z.B. Formgedächtnislegierungen, piezoelektrische Keramik, magneto-striktive Materialien, magneto-elektrische adhäsive Flüssigkeiten etc.) mit der Eigenschaft, sich äußeren Einflüssen anzupassen, werden zur Steigerung der Effizienz von Maschinen in größerem Umfang verwendet.	1	129	4	36	60
			2	121	3	28	69
2	Neue Werkstoffe/ Komponenten/ Module	Sehr präzise Flachbildschirme, die nicht durch elektrische Wellen gestört werden, einen niedrigen Energieverbrauch haben und ohne Braunsche Röhre arbeiten, sind weit verbreitet.	1	145	3	32	64
			2	124	2	23	74
19	Produktionstechnik/ Betriebsmittel-technik	Für die Herstellung von chemischen Spezialprodukten sind Syntheseanlagen, die aus multiplen Mini-Reaktoren (Mikrometerbereich) bestehen, im Einsatz.	1	54	13	33	54
			2	67	10	16	73
20	Produktionstechnik/ Betriebsmittel-technik	Eine Technik wird angewendet, durch die Strukturen einer Abmessung von 10 nm industriell verarbeitet werden können.	1	91	7	31	63
			2	97	5	20	75
30	Sicherheit/ Arbeitsschutz	Die Untersuchung und Wartung von Installationseinrichtungen mit Mikromaschinen findet praktische Anwendung.	1	106	3	24	74
			2	102	3	18	79
44	**Bauen & Wohnen** Gebäudetechnik	Eine Meß-, Steuer- und Regel-Technik wird in der Praxis eingesetzt, mit der das Innenklima in Häusern unter Nutzung gespeicherter Kälte und Abwärme effektiv gesteuert werden kann.	1	80	15	34	51
			2	76	11	37	53
47	Gebäudetechnik	Das intelligente Haus wird von Computern gesteuert und überwacht, die auf der Basis drahtloser Kommunikation miteinander kommunizieren.	1	70	13	31	56
			2	78	14	27	59

Wichtigkeit für %						Zeitraum				Höchster FuE-Stand %					Wichtige Maßnahmen %							Folgeprobleme %			
Erweiterung menschlichen Wissens	wirtschaftliche Entwicklung	gesellschaftliche Entwicklung	Lösung der ökologischen Probleme	Arbeit und Beschäftigung	unwichtig	Q_1	Median	Q_2	nie realisierbar (in %)	USA	Japan	Deutschland	anderes EU - Land	anderes Land	bessere Ausbildung	Personalaustausch Wirt.-Wiss.	internationale Kooperation	F&E-Infrastruktur	Förderung durch Dritte	Regulationsänderung	anderes	Umwelt	Sicherheit	soziale, kulturell - gesellschaftliche	andere
33	42	70	2	14	0	2010	2018	2027	6	68	50	55	5	0	30	25	58	60	50	3	0	0	28	76	8
35	33	85	0	9	0	2016	2019	2024	4	79	28	60	2	0	24	19	64	69	48	0	0	0	19	97	6
28	71	55	23	49	10	2011	2016	2022	17	67	82	35	6	2	36	36	49	56	39	9	4	6	41	85	7
23	80	52	15	47	7	2012	2017	2021	12	58	90	26	4	2	27	31	53	69	28	4	3	7	41	95	6
3	88	20	23	58	3	2004	2008	2012	3	66	61	51	9	4	25	51	34	48	29	9	2	22	63	59	8
2	92	18	17	56	4	2005	2008	2011	2	76	63	56	5	3	17	54	36	62	20	7	2	7	80	72	5
22	95	7	21	36	0	2003	2007	2010	1	71	58	46	4	3	17	43	50	40	26	2	2	33	21	30	30
15	97	5	18	35	0	2005	2008	2011	0	75	56	35	3	4	12	41	52	51	19	2	3	36	16	38	31
15	79	30	14	50	1	2002	2004	2006	0	32	96	13	2	3	9	28	69	42	23	2	2	25	4	65	18
9	89	30	10	48	0	2002	2004	2006	0	28	99	8	2	2	6	21	77	51	11	3	1	16	4	85	9
26	85	6	52	37	4	2007	2011	2016	2	40	38	72	10	6	29	37	37	55	37	12	2	43	52	33	5
17	92	3	43	25	2	2009	2013	2016	0	30	29	86	3	3	25	25	21	66	31	10	2	54	64	26	0
33	89	10	16	31	3	2006	2010	2015	2	61	70	45	0	3	27	36	44	49	43	3	1	28	28	41	34
21	88	7	10	31	2	2007	2011	2014	1	53	81	47	1	1	21	28	45	65	38	1	1	23	17	56	31
13	84	11	29	41	6	2005	2009	2016	0	56	54	54	2	3	16	36	49	49	31	5	2	15	45	18	35
6	94	5	23	44	2	2005	2010	2014	0	60	69	70	0	0	10	30	56	55	25	3	1	16	77	9	23
14	65	5	86	24	1	2003	2007	2011	0	48	39	77	21	6	42	32	21	51	48	21	4	42	29	19	39
7	72	5	88	11	1	2004	2008	2011	0	53	30	80	11	3	32	32	12	60	51	12	3	68	30	18	28
29	61	38	26	27	12	2004	2009	2017	5	67	62	44	11	4	42	33	35	58	33	11	5	21	35	65	18
20	70	26	24	20	14	2006	2010	2015	8	79	58	32	10	2	39	31	24	65	29	6	3	15	38	71	8

These Nr.	Technologie/ Anwendung	Delphi-These	Runde	Anzahl der Antworten	Fachkenntnis % groß	mittel	gering
48	**Bauen & Wohnen** Lebensqualität	Elektronische Assistenzsysteme können Menschen am Gesicht erkennen, ihre Handlungen interpretieren und auf diese reagieren (das intelligente Zimmer). Dies ist vor allem für gebrechliche und behinderte Menschen eine große Hilfestellung.	1	59	10	24	66
			2	65	5	22	74
49	Lebensqualität	Innenausstattungsmaterialien, in die bereits Sensoren für Raumtemperatur und Luftfeuchtigkeit sowie Kontrollelemente für die Raumatmosphäre integriert sind, werden entwickelt.	1	58	9	29	62
			2	62	3	26	71
56	**Mobilität & Transport** Verkehrstelematik	Telekommunikationssysteme werden verbreitet eingesetzt, um eine intelligente Verkehrs- und Transportverteilung auf die verschiedenen Verkehrs- und Transportsysteme zu erreichen, um die vorhandene Verkehrsinfrastruktur rationeller (und rationaler) zu nutzen, den Abbau von räumlichen und zeitlichen Verkehrsspitzen zu unterstützen und den Einsatz flexibel einsetzbarer Verkehrsmittel zu begünstigen bzw. zu ermöglichen.	1	106	25	36	40
			2	102	24	29	47
67	Verkehrstelematik	Ein portabler Personal Travel Assistant erreicht Serienreife und ist allgemein verbreitet, so daß Verkehrsteilnehmer sich jederzeit und unabhängig von Raum und gewähltem Verkehrsmittel permanent über Alternativen informieren sowie eine Buchung und Bezahlung vornehmen können.	1	86	22	34	44
			2	85	19	26	55
91	Sicherheit	Distanzmelder in Kraftfahrzeugen, die für eine Reduzierung der kritischen Abstände sorgen und die Verkehrssicherheit und Stabilität des Verkehrsflusses erhöhen, sind weit verbreitet.	1	121	21	34	45
			2	107	15	38	47
92	Sicherheit	Auf gewöhnlichen Straßen werden Fahrer-Unterstützungssysteme eingesetzt, welche die für das Autofahren notwendigen Informationen empfangen sowie dem Fahrer Warnungen geben bzw. in den Fahrablauf eingreifen.	1	116	23	34	43
			2	106	15	31	54
44	**Chemie & Werkstoffe** MST	Eine Technik wird angewendet, die die Herstellung von Mikro-Strukturen mit Abmessungen bis zu 10 nm effizient möglich macht.	1	160	18	33	49
			2	144	15	34	51
65	Gesundheit	Sensoren aus stabilen Materialien sind weit verbreitet, die als Implantate die Dosierung lebenswichtiger Medikamente steuern.	1	137	9	35	55
			2	123	9	29	62
99	Produktion	Es werden Analysesysteme auf Mikrochipbasis (HPLC/ UV-Kopplung) zur Online-Überwachung in Produktionsanlagen entwickelt.	1	151	16	34	50
			2	130	15	31	55
76	**Landwirtschaft & Ernährung** Wissenschaft/ Forschung	Physikalische und chemische Messungen werden in der Praxis eingesetzt, um Verbraucher-Reaktionen (z.B. Vorlieben für bestimmte Lebensmittel und Akzeptabilität) vorherzusagen.	1	82	17	35	48
			2	81	7	26	67

Wichtigkeit für %						Zeitraum				Höchster FuE-Stand %					Wichtige Maßnahmen %							Folgeprobleme %			
Erweiterung menschlichen Wissens	wirtschaftliche Entwicklung	gesellschaftliche Entwicklung	Lösung der ökologischen Probleme	Arbeit und Beschäftigung	unwichtig	Q_1	Median	Q_2	nie realisierbar (in %)	USA	Japan	Deutschland	anderes EU - Land	anderes Land	bessere Ausbildung	Personalaustausch Wirt.-Wiss.	internationale Kooperation	F&E-Infrastruktur	Förderung durch Dritte	Regulationsänderung	anderes	Umwelt	Sicherheit	soziale, kulturell - gesellschaftliche	andere
33	25	86	5	18	4	2008	2014	2022	7	72	60	38	8	2	48	28	38	50	34	8	10	3	26	76	21
27	24	82	5	8	8	2009	2015	2020	8	71	59	32	5	2	33	14	35	61	33	2	10	0	22	90	12
26	52	28	46	20	15	2007	2014	2020	7	57	66	49	11	0	41	28	39	54	33	9	11	20	33	43	37
16	61	19	46	7	19	2008	2013	2018	9	53	69	45	8	0	24	12	39	65	24	2	8	21	32	55	34
11	92	43	70	40	2	2003	2007	2012	2	47	64	80	29	6	16	23	60	39	42	33	8	28	20	43	35
4	91	26	62	26	2	2004	2007	2010	1	47	61	83	18	5	4	20	78	34	36	34	3	26	11	64	33
10	76	58	33	28	11	2005	2009	2014	1	59	69	59	17	0	16	26	54	36	39	12	9	18	27	52	27
2	83	62	24	18	8	2005	2008	2013	1	62	75	61	11	0	13	17	74	33	36	8	3	10	15	69	29
8	55	39	25	19	14	2004	2008	2014	3	49	50	85	21	2	10	19	31	35	32	30	8	13	72	24	22
4	68	41	23	9	11	2006	2009	2012	1	46	43	92	12	0	4	9	25	56	29	40	5	4	82	12	19
10	59	51	32	21	12	2004	2009	2015	4	45	49	85	24	1	17	20	40	47	39	33	3	31	69	24	20
5	71	56	22	13	7	2007	2010	2014	3	42	44	89	13	0	8	11	38	68	33	25	3	12	83	12	20
43	87	21	5	35	3	2005	2009	2014	1	77	72	51	10	2	22	40	60	48	64	1	1	33	33	42	22
44	95	12	6	30	0	2007	2010	2014	1	77	72	53	6	1	13	30	67	44	67	1	1	46	37	46	25
36	64	74	12	20	0	2006	2010	2016	1	82	60	60	15	5	21	30	57	51	60	6	2	17	34	61	17
29	74	78	8	10	0	2008	2010	2014	1	89	51	59	9	2	18	20	61	51	60	5	1	8	45	77	6
15	91	12	39	35	1	2002	2006	2010	0	84	70	63	14	8	20	50	50	50	48	3	1	34	58	24	26
10	95	8	36	27	1	2003	2006	2010	0	82	63	58	12	6	17	47	55	63	45	3	0	27	77	11	11
41	67	38	8	14	21	2000	2004	2010	15	88	37	58	37	4	29	39	39	39	27	9	5	3	32	68	18
29	80	23	1	5	18	2002	2005	2009	15	94	19	52	12	1	14	38	41	58	21	2	5	3	22	85	7

These Nr.	Technologie/ Anwendung	Delphi-These	Runde	Anzahl der Antworten	Fachkenntnis % groß	mittel	gering
77	**Landwirtschaft & Ernährung** Produktion/ Verarbeitung	Auf der modernen Biotechnologie basierende Techniken (z.B. Biosensoren, künstliche multifunktionale Enzyme), werden zur kontinuierlichen Überwachung von Qualitätsparametern in der Lebensmittelverarbeitung angewendet (z.B. Kontrolle des Gehalts an Mikro-Nährstoffen oder schädlichen Substanzen).	1	100	7	37	56
			2	95	5	27	67
78	Produktion/ Verarbeitung	Leistungsfähige Online-Prozeß-Sensoren werden entwickelt, um Faktoren, die die Lebensmittelqualität bestimmen, zu kontrollieren und zu überwachen.	1	90	14	42	43
			2	87	8	31	61
98	Hygiene/ Sicherheit	Es werden Meßgeräte entwickelt, mit denen im Haushalt die Frische von Lebensmitteln und der Grad ihrer Verunreinigung mit Mikroorganismen in Sekundenschnelle festgestellt werden können.	1	95	7	35	58
			2	86	5	27	69
56	**Umwelt & Natur** Monitoring v. Gewässern u. Grundwasser	Die bisherigen Monitoringstrategien für die (bio-)chemische Beschaffenheit der Grund- und Oberflächengewässer (Probenahme und Analyse der Proben im Labor) werden durch die Verfügbarkeit von (langzeitstabilen, zuverlässigen, robusten, fernkalibrierbaren, kommunikationsfähigen, energiesparenden) feldtauglichen in-situ-Meß- und Sensorsystemen ersetzt, um die zeitliche und flächenhafte Dichte der Überwachung der Gewässer erheblich zu verbessern.	1	165	29	39	32
			2	139	24	41	35

Wichtigkeit für %						Zeitraum				Höchster FuE-Stand %					Wichtige Maßnahmen %							Folgeprobleme %			
Erweiterung menschlichen Wissens	wirtschaftliche Entwicklung	gesellschaftliche Entwicklung	Lösung der ökologischen Probleme	Arbeit und Beschäftigung	unwichtig	Q_1	Median	Q_2	nie realisierbar (in %)	USA	Japan	Deutschland	anderes EU - Land	anderes Land	bessere Ausbildung	Personalaustausch Wirt.-Wiss.	internationale Kooperation	F&E-Infrastruktur	Förderung durch Dritte	Regulationsänderung	anderes	Umwelt	Sicherheit	soziale, kulturell - gesellschaftliche	andere
43	76	48	26	23	1	2003	2007	2012	0	77	47	64	31	5	29	41	49	48	33	12	2	17	28	57	19
31	91	38	10	6	0	2004	2008	2010	0	89	23	72	11	0	17	35	59	61	23	6	1	9	28	84	4
30	83	35	18	19	1	2001	2004	2009	0	78	48	67	23	5	30	42	50	47	44	7	1	13	49	56	16
19	95	24	6	8	1	2002	2005	2008	0	78	29	78	13	1	15	35	64	55	36	4	0	6	49	73	4
36	46	45	9	4	17	2006	2009	2015	16	74	51	51	10	6	36	28	32	36	43	11	4	17	41	61	11
27	53	60	1	5	16	2007	2010	2014	10	93	39	52	11	1	45	11	37	26	52	5	4	8	55	77	5
12	46	14	87	18	4	2006	2011	2016	6	47	38	88	22	6	24	22	23	45	44	46	1	57	27	22	17
7	51	7	89	12	5	2008	2010	2015	4	45	29	91	15	5	10	11	20	58	42	62	0	80	14	23	6

Anhang 3

Fragebogen zur ergänzenden schriftlichen Firmenbefragung in Deutschland und statistische Definitionen

Inhaltsverzeichnis Seite

Fragebogen zur ergänzenden schriftlichen Firmenbefragung in Deutschland und statistische Definitionen

Miniaturisierungsmöglichkeiten im technisch-wirtschaftlichen Vergleich (☒ Zutreffendes bitte ankreuzen)

1. Daten zum Unternehmen (=Untersuchungseinheit)

1.1 Branche

- ☐ Fahrzeugbau und Zulieferer
- ☐ Maschinen- und Anlagenbau
- ☐ Datentechnik, Telekommunikationstechnik
- ☐ Elektrotechnik, Meß- und Regelungstechnik, Installationstechnik
- ☐ Chemie, Pharma, Kunststoffe
- ☐ Medizintechnik
- ☐ Werkstoffe, Edelmetalle
- ☐ sonstige, nämlich:____________________

1.2 Anzahl der Mitarbeiter im Unternehmen

☐ < 50 ☐ 50 - 1.000 ☐ 1.000 - 10.000 ☐ > 10.000

2. Allgemeine Einschätzung

Wie schätzen Sie die Entwicklung der Marktdurchdringung für miniaturisierte Technologien ein?

☐ eher zögernd ☐ kontinuierlich ☐ eher rasant

3. Angaben zur Miniaturisierung von Produkten

3.1 Werden in Ihrem Unternehmen derzeit Miniaturisierungsprojekte durchgeführt?

☐ Ja, der Aufwand soll künftig
- ☐ verstärkt werden
- ☐ gleich bleiben
- ☐ reduziert werden

☐ Zur Zeit nicht, sind aber in der Planung (weiter mit Frage 3.13)

☐ Nein (weiter mit Frage 3.13)

3.2 Das Miniaturisierungsobjekt hat folgende geometrische Abmessungen:

	cm	mm	μm	< μm
derzeit				
bei Produktreife				

3.3 Die Miniaturisierungsaktivitäten beziehen sich schwerpunktmäßig auf:

- ☐ Komponenten (z.B. Wellen, Führungselemente)
- ☐ Baugruppen/ Teilsysteme (z.B. Sensoren, Ventile, Getriebe)
- ☐ Endprodukte (z.B. Implantate)

3.4 In welchem der folgenden Bereiche sehen Sie für Ihr Unternehmen besonders interessante Anwendungspotentiale?

- ☐ Mikrodrucksensoren ☐ Mikropumpen
- ☐ Mikrogaschromatographie ☐ Mikroschalter (< 1 mm)
- ☐ Mikrobeschleunigungssensoren ☐ Mikrogetriebe
- ☐ sonstige, nämlich:______________

3.5 In welchen Stückzahlen soll das Miniaturisierungsobjekt nach Abschluß der Entwicklung produziert werden?

❑ < 10

❑ 10 - 100

❑ 100 - 1.000

❑ 1.000 - 100.000

❑ 100.000 - 2 Mio.

❑ > 2 Mio.

3.6 Das Miniaturisierungsobjekt soll später in folgender Preisklasse positioniert werden:

❑ < 10 DM ❑ 10 - 100 DM ❑ 100 - 1.000 DM ❑ > 1.000 DM

3.7 Mögliche Fertigungstechnologien für Ihr Miniaturisierungsobjekt sind

❑ Urformen (z.B. Gießen)

❑ Konventionelle Trennverfahren (z.B. Zerspanen)

❑ Abtragen ❑ Laserstrukturieren

❑ Ätzen

❑ Lithographietechnik (z.B. LIGA)

❑ Abscheidprozesse (z.B. CVD)

3.8 Das Miniaturisierungsobjekt ist aufgebaut:

❑ hybrid ❑ monolithisch

3.9 Das Miniaturisierungsobjekt

❑ verbessert ein bereits vorhandenes Produkt

❑ ersetzt ein bereits vorhandenes Produkt

❑ eröffnet neue Einsatzgebiete

3.10 Betrachten Sie miniaturisierte Komponenten und Systeme

❑ als Kern-Know-how?

❑ als Zukaufteil?

3.11 Wann rechnen Sie mit der Plazierung des miniaturisierten Produkts auf dem Markt?

❑ bereits geschehen ❑ in 1 Jahr ❑ in 3 Jahren ❑ in 5 Jahren

3.12 Welche konkurrierende konventionelle Technologie könnte den Markterfolg des Miniaturisierungsobjekts verhindern?

3.13 In welchen Bereichen der miniaturisierten Komponenten und Systeme müssen Ihrer Meinung nach für den Markterfolg zukünftig entscheidende Fortschritte erzielt werden?

	1=keine sehr große=7
Werkstoffe	1 2 3 4 5 6 7
Produktionstechnik	1 2 3 4 5 6 7
Qualitätssicherung und Prüfung	1 2 3 4 5 6 7
Normung und Standardisierung	1 2 3 4 5 6 7
Anwendungsbreite	1 2 3 4 5 6 7
Technologische Zuverlässigkeit	1 2 3 4 5 6 7

Statistische Definitionen: Median, Quartile

Die Definitionen erfolgen in Anlehnung an [ZÖFEL-92]:

Der Median ist derjenige Punkt der Meßwertskala, unterhalb und oberhalb dessen jeweils die Hälfte der Meßwerte liegen. Bei einer Stichprobe aus n diskreten Werten ist der Median M folgendermaßen definiert:

$$M = \begin{cases} x_{(n+1)/2} & \text{falls n ungerade} \\ (x_{n/2} + x_{n/2+1})/2 & \text{falls n gerade} \end{cases}$$

Das untere Quartil Q1 einer Stichprobe ist derjenige Punkt der Meßwertskala, unterhalb dessen 25 % der Meßwerte liegen, das obere Quartil Q3 ist derjenige Punkt der Meßwertskala, unterhalb dessen 75 % der Meßwerte liegen. Die Berechnungsvorschrift lautet:

$$Q1 - x_m - 0{,}5 + \frac{1}{f_m} * \left(\frac{n}{4} - F_{m-1} \right)$$

$$Q3 = x_m - 0{,}5 + \frac{1}{f_m} * \left(\frac{3*n}{4} - F_{m-1} \right)$$

mit:
n=Stichprobenumfang
m=Meßwert bei dem das jeweilige Quartil liegt
f=Häufigkeit der Beobachtung
F=kumulierte Häufigkeit der Beobachtung

Anhang 4

Innovations- und Diffusionsmuster revolutionärer Technologien

Inhaltsverzeichnis Seite

1. Problemstellung

In Analogie zur Mikroelektronik wird in Zukunft ein Schub technologischer Innovationen durch die Mikro-Miniaturisierung insbesondere von mechanischer Technologie erwartet. Die vorliegende Studie dient dazu, die technischen, anwendungs- und marktbezogenen sowie die strategischen Voraussetzungen zur Gewinnung bzw. Erhaltung der *Technologieführerschaft* auf dem Gebiet der *Miniaturisierung bis hin zur Mikrosystemtechnik* rechtzeitig zu erkennen. Dadurch soll dem Verlust der Technologieführerschaft <wie in der Mikroelektronik> auf wichtigen Massenmärkten (Unterhaltungselektronik, Daten- und Kommunikationstechnik, Feinmechanik und Optik) vorgebeugt werden.

Technologieführerschaft steht vor allem in Zeiten revolutionären, d.h. diskontinuierlichen technologischen Wandels, zur Disposition. Auf dem Gebiet der Miniaturisierung zeichnet sich mit der *Mikrosystemtechnik eine solche Diskontinuität* ab. Darauf basierende radikale Produkt- und Prozeßinnovationen können einerseits inkrementelle Innovationen traditioneller mechanischer Miniaturisierungsentwicklungen unter Substitutionsdruck setzen. Andererseits können erfolgreiche Miniaturisierungsinnovationen in der Kontinuität beherrschter Technologien auf Grund des großen akkumulierten Know-how den Take-off der Mikrosystemtechnik verzögern.

Technologieführerschaft ist so auf die realistische Einschätzung der Erfolgsaussichten radikaler versus inkrementeller Miniaturisierungsstrategien angewiesen. Dazu ist es erforderlich, *Kriterien* für die Beurteilung der Erfolgsaussichten alternativer Miniaturisierungspfade bereit zu stellen. Mit Hilfe dieser Kriterien können empirisch vorfindbare Miniaturisierungsstrategien der Unternehmen in Deutschland, Japan und den USA auf Unterschiede und deren Erfolgsaussichten geprüft werden. Dabei ist zu beachten, daß Unterschiede zwischen den nationalen Innovationssystemen in den Kriteriensatz eingehen können. Es liegt nahe, daß verschiedene Länderkontexte auch verschiedene Erfolgsmuster für Innovationsstrategien, hier für Miniaturisierungsstrategien, hervorbringen.

Kriterien zur Beurteilung alternativer Miniaturisierungsstrategien lassen sich mit Hilfe der Innovationsforschung gewinnen. In der Innovationsforschung geht es um Themen wie „Diffusion und Adoption“ oder „Innovationsmanagement“. Wichtige *Ausgangsfragen* dieser Forschungsrichtungen sind:

- Welche Faktoren bestimmen Marktpotential und Diffusionsgeschwindigkeit von Innovationen? Welche Hemmnisse treten auf?
- Welche technologiespezifischen Besonderheiten (hier für Miniaturisierungsentwicklungen bis hin zur Mikrosystemtechnik) sind zu beachten?
- Welche Rolle spielen unternehmerische Innovationsstrategien für die Diffusion, insbesondere für den Take-off, d.h. die eigendynamisch stark beschleunigte

Marktverbreitung radikaler Innovationen beim Übergang in die Markt-Wachstumsphase?

- Gibt es Unterschiede nationaler/regionaler Innovationssysteme (Deutschland, Japan, USA) für die Diffusion technologischer Innovationen?

2. Einschlägige Forschungsrichtungen

Die Diffusions- und Adoptionsforschung ist bestrebt, die Grundlagen für Prognosen und Marketingkonzepte durch eine Erfassung der Bestimmungsfaktoren für die Durchsetzung von Produkten am Markt zu verbessern. Sie soll *„objektive" Kriterien* zur Bewertung der gegenwärtig feststellbaren Miniaturisierungspfade und der industriellen Zurückhaltung gegenüber Strategien der Mikrominiaturisierung (Mikrosystemtechnik) liefern.

Die innovationsbezogene Managementforschung stellt Erfahrungsgrundlagen über unternehmerische Erfolgsfaktoren bei der Einführung und Verbreitung inkrementeller und radikaler Innovationen zur Verfügung. Sie soll *„verhaltensorientierte" Kriterien* zur Bewertung der unternehmerischen Miniaturisierungsstrategien (z.B. bei der Zurückhaltung gegenüber radikalen Mikrominiaturisierungsstrategien) liefern.

Die (evolutorische) Innovationsforschung bestimmt mit mikroökonomischen Instrumenten die Rolle der Innovation und Diffusion im wirtschaftlichen Wettbewerb und liefert so auch für unterschiedliche makroökonomische Innovationsdynamiken Erklärungen. Sie zeigt theoretische Hintergründe für unterschiedliche Diffusionsmuster und Managementstrategien auf. Sie soll *ökonomische Kriterien* für die Bewertung von Unterschieden zwischen deutschen, japanischen und US-amerikanischen Innovationsstrategien vermitteln.

Es sollen dabei *kontextgerechte Kriterien* für Miniaturisierungsstrategien ermittelt werden, die die Besonderheiten nationaler Innovationssysteme, hier des deutschen Innovationssystems, berücksichtigen und damit ermöglichen, eine rein imitierende „Orientierung am Besten" zu vermeiden.

3. Diffusions- und Adoptionsforschung

Unter Diffusion wird die Verbreitung von Innovationen in einem sozialen System, aufbauend auf dazugehörigen Informations- und Kommunikationsprozessen, verstanden. Adoptionsprozesse bilden dafür die Grundlage, verstanden als mehrstufiger Prozeß der Wissensübermittlung, der Überzeugung, der Entscheidung, der Implementation und der Entscheidungsüberprüfung (DREHER 1997 unter Bezugnahme auf ROGERS 1983).

Die Diffusions- und Adoptionsforschung erhielt starke Impulse nach dem Ende der Nachkriegs-Wiederaufbau- und Wachstumsperiode. Der dann einsetzende Wandel vom Verkäufer- zum Käufermarkt erforderte aktiviertes Marketing und damit vertieftes Wissen über die Gesetzmäßigkeiten der Marktverbreitung von Gütern (GIERL 1987).

Die Betriebswirtschaft bzw. die Ökonomie, insbesondere die Absatzforschung, bildeten vor dem genannten historischen Hintergrund den prägenden Rahmen für diese Forschungsrichtung. Das bedeutete bis Anfang der siebziger Jahre eine Betrachtung der Technik und insbesondere innovativer Technikentwicklung als externe Größe. Das Forschungsinteresse richtete sich vorwiegend auf ökonomische Größen wie Nutzen und Nutzerpotential sowie auf Parameterschätzungen, die unterschiedliche Diffusionsverläufe erklären konnten und eine mathematische Modellierung von Diffusionsprozessen zum Zweck der Prognostik ermöglichten. Dazu lassen sich folgende Zwischenergebnisse festhalten:

- Die S-Kurvencharakteristik von Diffusionsprozessen fand weitgehende Bestätigung und damit auch eine als „normal" angenommene Verteilung der jeweiligen Adoptoren über den Lebenszyklus von Innovationen (DREHER 1997):
  - Innovatoren: 2,5 % der potentiellen Adoptoren
  - frühe Adoptoren: 13,5 % der potentiellen Adoptoren
  - frühe Mehrheit: 34 % der potentiellen Adoptoren
  - späte Mehrheit: 34 % der potentiellen Adoptoren
  - Nachzügler: 16 % der potentiellen Adoptoren.
- Die Verzögerung von Adoptionsentscheidungen im Zuge der Diffusion wird mit Informationsdefiziten sowie mit fallweisen Adoptor-Verhaltensunterschieden und unterschiedlichen Industriekontexten erklärt.
- Als wichtigste Determinanten der Diffusion am Markt bzw. einzelwirtschaftlicher Adoption werden die folgenden Faktoren anerkannt (DREHER 1997 mit Bezug auf ROGERS 1983/95):
  - *Relative Vorteilhaftigkeit* im Vergleich zum Status quo fördert die Diffusion: Dieser Faktor impliziert nicht nur objektive Sachverhalte, sondern ist als Resultante aus Vergleichen zu verstehen, die alle Risiken und Unsicherheiten umschließt, die mit Innovationen verbunden sind. Radikale Miniaturisierungsinnovationen unterscheiden sich von inkrementellen dadurch, daß sie Vorteile bieten, die möglicherweise dem Bedarf vorauseilen und außerdem ungesichert sind, so daß der Bestimmung des relativen Vorteils im Einzelfall erhebliche Bedeutung zukommt. Bei Massen- und Systemtechnologie kommt

erschwerend hinzu, daß überzeugende wirtschaftliche Vorteile erst im Zuge einer Standardisierung oder der Herausbildung von „dominant designs" entstehen. Daraus wird erkennbar, daß Vorteilhaftigkeit nicht einseitig als technische Überlegenheit mißverstanden werden darf, sondern als technisch-wirtschaftlicher Kompromiß, der u. U. technisch suboptimale Lösungen zugunsten der Kompatibilität mit konkurrierender Technologie bevorzugen kann (als markantes historisches Beispiel ist hier die Durchsetzung des PC-Industriestandards von IBM gegenüber dem technisch überlegenen Macintosh von Apple anzusehen).

- *Kompatibilität* fördert die Diffusion: Backhaus (1990) erweitert den Kompatibilitätsbegriff von ROGERS (Bezug auf Werte, Normen und Erfahrungen) auf technologische, organisatorische und personelle Kompatibilität. Radikale Miniaturisierungsinnovationen werden langfristig neue Standards der Miniaturisierung setzen. In der Übergangszeit entwerten sie jedoch bestehende Investitionen, Organisations- und Vertriebsformen sowie das damit verbundene, persönliche Know-how, Status und Einfluß. Der Analyse solcher Substitutionsprozesse kommt entscheidende Bedeutung für die Abschätzung von Take-off Zeitpunkten von Diffusionsprozessen zu.
- *Komplexität* hemmt die Diffusion: Darin zeigt sich das Wesen der Adoption als Lernvorgang, dessen Geschwindigkeit von individuellen und organisatorischen Lernkompetenzen sowie entsprechenden Industriekontexten (Vernetzung, Innovations- und Wissenschaftsorientierung) abhängig ist. Mikrominiaturisierung dürfte im Vergleich zur traditionellen Miniaturisierung wesentlich komplexer sein, weil von der Entwicklung und Beschaffung der neuen Technologie bis zur Vermarktung der Produkte mit völlig neuen Anwendungsmöglichkeiten neue Kompetenzen gefordert werden (z.B. materialwissenschaftliches, chemisches und elektronisches anstatt mechanisches Wissen).
- *Probierbarkeit und Beobachtbarkeit* fördert die Diffusion: Dies steht in engem Zusammenhang mit der Infragestellung der relativen Vorteilhaftigkeit oder Profitabilität von Innovationen durch Risiken. Adoptoren machen ihre Entscheidung von Referenzen und eigenen Tests abhängig. Ist dies nicht möglich, verzögert sich die Adoption. Das kann bei radikalen Miniaturisierungsinnovationen zur substantiellen Verzögerung der Erstadoption führen, insbesondere wenn diese mit hohen Investitionen in die neue Fertigungstechnik verbunden ist.

Die Diffusions- und Adoptionsforschung hat trotz der erzielten Ergebnisse ihr eigentliches Ziel der mathematischen Abbildung „verstandener" Diffusionsprozesse nicht erreicht. Es konnte bislang keine hinreichend tragfähige Prognostik auf den Forschungsergebnissen aufgebaut werden. Dies gilt insbesondere für die Prognose in frühen Phasen der Diffusion, d.h. der Take-off-Phase ohne nennenswerte Stützdaten. Die entwickelten Modelle werden erst leistungsfähig, wenn schon so viele Stützdaten vorliegen, daß eigentlich eine Prognose nicht mehr notwendig ist

(PARKER 1994). Ursächlich für das mangelnde Verständnis der Diffusionsprozesse ist deren unzureichende mikroökonomische Durchdringung. Die Diffusionsmuster werden nicht hinreichend nach technisch-wirtschaftlichen Innovationstypen differenziert (exogenes Technikverständnis der Ökonomen). Das gleiche gilt für die Anwendungskontexte bzw. Sozialkontexte, in denen Diffusionsprozesse analysiert werden (PARKER 1994). PARKER zieht daraus die Konsequenz, daß die *Abschätzung von Take-off-Phasen* in Diffusionsprozessen derzeit besser mit Entscheidungskalkülen oder Delphi-Methoden zu konzipieren sind als mit rein mathematischen Berechnungsmodellen.

Generell ist festzustellen, daß die negativen Ergebnisse der mathematisch orientierten Diffusionforschung die wichtigsten Impulse für eine Untersuchung der Marktperspektiven alternativer Miniaturisierungspfade liefern:

- Sie warnen vor einer mechanistischen, auf technischen Fortschritt fixierten Prognostik.
- Sie verweisen auf komplexe Zusammenhänge von Technik- und Innovationstypen, von industriellen Kontexten in Wirtschaft und Gesellschaft.
- Sie legen eine intensive Auseinandersetzung mit den Innovationsstrategien vor allem sogenannter „major player", also der Hauptakteure im Innovationsgeschehen, nahe.
- Per Saldo ermuntern sie angesichts der noch nicht vollständig verstandenen Komplexität von Diffusions- und Adoptionsprozessen zu fallstudienhaften Analysemethoden und zu Analogien, um aus den Erfahrungen vergleichbarer Fälle zu lernen. Sie legen nahe, auf vereinfachende mathematische Modelleleganz zu Gunsten komplexer Explorationen als Entscheidungshilfe bei der Entwicklung von Innovationsstrategien zu verzichten. Dies gilt auch für den jeweils nächsten Schritt der Miniaturisierung.

DREHER (1997) schlägt auf dieser Basis ein Vier-Phasenschema vor, nach dem zumindest aktuelle Diffusionszustände so charakterisiert werden können, daß Fehler bei der Entwicklung einer weiterführenden Diffusionsstrategie vermieden werden können.

Für den Fall von Miniaturisierungsstrategien bedeutet dies, daß alternative Pfade der Miniaturisierung daraufhin charakterisiert werden, in welcher Phase sie sich befinden:

- Phase 1: Es gibt viele Varianten; die Herstelltechnologie ist noch unsicher; die Überlegenheit der Innovation kontrastiert noch mit mangelnder Anpassung (Kompatibilität) an Anwenderstrukturen; nur sehr risikobereite Erstinnovatoren wenden die Innovation an: der Take-off ist noch ungesichert;

Phase	Stand der Technik	Herstellprozeß der Technik	Zentraler Wettbewerbsfaktor	Kompatibilität mit Anwenderstrukturen	Größe der Anwenderunternehmen	Adopterkategorie	Max. Anteil am Nutzerpotential (N)
I	viele Varianten bilden sich aus	unsicher, suchend	neue oder bessere Funktionalität	gering	indifferent	Innovatoren	0,025 N
II	Selektion der Varianten	Stabilisierung	Qualität und Zuverlässigkeit des Angebots	mittel	eher größere Unternehmen	frühe Adoptoren	0,16 N
III	Bildung eines dominanten Designs	Optimierung	Preis	hoch	eher größere und mittlere Unternehmen	frühe Mehrheit	0,5 N
IV	dominantes Design sowie Nischenangebot	Optimierung und Anpaßentwicklung	Preis sowie kundenspezifische Anpassung und Aftersales-services	komplett, individuell angepaßt	mittlere und kleine Unternehmen	späte Mehrheit + Nachzügler	N

Tabelle 1: Phasen der Entwicklung und Verbreitung einer neuen Technik

- Phase 2: Es kristallisieren sich wenige Varianten für Produkt- und Prozeßtechnik heraus (Trajektorien); die Erwartungen an Qualität und Zuverlässigkeit steigen; auf Grund erster Referenzen werden Kompatibilitäten mit bestehenden Anwenderstrukturen und erforderliche Lern- bzw. Anpaßerfordernisse abschätzbar: der Take-off rückt in die Nähe; early adoptors setzen auf die Innovation, und damit wird die Frage spannend, welche technische Option sich als Miniaturisierungsstrategie durchsetzen wird;
- Phase 3: Es bildet sich ein „dominant design“ auf Produkt- und Prozeßebene, das sich mit gewachsenen Anwenderstrukturen verträgt oder sich als neue Struktur bewährt: Der Take-off einer Miniaturisierungsinnovation ist gelungen und mündet in die dynamische Wachstumsphase des Diffusionsprozesses;

- Phase 4: Das „dominant design“ erfährt im Zuge harter Preiskonkurrenz Variationen. Der Markt geht in die Sättigungsphase mit der Adoption durch die Nachzügler. Es besteht zunehmende Gefahr der Verdrängung durch innovative Alternativen.

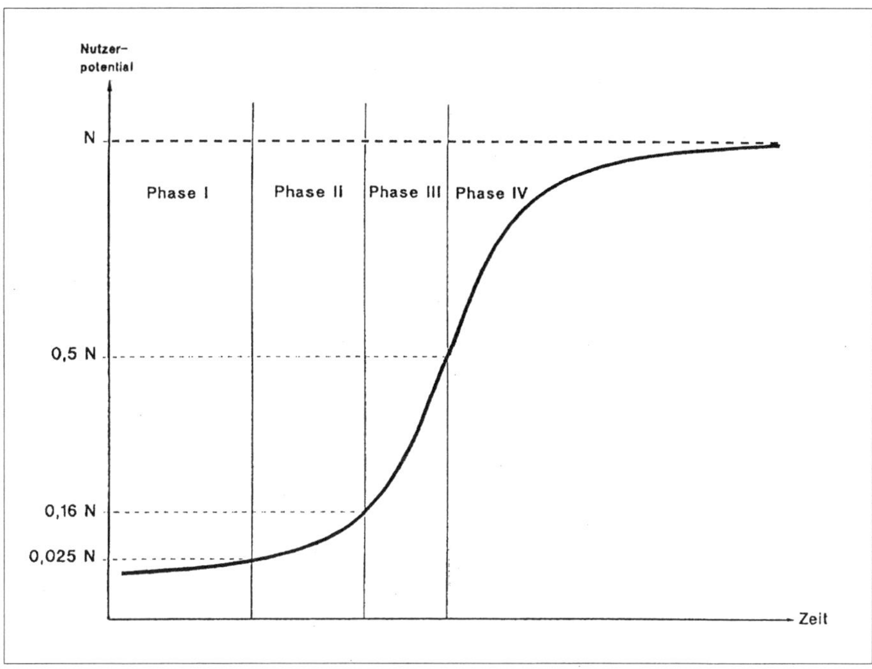

Abbildung 1: Phasen der Entwicklung und Verbreitung neuer Techniken

4. Das Diffusionsmuster in der Mikroelektronik

Spezielle Diffusionsstudien streben nur danach, Diffusionsmuster für ausgewählte Technologien, Produkttypen oder Industriezweige zu erforschen. Es liegt nahe, daß sich Diffusionsmuster danach unterscheiden, ob es sich um *Spitzen- oder Handwerkstechnologie*, um *Massen- oder Einzeltechnologie*, um *Werkstoffe, Komponenten, Produkte, Anlagen oder Systeme* handelt und ob Innovation und Adoption in wissenschaftsbasierten oder in traditionellen Industriezweigen stattfindet (Bierfelder 1987). Für eine solche Spezifizierung hat sich aber für Diffusionsstudien noch kein Standard herausgestellt. Es dominieren nach fallspezifischen Opportunitäten ausgewählte Fallstudien. Besondere Aufmerksamkeit für die Untersuchung von Miniaturisierungsperspektiven aus industrieller Sicht verdient dabei die Mikroelektronik, die eine radikale, speziell auf den Sektor der Elektronik begrenzte Miniaturisierungsinnovation darstellt.

Die Mikroelektronik (nach DIN 41857 „Teilgebiet der Technik, das Herstellen und Anwendung von stark miniaturisierten elektrischen Schaltungen betrifft“) entstand in der Zeit des zweiten Weltkriegs mit der Erfindung des Transistors. Die erste industrielle Verwendung in den USA wird auf 1950 datiert. Die Mikroelektronik entwickelte sich vor allem seit Beginn der siebziger Jahre sprunghaft zur Basistechnologie der Informationstechnik. Wichtigstes Diffusionshemmnis waren lange Zeit die immensen Investitionsanforderungen für die sich in schneller Generationenfolge weiterentwickelnden Herstelltechniken und die daraus resultierenden starken Abhängigkeiten der Mikroelektronik-Anwender von den Herstellern (Bierfelder 1987).

Werden die Einflußfaktoren nach ROGERS auf Diffusionsprozesse (siehe oben) angewandt, zeigt sich folgendes Muster: Die schnelle Generationenfolge und die damit absehbare schnelle Entwertung von Investitionen stellten immer die relative Vorteilhaftigkeit der Mikroelektronik und darauf aufbauender Produkte in Frage. Mehr noch gilt dies für eine Gesamtkostenbetrachtung, wenn man den Kosten mikroelektronisch funktionierender Hardware die Kosten für Software, Qualifizierung, Prüfung und Organisation hinzufügt [BOCK 1987]. Die fehlende Kompatibilität digitaler Mikroelektronik mit analoger Vorgängertechnik, mit Anwendungsstrukturen im Büro, in der Fabrik und im Konsumsektor, machte erhebliche Lernanstrengungen erforderlich. Die Komplexität der Technologie ließ nur noch eine wissenschaftsbasierte Technologie-Weiterentwicklung zu. Sie überforderte vor allem in der schnellen Generationenfolge die Ingenieurskompetenz in vielen Industriezweigen und führte zur Abhängigkeit insbesondere mittelständischer Unternehmen von Mikroelektronikherstellern bei der Verarbeitung von mikroelektronischen Komponenten. Ein revidierbarer Test der technologischen Möglichkeiten war wegen der hohen Anfangsinvestitionen und der organisationsveränderten Wirkung der Mikroelektronik-Anwendungstechnologie generell problematisch.

Die vorwiegend diffusionshemmenden Ausprägungen der Diffusionsfaktoren lassen die lange Vorlaufzeit bis zur Durchsetzung des mit der Mikroelektronik verbundenen technologischen Paradigmenwechsels von der Elektrik zur Elektronik verstehen. Der Erfolg der Mikroelektronik widerlegt nicht die Gültigkeit der Diffusionsfaktorenanalyse. Vielmehr läßt sich historisch nachweisen, daß zumindest in Deutschland die Adoption der Mikroelektronik vielfach nicht oder erst sehr spät aus freier Unternehmerentscheidung erfolgte (z.B. in der Uhrenindustrie, Optik, Unterhaltungselektronik, Büro- und Datenverarbeitung, bei NC-Maschinen).

Sollen die Perspektiven der Miniaturisierung im Hinblick auf eine mögliche Technologieführerschaft untersucht werden, muß man auf die Erfahrungsmuster der Mikroelektronik große Aufmerksamkeit verwenden. Im wesentlichen lassen sich diese Erfahrungen wahrscheinlich auf die Diffusionsbedingungen für mechanische Mikrominiaturisierungstechnologien übertragen. In beiden Fällen handelt es sich um innovative Komponenten für neue Produkte, Anlagen und Systeme, die diesen ein völlig verändertes Nutzenprofil geben. Die Analogie ist nur dadurch zu relativieren, daß über die Mikroelektronik schon wichtige Kompetenzen und Anwendungsstrukturen im Umgang mit der Mikrotechnik entstanden sind, so daß ein vergleichbar langer Vorlauf nicht mehr zu erwarten ist. Mit dieser Einschränkung sind bei der Analyse der Diffusionsperspektiven mechanischer Miniaturisierungspfade den Diffusionsfaktoren der saldierten Vorteilhaftigkeit, der Kompatibilität, der Komplexität und der Probier- und Beobachtbarkeit größte Aufmerksamkeit zu widmen. Dies gilt insbesondere für die Abschätzung künftiger „dominant designs", die den Take-off für mechanische Mikrominiaturisierungstechniken tragen werden.

5. Innovations-Managementforschung

Das Innovations-Management beinhaltet die Wahrnehmung der Unternehmerverantwortung für die interne oder externe Bereitstellung wettbewerbsrelevanter Unternehmenstechnologien (Technologiemanagement), für die dazu erforderlichen Forschungs- und Entwicklungsaktivitäten (F&E-Management) und für die Planung, Einführung und Durchsetzung von Produkt- und Prozeßinnovationen am Markt (in Anlehnung an BROCKHOFF 1989, TROMMSDORF 1990, WOLFRUM 1991, TIDD 1997). Innovations-Management wird in Zeiten technologischer Umbrüche besonders herausgefordert wenn es um schwierige Entscheidungen über alternative Pfade des Technologieeinsatzes, hier der Entscheidung zwischen kontinuierlichen Weiterentwicklungen oder diskontinuierlichen Mikrominiaturisierungen, geht.

Die Adoptorenforschung hat gezeigt, daß den Entscheidungen des Innovations-Managements (insbesondere der major player, also großen Technologiekonzernen) maßgebende Bedeutung für den Take-off der Marktverbreitung technologischer Innovationen zukommt. Deswegen sollen hier die Ergebnisse der Innovations-Managementforschung kurz aufgearbeitet werden. Das Ziel ist dabei nicht, Kriterien für „richtiges bzw. gutes Innovationsmanagement" im Hinblick auf Miniaturisierungsstrategien zusammenzustellen. Vielmehr geht es um die Frage, ob sich in der Innovations-Managementforschung Erfahrungswerte bzw. Erfolgsfaktoren über den Umgang mit Alternativen herausgebildet haben. Es geht darum, Kriterien zu gewinnen, die Schlußfolgerungen zulassen, welche Pfade, und damit welche Innovatoren, sich in welcher Zeitspanne am Markt durchsetzen werden.

TROMMSDORF (1990) hat in einer gerafften Übersicht über den Stand der Forschung zum Thema „Innovationsmanagement" unter Bezug auf eine wegweisende Studie von Cooper (1979) elf Faktoren beschrieben, die auf erfolgversprechende Diffusionsverläufe von Innovationen schließen lassen und die auch in einer Vielfalt anderer Fallstudien in ähnlicher Weise bestätigt wurden ((+)=Erfolgsfaktor; (-)=Mißerfolgsfaktor):

- (+) Einzigartigkeit und Überlegenheit über neue und hochinnovative Produkte schaffen große Preisspielräume und möglicherweise sogar Monopolstellungen, wenn sie den Bedürfnissen der Nachfrager entsprechen.
- (+) Kunden- und Problemlösungsorientierung fördern die Marktakzeptanz (als Beispiel wird gesagt: Nicht die technologischen Vorteile des Keramikmotors, sondern der Bedarf für Motortechnik mit höchsten Temperaturen und Temperaturschwankungen entscheidet über den Erfolg eines innovativen Motors; übertragen auf die Miniaturisierung heißt das: Nicht der Mikromaßstab, sondern der Miniaturisierungsbedarf entscheidet über den Erfolg).
- (+) Technologiekompetenz des Anwenders fördert die Adoption einer Innova tion.
- (-) Generelle Innovationsintensität und entsprechende Marktdynamik bedeuten hohen Wettbewerb für die einzelne Innovation und mindern deren Chancen.
- (+) Die Marktaufnahmefähigkeit für Innovationen fördert die Take-off-Chancen am Markt.
- (-) Überteuerung gefährdet den Markterfolg.
- (+) Übereinstimmung von innovativer Technik und Firmenkompetenz fördert den Markterfolg.
- (-) Mangelnde Innovationshöhe in tendenziell gesättigten Märkten mindert die Erfolgschancen.
- (-) Produktinnovationen auf Gebieten, die für die Firmen Neuland sind (Diversifikation) mindern Erfolgsaussichten.
- (-) Generelle Wettbewerbsintensität mindert in begrenztem Maße die Erfolgsaussichten, insbesondere wenn höhere Preise durchgesetzt werden sollen.
- (+) Die markt- oder kundenseitige Initiierung von Innovationen zählt zu den wichtigsten Erfolgsfaktoren für die Marktverbreitung.
- (+/-) Innovationsführerschaft gilt dagegen als ein zwiespältiger Erfolgsfaktor. In empirischen Studien haben sich überdurchschnittliche „Flopraten" der Marktersten gezeigt.
- (+/-) Die Existenz eines großen oder gar dominanten Wettbewerbers kann den Erfolg von Innovationen verhindern, weil die Nachfrage sich dann möglicherweise am zu erwartenden Industriestandard des dominanten Anbieters orientiert. Der PC-Standard von IBM mit MS-DOS ist dafür im Vergleich zum überlegenen Macintosh-Standard von Apple ein Beleg. Dieser Faktor kann im Falle von Innovationen zur Mikrominiaturisierung eine große Rolle spielen, wenn der Erfolg von der Herausbildung von sogenannten „dominant design" bzw. von Industriestandards abhängig gemacht wird.

Das ISI hat in nicht veröffentlichten Forschungsprojekten für die Industrie [BIERHALS U.A. 1991] ebenfalls Erfolgsfaktoren für Innovationsvorhaben zusammengestellt, die jedoch eine Differenzierung der Erfolgsfaktorenkonstellation nach Innovationstypen erlauben. So wird eine differenzierte vergleichende Bewertung der Erfolgsaussichten alternativer Miniaturisierungspfade möglich. Es wird eine Charakterisierung von Innovationsvorhaben (hier Miniaturisierungsvorhaben) nach zwei Dimensionen vorgeschlagen:

(1) Vier *Innovationstypen*
   - Komponenteninnovationen wie Mikroprozessoren, Laser, Verbundwerkstoffe, Lichtwellenleiter,
   - Infrastrukturinnovationen wie ISDN-Systeme, Atomkraftwerke, Verkehrsleittechnik,
   - anwendungsspezifische Innovationen wie Industrieroboter, Laserschweißgeräte, Tomographen, Kryostaten,
   - konsumnahe Innovationen wie Walkman, Surfgeräte, CD-Player, Quarzuhren, Telefaxgeräte, PC.

(2) Hohe und niedrige Komplexitäts- und Dynamikgrade des Umfelds für die Marktverbreitung.

Daneben werden *Erfolgsfaktoren*, ähnlich wie bei TROMMSDORF, aus der Literatur zusammengestellt. Sie werden zu sechs Faktorengruppen gebündelt:

(1) Bedarfs- und Nachfrageanbindung der Innovation,

(2) Eigenkompetenz und einschlägige Spezialisierung des Innovators,

(3) effiziente, innovationsverträgliche Organisation,

(4) Vernetzung und Schnittstellenkompetenz zur Wissenschaft in einem innovativen Industrie- und Wissenschaftscluster,

(5) Berücksichtigung globaler Entwicklungstrends bei der Produkt- und Prozeß innovation,

(6) Nutzung moderner Instrumente der Innovationsplanung.

Diese Merkmale von Innovationstypen und Innovatoren werden in einer sogenannten *„Innovationsmatrix“* zusammengeführt. In den Feldern der Matrix erscheint dann die für die verschiedenen Innovationstypen zutreffende Erfolgsfaktoren-Gewichtung.

Erfolgsfaktoren	Komponenten	Infrastruktur	anwendungs-spezifisch	konsumnah
Bedarfs- und Nachfragean-bindung				
Eigenkompetenz und Spe-zialisierung				
Organisationseffizienz				
Vernetzung und Schnitt-stellenkompetenz				
Globale Trendberücksichti-gung				
Moderne Innovationspla-nung				

Tabelle 2: Innovationsmatrix: Erfolgsfaktoren nach Innovationstypen

6. Evolutionäre Innovationsforschung – evolutionäre versus revolutionäre Diffusionsmuster

Die vorher beschriebenen Forschungsgebiete „Diffusions-, Adoptions- und Innovations-Managementforschung" lassen sich eher als empirisch und erfahrungsorientiert charakterisieren. Sie bieten weniger theoretisch fundierte Erklärungen für Diffusionsphänomene. Dies entspricht der Gesamtausrichtung des klassischen Ökonomieverständnisses, welches zu Gunsten mathematisch faßbarer Gleichgewichtszustände auf idealisierten Verhaltensannahmen (Rationalität, Optimierung, Technikverfügbarkeit) aufbaut und dabei die wissenschaftlich-technische Dynamik als Triebkraft von Innovation und Wirtschaftsevolution als externe Größe vernachlässigt. Die Folge sind unzureichende theoretische Erklärungen seitens der Ökonomie für die Bedeutung von Innovationsprozessen für den Wettbewerb.

Die evolutionäre Ökonomik will dieses Defizit der Ökonomie beheben. Sie fokussiert auf den Innovationswettbewerb, den sie, kontrastierend zum Preiswettbewerb, als Ungleichgewichtsmechanismus der Ökonomie begreift. Während die auf den Preismechanismus fixierte Ökonomik vorwiegend zu Kostenstrategien und implizit zu einem Imitationsverhalten ermuntert (gemäß den Schlagworten „best practice, benchmarking, lean management"), stellt die evolutionäre Innovationsökonomik im Kern technologische Monopolisierungsstrategien in den Vordergrund unternehmerischen Verhaltens, indem über Innovationen und darauf aufbauende technologische Führerschaft zumindest befristet begrenzte Freiräume gegenüber dem Preismechanismus geschaffen werden.

Bahnbrechende Autoren für die Rückbesinnung auf die Schumpetersche Traditionslinie der „Ungleichgewichtsökonomie" waren DOSI (1982) und NELSON und WINTER (1982). In starker Vereinfachung erkannten sie den technologischen Fortschritt und darauf aufbauende Innovationen als Ungleichgewichtsmechanismen, die den Unternehmen begrenzte Unabhängigkeit vom Preiswettbewerb schaffen können (Theorie der technologischen Lücke hinter dem Innovator und der Akkumulation technologischer Vorsprünge, (vgl. MÜNT 1996). Zentrale Kategorien sind

- *technologische Paradigmen*, die radikal neuen Basistechnologien als Schlüsseltechnologien für den technologischen Wettbewerb setzen und alte Basistechnologien und damit verbundene Unternehmen verdrängen,
- *technologische Trajektorien*, die Entwicklungspfade beschreiben, entlang derer verschiedene Volkswirtschaften, Industriesektoren und -cluster und Unternehmen die technologischen Paradigmen in für sie charakteristischer Weise differenziert ausgestalten und dabei schwer imitierbares technologisches Kapital akkumulieren.

Es ist kein Zufall, daß in bestimmten Unternehmen, Regionen, Industriesektoren und -clustern bzw. in sogenannten „nationalen Innovationssystemen" typische, wiederkehrende Muster für die Ausgestaltung technologischer Trajektorien zu finden sind. Dies unterliegt nicht dem Zufall, sondern wird von *institutionellen Konstanten* geprägt. Dazu zählt die gewachsene Industriestruktur und die spezifischen Wertschöpfungsketten mit ihren spezifischen Akteuren. Dazu zählen die Institutionen der Wissenschaft, des Staates und des intermediären Sektors (Verbände, Berater, Berufsvereinigungen usw.) und die typischen „Spin-offs" zwischen diesen Institutionen. Dazu zählen auch die *gewachsenen technologischen Regimes* im Sinne institutionalisierter Routinen innerhalb und zwischen Unternehmen (technologieorientierte Netzwerke, Konventionen zur Qualitätssicherung, zur Standardisierung usw.). Die im Einzelfall über den Ungleichgewichtsmechanismus technologischer Vorsprünge motivierte Innovationsdynamik wird über die gewachsenen institutionellen Konstanten in eine Stabilität überführt, die sich in teilweise jahrzehntelangen Mustern gleichbleibender weltwirtschaftlicher Arbeitsteilung zwischen Volkswirtschaften und Unternehmen niederschlägt (MÜNT 1996). Diese institutionellen Gestaltungsfaktoren von Innovations- und Diffusionsprozessen gilt es mit zu erfassen.

Diffusion wird in diesem Sinne nicht nur als die Verbreitung einer „identischen Innovation" verstanden, sondern als die Verbreitung technologischer Paradigmen in einer für Volkswirtschaften, Industriesektoren und -cluster charakteristischen Ausgestaltung. DOSI u.a. (1986) erklären deswegen unterschiedliche Diffusionsmuster nicht nur im Zusammenhang unterschiedlicher Technologien und Kontexte bzw. Industriestrukturen, sondern auch im Zusammenhang unterschiedlicher gewachsener, auf Differenzierung angelegter Verhaltensweisen bzw. Strategien und Institutionen.

Diese Sichtweise hat für die Untersuchung und Bewertung alternativer Pfade in der Miniaturisierung grundlegende Konsequenzen. Die Bewertung von Alternativen (z. B. kontinuierliche Miniaturisierung versus diskontinuierliche Mikrominiaturisierung, Schrittmacherstrategie orientiert an unterschiedlichen Massenkonsumsektoren oder an hochwertigen Spezialanwendungen) muß dann, neben den oben aufgeführten generellen Erfolgskriterien, zwei weitere Kriterien berücksichtigen:

- Erfolgsaussichten eines Miniaturisierungspfades auch bei ausländischer Technologieführerschaft abgewogen gegen
- eine reduzierte Erfolgswahrscheinlichkeit nur im Falle der Kompatibilität mit bewährten Entwicklungspfaden der Innovation im regionalen/nationalen Innovationssystem, im Industriecluster und im Unternehmen.

Miniaturisierungsstrategien, die eine technologische Führerschaft außerhalb der gewachsenen Stärken anstreben, müßten dann bewußt als „Rückholstrategien bzw. Angriffsstrategien" verstanden werden. Die evolutionäre Denkweise warnt vor einer Verabsolutierung technologischer Führerschaft bzw. vor eindimensionalen Vergleichen. Sie erkennt das Spannungsfeld zwischen inkrementellen und radikalen Innovationsstrategien an, wonach der Innovationswettbewerb in der Regel über inkrementelle Ausdifferenzierung akkumulierter technologischer Vorsprünge ausgetragen wird und radikale Innovationen erst dann eine Chance haben, wenn die Trajektorien des „Vorläufer-Paradigmas" (hier der kontinuierlichen Miniaturisierung gegenüber der Mikrominiaturisierung) technologisch und wirtschaftlich „ausgereizt" sind. Sie sensibilisieren also dafür, bei einer Untersuchung alternativer Miniaturisierungspfade nicht nur technologische Vorteile zu suchen, sondern auch nach dem wahrscheinlichen, strategischen Timing des Durchbruchs eines neuen technologischen Paradigmas, differenziert nach den Gegebenheiten in unterschiedlichen Ländern, Industriesektoren und -clustern sowie Unternehmen, zu fragen.

Der „Innovationsstau" auf dem Gebiet der seit langem staatlich geförderten Mikrosystemtechnik könnte durch diese theoretischen Ansätze eine Erklärung finden. Er wäre dann ein Indiz dafür, daß herkömmliche Innovationen zur Miniaturisierung noch nicht „ausgereizt" sind. Sollte die Untersuchung aber ergeben, daß der Innovationsstau kurz vor der Auflösung steht und bald mit „Schrittmacher-Innovationen" auch in der Mikrominiaturisierung zu rechnen ist, dann dürften die Recherchen nicht nur nach „den Schrittmacher-Innovationen" am Weltmarkt ausgerichtet werden, sondern müßten nach den für unterschiedliche Weltmarktregionen wie Deutschland, Japan die USA charakteristischen Neuerungen suchen. Das erfordert für diese Studie eine gezielte Charakterisierung des Innovationsstandorts Baden-Württemberg bzw. Deutschland.

7. Hypothesen für die empirische Untersuchung

Das Marktpotential einer Innovation ist keine absolute Größe. Es ist technologiespezifisch und zeit- bzw. entwicklungsabhängig zu bestimmen. Mikrosystemtechnik (Mikrosystemtechnik) ist wie die Mikroelektronik als *Systemtechnik* zu klassifizieren. Sie hat das Potential einer Schlüsseltechnologie zum Einsatz in vielen anderen Technikgebieten und von daher langfristig ein hohes Marktpotential.

Die Mikrosystemtechnik ist als *radikale Innovation* einzuordnen. Ihre Anwendung erfordert neue Kompetenzen in FuE, Produktion, Beschaffung und Vermarktung. Die Adoption der Mikrosystemtechnik bedeutet für Anwender eine *diskontinuierliche Innovation* mit entsprechend hohem Risiko. Bestehende Technikentwicklungen (technologische Trajektorien bzw. Regimes) werden abgebrochen und substituiert. Entsprechende Investitionen, Organisationsformen und Geschäftsbeziehungen werden in Frage gestellt. Kurz- und mittelfristig steht die Mikrosystemtechnik deswegen in technologischer Konkurrenz zu kontinuierlichen bzw. inkrementellen Miniaturisierungsentwicklungen der Materialbearbeitung und -strukturierung (Mikrodrehen, -fräsen, -schleifen, -spritzgießen und den entsprechenden Produkten).

Der Take-off-Zeitpunkt einer Innovation ist nicht nur eine Frage des Zeitverlaufs oder der technologischen Überlegenheit, sondern der *unternehmerischen Innovationsstrategie* im Technologie-Wettbewerb. Das Diffusionsmuster der Mikrosystemtechnik wird durch zwei Phasen gekennzeichnet: die Phasen vor und nach dem Marktdurchbruch als Massentechnik mit eigenständiger Herstell-Prozeßtechnik. Vor dem Durchbruch wird das Marktpotential auf Spezialanwendungen bzw. auf Massenanwendungen mit mikroelektronischer Prozeßtechnik begrenzt bleiben. Die Diffusion als Massentechnik mit eigener Prozeßtechnik verzögert sich durch

- die häufig verfolgte Innovationsstrategie des frühen Folgers, um die Risiken des Erstinnovators zu meiden,
- das Fehlen eines anerkannten „dominant design" auf Produkt- und Prozeßebene,
- das Fehlen von standardisierten Schnittstellen zu den durch Mikrosystemtechnik veredelten Anwendungsprodukten/-systemen,
- fehlende Vorteilhaftigkeit angesichts noch unausgeschöpfter Miniaturisierungspotentiale eingeführter Techniken.

Nach dem Durchbruch als Massentechnologie erweitert sich das Marktpotential ähnlich dem der Mikroelektronik. Erst dann ist auch mit einem Diffusionsprozeß in schneller technologischer Generationenfolge wie in der Mikroelektronik zu rechnen.

Nationale/regionale Innovationssysteme werden durch charakteristische Spezialisierungsmuster technologischer Innovation vor dem Hintergrund gewachsener Akteurskonstellationen, Institutionen und entsprechender technologischer Kompetenzen oder strategischer Verhaltensweisen gekennzeichnet. Deswegen wird der Marktdurchbruch der Mikrosystemtechnik in Deutschland, Japan oder den USA in verschiedenen Industriebranchen und mit unterschiedlichen Produkt- und Prozeßperspektiven angestrebt werden.

Das deutsche Innovationssystem begünstigt Technologieführerschaft bei hochwertigen *Spezialanwendungen im Investitionsgütersektor* sowie bei Massenanwendungen in der Kfz-Technik, der Haushalts- und allgemeinen Elektrotechnik. Das japanische Innovationssystem hat traditionelle Stärken in der Unterhaltungselektronik und bei *hochwertigen Präzisions-Konsumgütern.* Das amerikanische Innovationssystem läßt Technologieführerschaft in der Miniaturisierung der *Daten- und Telekommunikationstechnik* erwarten. Sowohl Japan als auch die USA haben wegen ihrer derzeitigen Technologieführerschaft in der Mikroelektronik vorteilhafte Ausgangsbedingungen zur Entwicklung der *Massenfertigungstechnik* für Mikrominiaturisierung, soweit sich diese im Rahmen eines kontinuierlichen Entwicklungspfades der Mikroelektronik bewegt.

8. Offene Forschungsfragen

Die Bewertung technologischer Miniaturisierungs- und Marktpotentiale kann sich noch nicht auf einen hinreichenden Stand der Innovations- und Diffusionsforschung oder des Innovationsmanagements stützen. Bislang beschränken sich die Hinweise aus der Forschung mehr auf qualitative Erkenntnisse bzw. Indikatoren für den Entwicklungsstand und die Marktreife einer neuen Technologie. Quantitative Hinweise liegen nur für die Diffusion nach dem Marktdurchbruch vor. Die Herausforderung für die Technologie-Vorausschau liegt aber gerade in einer frühen Abschätzung des Zeithorizontes bis zum Marktdurchbruch.

Die folgende Übersicht zeigt eine Materialsammlung zu technologischen Diffusionsprozessen. Diese Materialien bedürfen einer vertieften Analyse im Hinblick auf ihre Diffusionsmuster insbesondere bis zum Marktdurchbruch, dem sogenannten Take-off, als Start der Wachstumsphase nach der Durchsetzung sogenannter „dominant designs" gegenüber alternativen oder traditionellen Varianten.

Übersicht: Epochen der Marktdurchdringung ausgewählter Güter

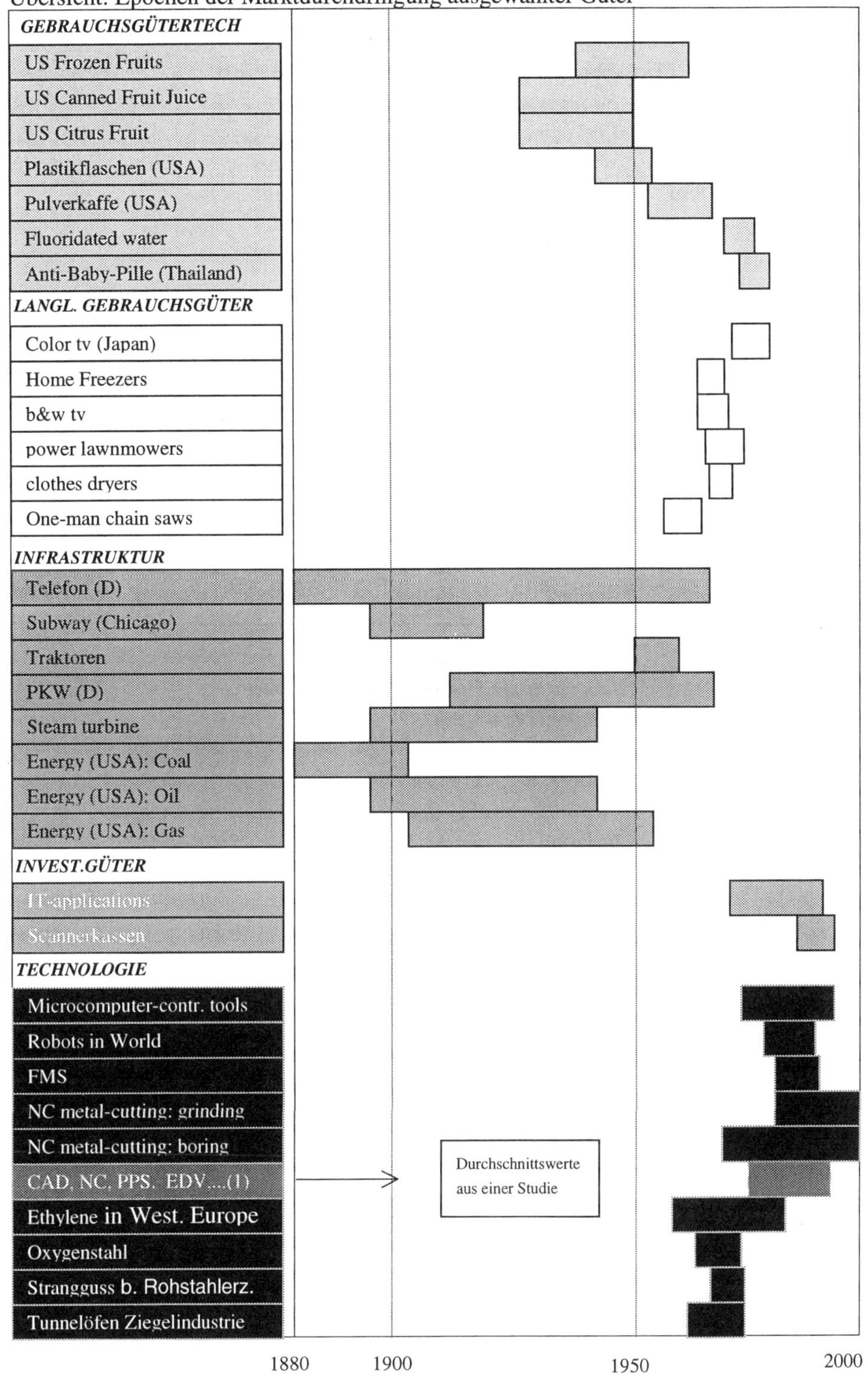

9. Literaturverzeichnis

[ABERNATHY 1978] Abernathy, W. J., Utterback, J.M. (1978):
Patterns of Industrial Innovation.
In: Technology Review 80, S. 1-45.

[BACKHAUS 1990] Backhaus, K. (1990):
Investitionsgütermarketing.
München.

[BIERHALS 1991] Bierhals, R. et al. (1991):
Erfolg von Innovationsvorhaben.
Unveröffentlicher Bericht des Fraunhofer-Instituts für Systemtechnik und Innovationsforschung (ISI). Karlsruhe.

[BOCK 1987] Bock, J. (1987):
Die innerbetriebliche Diffusion neuer Technologien: Einflußfaktoren bei Innovationsprozessen auf der Grundlage der Mikroelektronik im Investitionsgüterbereich.
Berlin

[BROWN 1981] Brown, L.A. (1981):
Innovation Diffusion - A New Perspective.
London/ New York.

[COOPER 1979] Cooper, R. G. (1979):
The dimensions of industrial new product success and failure.
In: Journal of Marketing Nr. 43.

[DAVIES 1979] Davies, S. (1979):
The Diffusion of Process Innovations.
Cambridge.

[DAVID 1990] David, P. A., Greenstein, S. (1990):
The Economics of Compatibility Standards: An Introduction to Recent Research.
In: Economics of Innovation and New Technology No. 1 (1-2), S. 3-41.

[DODGSON 1994] Dodgson, M., Rothwell, R. (ds.) (1994):
The Handbook of Industrial Innovations.
Aldershot, Brookfield.

[DOSI 1991] Dosi, G. (1991): *The Research on Innovation Diffusion: An Assessment.* In: Nakicenovic, N.; Grübler, A. (Hrsg.), 1991: Diffusion of Technologies and Social Behaviour. Berlin u.a., S. 179-208.

[DREHER 1997] Dreher, C. (1997): *Technologiepolitik und Technikdiffusion.* Baden-Baden.

[DREHER 1991] Dreher, C. (1991): *Modes of Usage and Diffusion of New Technologies and New Knowledge (MUST) - The Case of Germany.* Prospective Dossier No. 1, Vol. 7. FAST-Occassional Papers FOP 231. Commission of the European Communities. Brüssel.

[FRITSCH 1991] Fritsch, M. (1991): *Die Übernahme neuer Techniken durch Industriebetriebe - Empirische Befunde und Schlußfolgerungen für die weitere Forschung.* In: ifo-Studien, No. 1-4 (1991), 37.Jg. Berlin, München, S. 1-18.

[GIERL 1987] Gierl, H. (1987): *Die Erklärung der Diffusion technischer Produkte.* Berlin.

[GOLD 1981] Gold, B. (1981): *Technological Diffusion in Industry: Research Needs and Short-comings.* In: Journal of Industrial Economics XXIX No. 3, S. 247-269.

[GOLD 1983] Gold, B. (1983): *On the Adoption of Technological Innovations in Industry: Superficial Models and Complex Decisions Processes.* In: McDonald, D.; Lamberton, D., Mandeville, Th. (Hrsg.): The Trouble with Technology - Explorations in the Process of Technological Change. London, S. 104-121.

[GOTTINGEN 1991] Gottinger, H.-W. (1991):
Adoption Decisions and Diffusion. Implications for Empirical Economics.
In: Revue Suisse d'Economie politique et de Statistique No. 127 (1), S. 17-34.

[GRÜBLER 1992] Grübler, A. (1992):
Introduction to Diffusion Theory.
In: Ayres, R.U.; Haywood, W.; Tchijov, I. (Hrsg.). Computer-Integrated Manufacturing Vol. III: Models, Case Studies and Forecasts of Diffusion, S. 3-52. London.

[GURISATTI 1997] Gurisatti, P., Soli, V., Tattara, G. (1997):
Patterns of Diffusion of New Technologies in Small Metal-Working Firms: The Case of an Italian Region.
In: Industrial and Corporate Change, Volume 6, Nr. 2.

[KASHENAS 1995] Kashenas, M., Stoneman, P. (1995):
Technological Diffusion.
In: Stoneman, P. (ed.) 1995: Handbook of the Economics of Innovation and Technological Change, S. 265-297.

[KLEINE 1983] Kleine, J. (1983):
Investitionsverhalten bei Prozeßinnovationen - Ein Beitrag zur mikroökonomischen Diffusionsforschung.
Frankfurt.

[LISSONI 1995] Lissoni, F., Metcalfe, J.S. (1995):
Diffusion of Innovation Ancient and Modern: A Review of the Main Themes.
In: Dodgson, M.; Rothwell, R. (ds.) 1994: The Handbook of Industrial Innovations, Aldershot, Brookfield, S. 106-141.

[LUTSCHEWITZ 1977] Lutschewitz, H., Kutschker, M. (1977):
Die Diffusion von innovativen Investitionsgütern - Theoretische Konzeption und empirische Befunde.
München.

[MAAS 1990] Maas, Ch. (1990):
Determinanten betrieblichen Innovationsverhaltens. Theorie und Empirie.
Berlin.

[MAHAJAN 1991] Mahajan, V., Muller, E., Bass, F.M. (1991): *New Product Diffusion Models in Marketing - A Review and Directions for Research.* In: Nakicenovic, N.; GRÜBLER, A., (Hrsg.): Diffusion of Technologies and Social Behaviour. Berlin u.a., S. 125-177.

[MAHLER 1997] Mahler, A. (1997): *Determinanten der Diffusion neuer Telekommunikationsdienste.* In: Wissenschaftliches Institut für Kommunikationsdienste, Diskussionsbeitrag Nr. 157, Bad Honnef.

[MANSFIELD 1977] Mansfield, E. (1977): *The Diffusion of Eight Major Industrial Innovations in the United States.* In: N.E. Terleckyj, (Hrsg.), The State of Science and Research: Some New Indicators, Boulder, CO.

[METCALFE 1983] Metcalfe, J. S. (1983): *Impulse and Diffusion in the Study of Technical Change.* In: Ch. Freeman, (Hrsg.). Long Waves in the World Economy. Butterworths, London, UK, S. 102-114.

[MOHR 1977] Mohr, H. W. (1977): *Bestimmungsgründe für die Verbreitung von neuen Technologien.* Berlin.

[MYERS 1969] Myers, S., Marquis, D.G. (1969): Successful Industrial Innovations. A Study of Factors Underlying Innovtion in Slected Firms. Washington D.C., Mass.

[PARKER 1994] Parker, P. M. (1994): *Aggregate diffusion forecasting models in marketing: a critical review.* In: International Journal of Forecasting Nr 10

[RAY 1984] Ray, G. F. (1984): *The Diffusion of Mature Technologies.* Cambridge.

[RAY 1989] Ray, G. F. (1989):
Full Circle: The Diffusion of Technology.
In: Research Policy No. 18, S. 1-18.

[ROGERS 1983] Rogers, E. M. (1983 u.1995):
Diffusion of Innovations 3rd and 4th Edition.
New York (1. Auflage 1962 New York).

[SCHMALEN 1994] Schmalen, H., Binninger, F.-M. (1994):
Ist die klassische Diffusionsmodellierung wirklich am Ende?

In: Marketing-Zeitschrift für Forschung und Praxis No. 1, 1. Quartal 1994, S. 5-11.

[SEMMLER 1994] Semmler, W. (1994):
Information, Innovation and Diffusion of Technology.
In: Journal of Evolutionary Economics No. 4, S. 45-58.

[SILVERBERG 1988] Silverberg, G., Dosi, G., Orsenigo, L. (1988):
Innovation, Diversity and Diffusion - A self-organisation Model.
In: Economic Journal No. 98, December, S. 1032-1054.

[TCHIJOV 1992] Tchijov, I. (1992b):
International Diffusion Forecasts.
In: Ayres, R.U.; Haywood, W.; Tchijov, I.: Computer Integrated Manufacturing, Vol. III: Models, Case-Studies and Forecasting of Diffusion, S. 287-318. IIASA. Laxenburg.

Druck: Strauss Offsetdruck, Mörlenbach
Verarbeitung: Schäffer, Grünstadt

TECHNIK, WIRTSCHAFT und POLITIK

Schriftenreihe des Fraunhofer-Instituts
für Systemtechnik und Innovationsforschung (ISI)

Band 2: B. Schwitalla
Messung und Erklärung industrieller Innovationsaktivitäten
1993. ISBN 3-7908-0693-4

Band 3: H. Grupp (Hrsg.)
Technologie am Beginn des 21. Jahrhunderts, 2. Aufl.
1995. ISBN 3-7908-0862-8

Band 4: M. Kulicke u. a.
Chancen und Risiken junger Technologieunternehmen
1993. ISBN 3-7908-0732-X

Band 5: H. Wolff, G. Becher, H. Delpho, S. Kuhlmann, U. Kuntze, J. Stock
FuE-Kooperation von kleinen und mittleren Unternehmen
1994. ISBN 3-7908-0746-X

Band 6: R. Walz
Die Elektrizitätswirtschaft in den USA und der BRD
1994. ISBN 3-7908-0769-9

Band 7: P. Zoche (Hrsg.)
Herausforderungen für die Informationstechnik
1994. ISBN 3-7908-0790-7

Band 8: B. Gehrke, H. Grupp
Innovationspotential und Hochtechnologie, 2. Aufl.
1994. ISBN 3-7908-0804-0

Band 9: U. Rachor
Multimedia-Kommunikation im Bürobereich
1994. ISBN 3-7908-0816-4

Band 10: O. Hohmeyer, B. Hüsing, S. Maßfeller, T. Reiß
Internationale Regulierung der Gentechnik
1994. ISBN 3-7908-0817-2

Band 11: G. Reger, S. Kuhlmann
Europäische Technologiepolitik in Deutschland
1995. ISBN 3-7908-0825-3

Band 12: S. Kuhlmann, D. Holland
Evaluation von Technologiepolitik in Deutschland
1995. ISBN 3-7908-0827-X

Band 13: M. Klimmer
Effizienz der computergestützten Fertigung
1995. ISBN 3-7908-0836-9

Band 14: F. Pleschak
Technologiezentren in den neuen Bundesländern
1995. ISBN 3-7908-0844-X

Band 15: S. Kuhlmann, D. Holland
Erfolgsfaktoren der wirtschaftsnahen Forschung
1995. ISBN 3-7908-0845-8

Band 16: D. Holland, S. Kuhlmann (Hrsg.)
Systemwandel und industrielle Innovation
1995. ISBN 3-7908-0851-2

Band 17: G. Lay (Hrsg.)
Strukturwandel in der ostdeutschen Investitionsgüterindustrie
1995. ISBN 3-7908-0869-5

Band 18: C. Dreher, J. Fleig, M. Harnischfeger, M. Klimmer
Neue Produktionskonzepte in der deutschen Industrie
1995. ISBN 3-7908-0886-5

Band 19: S. Chung
Technologiepolitik für neue Produktionstechnologien in Korea und Deutschland
1996. ISBN 3-7908-0893-8

Band 20: G. Angerer u. a.
Einflüsse der Forschungsförderung auf Gesetzgebung und Normenbildung im Umweltschutz
1996. ISBN 3-7908-0904-7

Band 21: G. Münt
Dynamik von Innovation und Außenhandel
1996. ISBN 3-7908-0905-5

Band 22: M. Kulicke, U. Wupperfeld
Beteiligungskapital für junge Technologieunternehmen
1996. ISBN 3-7908-0929-2

Band 23: K. Koschatzky
Technologieunternehmen im Innovationsprozeß
1997. ISBN 3-7908-0977-2

Band 24: T. Reiß, K. Koschatzky
Biotechnologie
1997. ISBN 3-7908-0985-3

Band 25: G. Reger
Koordination und strategisches Management internationaler Innovationsprozesse
1997. ISBN 3-7908-1015-0

Band 26: S. Breiner
Die Sitzung der Zukunft
1997. ISBN 3-7908-1040-1

Band 27: M. Kulicke, U. Broß, U. Gundrum
Innovationsdarlehen als Instrument zur Förderung kleiner und mittlerer Unternehmen
1997. ISBN 3-7908-1046-0

Band 28: G. Angerer, C. Hipp, D. Holland, U. Kuntze
Umwelttechnologie am Standort Deutschland
1997. ISBN 3-7908-1063-0

Band 29: K. Cuhls
Technikvorausschau in Japan
1998. ISBN 3-7908-1079-7

Band 30: J. Fleig
Umweltschutz in der schlanken Produktion
1998. ISBN 3-7908-1080-0

Band 31: S. Kuhlmann, C. Bättig, K. Cuhls, V. Peter
Regulation und künftige Technikentwicklung
1998. ISBN 3-7908-1094-0

Band 32: Umweltbundesamt (Hrsg.)
Innovationspotentiale von Umwelttechnologien
1998. ISBN 3-7908-1125-4

Band 33: F. Pleschak, H. Werner
Technologieorientierte Unternehmensgründungen in den neuen Bundesländern
1998. ISBN 3-7908-1133-5

Band 34: M. Fritsch, F. Meyer-Krahmer, F. Pleschak (Hrsg.)
Innovationen in Ostdeutschland
1998. ISBN 3-7908-1144-0

Band 35: Frieder Meyer-Krahmer, Siegfried Lange (Hrsg.)
Geisteswissenschaften und Innovationen
1999. ISBN 3-7908-1197-1

Band 36: B. Geiger, E. Gruber, W. Megele
Energieverbrauch und Einsparung in Gewerbe, Handel und Dienstleistung
1999. ISBN 3-7908-1216-1

Band 37: G. Reger, M. Beise, H. Belitz
Innovationsstandorte multinationaler Unternehmen
1999. ISBN 3-7908-1225-0

Band 38: C. Kolo, T. Christaller, E. Pöppel
Bioinformation
1999. ISBN 3-7908-1241-2